柿果

贮藏保鲜加工与综合利用

◎段玉权　李江阔　林　琼　主编

中国农业科学技术出版社

图书在版编目（CIP）数据

柿果贮藏保鲜加工与综合利用／段玉权，李江阔，林琼主编．—北京：
中国农业科学技术出版社，2020.9
ISBN 978-7-5116-5023-8

Ⅰ.①柿…　Ⅱ.①段…②李…③林…　Ⅲ.①柿-食品贮藏②柿-食品保鲜
③柿-水果加工　Ⅳ.①S665.2

中国版本图书馆 CIP 数据核字（2020）第 177448 号

责任编辑	闫庆健
文字加工	孙　悦
责任校对	马广洋

出 版 者	中国农业科学技术出版社
	北京市中关村南大街 12 号　邮编：100081
电　　话	（010）82106632（编辑室）　　（010）82109702（发行部）
	（010）82109709（读者服务部）
传　　真	（010）82106625
网　　址	http://www.CASTP.cn
经 销 者	各地新华书店
印 刷 者	北京建宏印刷有限公司
开　　本	787 mm×1 092 mm　1/16
印　　张	15.25
字　　数	378 千字
版　　次	2020 年 9 月第 1 版　2020 年 9 月第 1 次印刷
定　　价	50.00 元

《柿果贮藏保鲜加工与综合利用》
编写委员会

主　编：段玉权　李江阔　林　琼

副主编：赵垚垚　董　维　张明晶　张　鹏
　　　　朱　捷

编　委（按姓氏拼音排序）：

毕金峰　陈　静　陈华民　戴　琪
董　维　段玉权　范　蓓　方　婷
李　昂　李庆鹏　李托平　李　璇
李志胜　林　琼　刘　霆　卢　嘉
齐淑宁　乔勇进　荣瑞芬　宋丛丛
孙浩月　唐继兴　魏宝东　吴　斌
翟舒嘉　翟雯怡　张佰清　张明晶
张沛宇　张　鹏　赵垚垚　赵　晗
钟蔓茜　钟耀广　周　沫　朱　捷

序

我国是世界水果生产大国，改革开放以来，我国水果种植业得到突飞猛进的发展，2018 年我国水果果园种植面积为 1 187.49 万公顷，同比增长 6.64%，其中柑橘种植面积居水果首位，超过 256 万公顷；苹果种植面积居第二位，超过 232 万公顷。2018 年我国水果总产量为 25 688.35 万吨，近 10 年年平均增长率为 2.91%。2018 年中国柑橘产量居各类水果产量之首，达到 4 138 万吨；苹果和梨产量分别为 3 923 万吨和 1 608 万吨，柑橘、苹果和梨的产量分别占水果总产量的 16.1%、15.3% 和 6.3%。水果进口量约 572.5 万吨，出口量约 357.05 万吨，国内水果行业需求量约 25 903.8 万吨。根据联合国粮农组织统计，2016 年中国（含台湾）柿收获面积占世界总面积的 91.15%，总产量占世界总产量的 73.46%，种植面积和总产量均居世界第一位。同时，根据中华人民共和国农业部统计，2016 年柿在我国主要果品中排名第八位，所占比例为 2.46%。

随着水果产量的增加，我国水果贮运保鲜和加工技术水平也大幅提高。但由于我国水果贮藏保鲜与加工技术研究工作起步较晚，水果产后减损和精深加工增值工程技术研究与开发及产业化发展严重滞后于产业需求，主要表现在水果采后损失率高、冷链物流体系不健全、产品附加值低等方面，这些问题严重制约着水果产业的发展。水果含水量高、容易腐烂、不易贮藏，我国新鲜水果的腐烂率高达 20% 左右，是发达国家的 3～5 倍。长期以来我国重视采前栽培、病虫害的防治，却忽视采后。产地基础设施和条件缺乏，不能很好地解决产地水果分选、分级、清洗、预冷、保鲜、运输、加工等问题，致使水果在采后流通过程中的损失相当严重。目前，我国水果及其加工品出口主要以鲜果和初级加工品为主，产品附加值较低。在水果加工过程中，往往有大量废弃物产生，如落地果、不合格果以及大量的下脚料，如果皮、果核、种子、叶、茎、根等，这些废弃物中含有较为丰富的营养成分，综合利用不足，也造成了资源浪费。另外，采后水果缺少标准化管理，年出口量和销售价格均较低。

党的"十九大"报告指出，"我国社会主要矛盾已经转化为人民日益增长的美好生活需要和不平衡不充分的发展之间的矛盾""既要创造更多物质财富和精神财富以满足人民日益增长的美好生活需要，也要提供更多优质生态产品以满足人民日益增长的优美生态环境需要"。随着我国进入中国特色社会主义新时代，人们对鲜果及其产品的消费需求正由"数量消费"向"质量消费"转变，即要求新鲜、方便、营养、安全的高品质水果产品。

柿作为我国传统特色水果，在民间有悠久的种植历史。但柿的消费，主要是柿饼制品，制作过程中营养物质损失较大。随着消费者对鲜柿营养的认知度越来越高，近年来，柿的消费呈现井喷式增长，柿催熟或完熟后，组织柔软多汁，不耐贮藏和运输，迫切需要柿的贮运保鲜与精深加工技术。本书汇集了柿贮藏保鲜加工与综合利用方面具有代表性的研究成果，作者由果蔬贮藏保鲜研究一线专家担任，详细论述了我国柿贮藏保鲜和加工技术现状、贮藏加工特性、贮藏生理生化变化、生理病害及其防治方法、贮运保鲜技术、深加工与综合利用技术等，将国际上前沿、先进的理论与技术实践呈现给读者，同时还附有便于读者进一步查阅信息的参考文献。

希望本书的出版，能够拓宽柿贮藏保鲜加工与综合利用领域科研人员和企业技术人员的思路，推进柿贮藏保鲜、初加工、精深加工和综合利用的协调发展，引导和规范柿产业的发展，提高我国柿产业的国际竞争力。

冯双庆

2020 年 6 月

前　言

柿隶属柿科（Ebenaceae）柿属（*Diospyros* L. f.），别名朱果、猴枣等，为多年生落叶果树。柿色泽鲜艳、味甜多汁，10 月左右成熟。原产东亚，在我国已有 3 000 多年的栽培历史。柿树适应性极强，在我国年均气温 11~20℃、年降水量 400~700 毫米的地区最适宜栽培，且能在自然条件较差的山区生长，是著名的"木本粮食"和"铁杆庄稼"，经济寿命长，具有良好的生态效应和经济效应。特别是柿成熟期正值国庆节、中秋节期间，其果面橙红色，具亮丽的蜡质光泽，似"火焰"，可极大满足节假日期间人们对特色水果的消费需求。

2017 年我国柿栽培面积为 981 528 公顷，占世界柿种植面积的 92%，我国柿产量达422 万吨，占世界总产量的 73%，每年产量以 6%~8% 的速度增加。广西、河北、河南、陕西为柿四大主产区，产量约占全国的 50%。柿是典型的呼吸跃变型果实，在贮藏期间极易变软，不耐贮藏和运输，直接影响柿果实的商品价值，因此，选择合适的贮藏保鲜方法显得尤为必要。传统的柿贮藏保鲜方法有室内堆藏、露天架藏、自然冷冻贮藏等，此类方法简便易行，但其总体贮藏保鲜效果有限。据统计，我国每年柿产量排在世界第一位，但是国际贸易金额不到全球贸易总额的 3%。目前我国柿加工利用比例不足 10%、我国是柿树种植及柿加工研究最早、最多的国家，过去几千年人们主要将柿加工成柿饼和柿干，80%~90% 的柿果做成柿饼，产品附加值低。近年来随着食品加工技术的进步，通过发酵及压榨、保鲜等方法将柿加工成柿酒、柿脆片、柿醋、柿饮料、柿罐头、柿果脯、冰柿等产品，但是到目前为止，柿果果品加工程度低、加工制品档次低、产品质量参差不齐、精深加工能力不足、技术滞后。据测算，仅 2017 年就有 10 万吨左右的柿烂在树上，对柿贮藏保鲜、商品化处理、精深加工以及副产物高值化利用研究，从而提高其附加值为果农赢得更多的收益，充分利用柿资源，深入研究柿加工是非常有必要的。

近年来，本团队承担了"一氧化氮调控桃果采后冷藏过程抗氰呼吸作用机理研究""浆果贮藏与产地加工技术集成与示范""鲜活农产品活体精准温控（冰温）绿色物流保鲜技术""物流微环境气调保鲜技术与装备研发与示范""恭城月柿质量控制及综合利用技术研究""新疆石榴贮藏与冷链物流技术研究与应用""无花果采后分级与贮运技术规范""柿采后分级与贮运技术规范""园艺作物产品加工副产物综合利用"等国家自然科学基金、国家科技支撑专项、国家重点研发专项、农业部公益性行业科研专项项目和课题。在柿贮藏保鲜及加工领域进行了多年深入研究，攻克了一批关键技术难题，取得了一批科研成果，培养了一批技术人才。在此基础上编写了《柿果贮藏保鲜加工与综合利用》一书。本书内容共七章：第一章为柿贮藏保鲜加工与综合利用概述，介绍了我国柿贮藏保鲜和加工技术现状、存在的问题以及贮藏保鲜加工的发展方向。第二章为柿贮藏加工特性，介绍了影响柿贮藏的因素、适宜贮藏加工的主要柿品种及耐藏性和加工特性。第三章为柿贮藏过程生理生化变化，介绍了柿贮藏过程中的化学成分变化、蒸腾作用及成熟衰老相关的代谢。第四章为柿采后生理病害及其防治方法，介绍了侵染性病害、非侵染性病害、果实的虫害及防治方法。第五章为柿贮运保鲜技术，介绍了采收前的农业生产管理、采收方法和技术要求、采后分级及包装技术、贮藏保鲜方法。第六章为柿精深加工与综合利用技术，介绍了柿饼、脆片、果酱、果酒、果醋等加工技术，介绍了多糖、多酚、黄酮、单宁等活性物质提取技术。第七章为柿采后全程质量控制，介绍了贮藏加工过程质量控制要点。本书汇集了本团队及本领域的最新成果，在内容上更加突出系统性、新颖性和创新性，旨在为柿贮藏保鲜加工与综合利用提供有益的参考和指导，进而为我国柿保鲜加工业的科技创新提供技术支撑。

中国农业科学院农产品加工研究所段玉权博士、毕金峰博士、范蓓博士、林琼博士、赵圭圭博士、李璇博士、周沫博士、董维副研究员、张明晶副研究员、朱捷副研究员，中国农业科学院植物保护研究所陈华民博士，国家农产品保鲜工程技术研究中心（天津）李江阔博士，天津市农业科学院农产品保鲜与加工技术研究所张鹏博士，上海市农业科学院乔勇进博士，北京市农林科学院刘霆博士，新疆农业科学院农产品保鲜与加工研究所吴斌博士，沈阳农业大学李托平教授、张佰清教授、魏宝东副教授等参与了本书的编写，张沛宇、宋丛丛、李昂、方婷、陈静、齐淑宁、唐继兴、孙浩月、翟雯怡、戴琪等研究生也参与了本书部分内容的编写。同时，在编写过程中参考了国内外有关专家学者的论著，在此表示最衷心的感谢。

鉴于作者水平所限以及柿贮藏保鲜加工与综合利用研究领域发展迅猛，书中内容难免有偏颇或遗漏之处，恳请各位读者批评指正。

编　者

2020 年 6 月

目　　录

第一章　概述 ··· （1）

第一节　我国柿产业现状 ··· （1）

第二节　柿的营养价值与药用价值 ·································· （3）

第三节　主要省区柿产业发展现状 ·································· （5）

第四节　世界柿产业发展现状 ·· （7）

第五节　我国柿采后贮运保鲜及加工存在的问题 ·············· （10）

第六节　柿贮运产业的发展方向 ····································· （13）

参考文献 ·· （16）

第二章　柿贮藏加工特性 ··· （19）

第一节　影响柿贮藏的因素 ··· （19）

第二节　适宜贮藏加工的主要柿品种 ······························ （24）

第三节　柿的贮藏特性 ··· （27）

第四节　柿的加工特性 ··· （35）

参考文献 ·· （39）

第三章　柿贮藏过程生理生化变化 ···························· （42）

第一节　采后主要品质成分的变化 ·································· （42）

第二节　柿贮藏代谢与成熟衰老 ····································· （51）

参考文献 ·· （59）

第四章 柿采后病虫害及其防治方法 ……………………………… （67）

第一节 柿侵染性病害 ……………………………………………… （67）

第二节 柿非侵染性病害 …………………………………………… （74）

第三节 柿果实的虫害 ……………………………………………… （77）

参考文献 …………………………………………………………… （88）

第五章 柿贮运保鲜技术 ………………………………………… （91）

第一节 柿采收前的农业生产管理 ………………………………… （91）

第二节 柿采收方法和入贮前管理 ………………………………… （97）

第三节 柿采后商品化处理技术 …………………………………… （101）

第四节 柿贮藏保鲜技术 …………………………………………… （109）

参考文献 …………………………………………………………… （120）

第六章 柿精深加工与综合利用技术 …………………………… （130）

第一节 柿饼加工技术 ……………………………………………… （130）

第二节 柿脆片加工技术 …………………………………………… （134）

第三节 柿果酱加工技术 …………………………………………… （135）

第四节 柿饮料加工技术 …………………………………………… （138）

第五节 柿酒的加工技术 …………………………………………… （146）

第六节 柿醋酿造技术 ……………………………………………… （157）

第七节 柿（果实、叶、根等）药用食品制备技术 …………… （163）

第八节 柿皮渣的综合利用技术 …………………………………… （169）

参考文献 …………………………………………………………… （171）

第七章 柿采后全程质量控制 …………………………………… （177）

第一节 加工过程质量控制原理 …………………………………… （177）

第二节 柿贮藏加工全程质量控制 ………………………………… （185）

参考文献 …………………………………………………………… （194）

附录 ·· （196）

附录1 中华人民共和国国家标准 柿子产品质量等级（GB/T 20453—
2006） ·· （196）

附录2 中华人民共和国农业行业标准 浆果贮运技术条件（NY/T 1394—
2007） ·· （203）

附录3 中华人民共和国农业行业标准 无公害食品柿（NY 5241—
2004） ·· （208）

附录4 中华人民共和国农业行业标准 柿子酒（NY/T 36—1998） ············ （211）

附录5 食品安全地方标准 柿子干制品（DBS 45016—2018） ·············· （213）

附录6 柿子绿色生产技术规程（DB6101T146—2018） ························· （218）

附录7 辉县柿子醋（产品质量等级标准）（DB41T 1393—2017） ············· （225）

第一章 概 述

柿隶属柿科（Ebenaceae）柿属（*Diospyros* L. f.），别名朱果、猴枣等，为多年生落叶果树。柿色泽鲜艳、味甜多汁，10月左右成熟。原产东亚，在我国已有3 000多年的栽培历史，柿树适应性极强，在我国年均气温11~20℃、年降水量400~700毫米的地区最适宜栽培，且能在自然条件较差的山区生长，是著名的"木本粮食"和"铁杆庄稼"，其经济寿命长，具有良好的生态效应和经济效应[1]。柿树是深根性树种，又是阳性树种，喜温暖气候，充足阳光和深厚、肥沃、湿润、排水良好的土壤，适生于中性土壤，较能耐寒，也能耐瘠薄，抗旱性强，但不耐盐碱土。柿果成熟期正值国庆节、中秋节期间，其果面为橙红色，具亮丽的蜡质光泽，似"火焰"，可极大满足节假日期间人们对特色水果的消费需求。

我国柿品种繁多，据全国柿资源调查统计，我国柿品种有1 058种，其中有很多是我国的特有品种。通常将柿分为甜柿和涩柿两大类；按柿色泽又可分为红柿、青柿、黄柿、朱柿、白柿和乌柿；而以果实形状不同，则可分为圆柿、方柿、长柿、葫芦柿及牛心柿等。在我国较为著名的有陕西径阳、三原一带盛产的鸡心黄柿，陕西富平的尖柿，浙江杭州古荡一带的方柿，华北地区的大磨盘柿，河北、山东一带出产的莲花柿以及菏泽的镜面柿[2]。

第一节 我国柿产业现状

考古发现3 250万年前新生代野柿叶的化石，我国学者认为柿树原产我国长江流域及西南地区。2017年中国农业统计资料显示，我国柿种植广泛，除北部黑龙江、吉林、内蒙古和新疆等寒冷地区外，大部分省区都有种植。据联合国粮食及农业组织数据显示，2017年我国柿栽培面积为981 528公顷，占世界柿种植面积的92%，产量达422万吨，占世界总产量的73%，每年产量以6%~8%的速度增加[3]。广西、河北、河南、陕西为中国四大柿主产区，产量约占全国50%[4]。柿树多数品种在嫁接后3~4年开始结果，10~12 年达盛果期，实生树则 5~7 年开始结果，结果年限在 100 年以上[5]。

一、柿贮藏保鲜技术现状

柿是一种典型的呼吸跃变型果实，在贮藏期间极易变软[6]，不耐贮藏和运输，直接影响柿果实的商品价值，因此选择合适的贮藏保鲜方法显得尤为必要。传统的柿贮藏保鲜方法有室内堆藏、露天架藏、自然冷冻贮藏等，此类方法简便易行，但其总体贮藏保鲜效果有限。目前，柿保鲜主要控制措施有低温保鲜、低温气调保鲜技术［包括机械气调贮藏（CA）和自发气调贮藏（MAP）2 种］以及采用化学药剂处理保鲜（生理活性调节剂、乙烯吸收及抑制剂、脱氧剂及其他相关保鲜剂）等方法。近年来，国内外不少学者通过对采后柿的褐变、腐烂等一系列指标的研究，探索了低温保鲜技术、冰温保鲜技术、气调保鲜技术、减压保鲜技术、臭氧保鲜技术、高压静电保鲜技术等一系列物理保鲜技术，以及 1-甲基环丙烯（1-MCP）保鲜技术、钙离子保鲜技术、乙烯吸收剂保鲜技术等化学保鲜技术，微生物保鲜技术、天然提取物保鲜技术、基因工程保鲜技术等生物保鲜技术[7]。这些方法显著提高了柿鲜果贮藏保鲜效果。

柿贮藏保鲜方法有很多，各种方法作用机理不尽相同，柿贮藏方法又取决于柿品种，因此在柿贮藏时，应结合产区实际情况及气候、经济条件来选取最佳贮藏方法。目前现有的柿贮藏保鲜方法主要是冷库+气调贮藏、化学保鲜剂贮藏，这些贮藏方法都是优缺点共存。冷库贮藏柿果，易导致果实发生冷害现象；气调贮藏方法安全、无污染，但低氧气和高二氧化碳的气体环境，易使某些品种柿发生病变；化学保鲜剂贮藏柿果，会有残留或成本较高等。因此，应在发挥最大保鲜作用的前提下，强化科学研究，改进现有保鲜技术的缺点。同时，我国在柿贮藏方面应大力发展生物保鲜技术，如微生物保鲜技术、基因技术，另外应继续研发高效无污染、低能节约资源的天然保鲜技术，并有效结合现有技术，扬长避短。关于柿贮藏保鲜的研发和优化是一项系统而复杂的长期任务，贮藏保鲜技术都有一定的优缺点，在发挥最大保鲜作用的同时不可避免地会对柿果实产生副作用，因此应在发挥最大保鲜效果的同时避免副作用发生，同时继续研发高效、安全、无毒、无污染、低能节约资源的保鲜技术。

二、柿加工技术现状

虽然我国是柿树种植及柿加工研究最早、最多的国家，但是迄今为止，加工技术还不够成熟，过去几千年主要将柿加工成柿饼和柿干。近年来随着食品加工技术的进步，可通过发酵及压榨、保鲜等方法将柿加工成柿酒、柿脆片、柿醋、柿饮料、柿罐头、柿果脯、柿糖、柿蛋糕、柿面包、柿酱、柿漆、柿全果馅、浓缩柿汁及以柿为原料搭配其他原料混配成其他产品。我国除了开发上述产品外，还对柿营养成分及功能物质进行提取分离研究。柿虽营养丰富，具有一定药效功能，但季节性、地域性强，贮藏性能差，容易软烂。若长期贮藏需要先进的保藏技术，成本较高，市场长期处于供过于求的状态，导致价格低廉，使得农民因不能赚钱而放弃采摘。据统计，仅 2017 年就有 1 亿千克柿烂在树上，所以对柿开展多样化研究，从而提高其附加值为果农赢得更多的收益，充分利用柿资源，深入研究柿加工是非常有必要的[8]。

柿除鲜食外，可作为主要原料加工成半干半潮、类似果脯而非果脯、风味香甜而胜似果脯的柿干产品，被人们称之为天然果脯[9]。因柿的贮藏性能和环境因素，在各种鲜柿和干、半干柿产品中柿饼保质期最长，加工工艺简单易学，成型后方便运输。北魏的贾思勰在《齐民要术》中记载："柿成做饼，以辅民食。"明朝的徐光启编写的《农政全书》中也有"三晋泽沁间多柿，细民干之，以当粮也，中州齐鲁也然"的记载[10]。

熟透的柿，味道甜美，其水溶性化合物含量为 19%，糖类含量较高，略低于葡萄中的含糖量。柿可采用与葡萄酒类似的工艺加工、酿造成柿果酒。以柿为原料发酵酿造得到的称为柿酒，柿酒单宁含量多，易产生沉淀，需要解决柿酒的澄清问题，考虑澄清问题的同时，还需考虑风味及营养成分的变化。该酒比一般酒类的酒精度要低，营养价值好，并具有保健功能[11]。柿果酒风味独特，口感好，色泽明亮微黄，酒精度 10%，营养成分不低于葡萄酒，但成本远低于葡萄酒。通过全发酵加工工艺来生产柿酒，得到的柿酒色泽鲜美，表现为浅黄色或金黄色，这种柿酒能散发出柿一样的香味，纯真清香，醇涩协调[12]。

柿霜是柿饼加工过程在表面形成的一种白色粉状物质，它是在制作柿饼过程中果肉干燥随水分的蒸发而渗析到柿饼表面的糖凝结物，柿霜中主要成分是糖类（葡萄糖、果糖及蔗糖）、甘露醇类、蛋白类和脂肪类及少量的有机酸类物质。柿霜颜色一般为白色，有时为淡黄色，味道细腻甘甜。柿霜具有多种功能特性，适量食用柿霜有生津、润肺和止咳的功效，可以抑制微生物对柿的腐败，有较好的抑菌作用[13]。

柿皮含有多种功能性物质，如膳食纤维、胡萝卜素、多酚类物质及果胶。相关研究表明，柿皮有多种功效作用，例如能养目美容，促进胃肠道消化，软化血管，预防心血管疾病，还能降低胆固醇[14]。如果能充分利用，不仅可以变废为宝，还可以保护环境。随着加工、分析技术的进步，人们对柿皮的功能及成分有了进一步了解，柿皮综合利用率有所提高。

第二节　柿的营养价值与药用价值

一、营养价值

柿实营养丰富，被誉为"果中圣品"。在成熟新鲜果实中，柿主要含有蔗糖、葡萄糖、果糖等糖类物质，以及蛋白质和丰富的无机盐、果酸、淀粉等，还含有药用成分维生素、胡萝卜素、胆碱、芦丁、黄酮苷以及多种氨基酸。根据测定，每100克柿含碳水化合物18.50克、蛋白质0.40克、脂肪0.10克、纤维素1.40克、维生素A 20.0微克、维生素C 30.0毫克、维生素E 1.12毫克、胡萝卜素120.0微克、硫胺素0.02毫克、烟酸0.30毫克、核黄素0.02毫克、钠0.80毫克、镁19.0毫克、钾151.0毫克、钙9.0毫克、铁0.20毫克、锌0.08毫克、铜0.06毫克、磷23.0毫克、锰0.50毫克、硒0.24微克。柿富含果胶，它是一种水溶性的膳食纤维，可以纠正便秘，调节肠道菌群组成，具有良好的润肠通便作用。更为独特的是，国内外的研究证实，柿维生素C含量是苹果的10多倍，食用柿比食用苹果对心脏更为有益。另外，柿多酚类物质是优良的抗氧化剂，可有效防止动脉粥样硬化、预防心脑血管等疾病[15]。

未成熟的柿含有大量鞣质。新鲜柿含碘，还含有香草酸、尼克酸及人体所需的钙、磷、镁、铁等矿物质。另外，柿中还含有蛋白质和丰富的维生素、无机盐、果酸、淀粉等。

二、药用价值

柿营养丰富，具有较高的食疗价值。柿味甘涩、微寒、无毒；柿蒂味涩，性平，入肺、脾、胃大肠经，有清热润肺、生津止渴、健脾化痰的功效。柿可用于治疗肺热咳嗽、口干口渴，呕吐、泻泄；新鲜柿有凉血止血作用；柿霜润肺，可用于咽干、口舌生疮等；柿蒂有降逆止血作用；柿饼和胃止血；柿叶有止血作用，可用于治疗咳血、便血、出血、吐血。新近研究发现柿和柿叶有降压、利水、消炎、止血作用[16]。

在医药上，柿能止血润便，缓和痔疾肿痛，降血压。柿饼可以润脾补胃，润肺止血。柿霜饼和柿霜能润肺生津，祛痰镇咳，压胃热，解酒，疗口疮。柿蒂下气止呃，治呃逆和夜尿症。

著名医学家陶弘景在《名医别录》里面提到："柿性味甘涩，微寒，无毒。有清热润肺化痰止咳之功效，主治咳嗽、热渴、吐血和口疮。"明朝医学家李时珍在《本草纲目》中说到，"柿乃脾肺血分之果也，其味甘而气甲，性涩而能收，故有健脾、涩肠、治嗽、止血之功"。

除柿果外，柿叶、柿蒂也含有丰富的营养成分和药用成分。据福建医科大学研究分析，干柿叶中除含有蛋白质、脂肪、碳水化合物外，还含有药用成分维生素、胡萝卜素、胆碱、芦丁、黄酮苷（包括黄芪苷、杨梅树皮苷等）以及多种氨基酸。柿叶中除含以上药物成分外，还含有丁二酸、苯甲酸、水杨酸，柿蒂含羟基三萜酸，其中有齐墩果酸、白桦脂酸、熊果酸；柿饼外表产生的白色粉霜（柿霜），含甘露醇、葡萄糖、果糖、蔗糖；柿根含有强心苷、皂苷，并含有鞣质、淀粉等[17]。柿蒂分析其成分发现柿蒂含有羟基三萜酸、葡萄糖、果糖、酸性物质、中性脂肪及鞣质等功能性成分，将柿蒂粉碎成微细粉末用水煎服，有治疗脑卒中后并发呃逆的药效，还有降逆下气、清热润肺、生津止渴、健脾化痰的作用。如叶丽敏将柿蒂粉碎过目，给脑卒中患者服用，发现有很好的治疗效果。柿蒂红色素还具有能够抗弱酸、弱碱、还原剂、光照和热的特性，陈栓虎等[18]对提取的柿蒂红色素进行研究，发现这种红色素可以食用，柿蒂红色素对弱酸、弱碱、还原剂、热和光有较好的稳定性，糖类、防腐剂类对柿蒂红色素也无影响。

第三节 主要省区柿产业发展现状

我国柿资源非常丰富，但是由于开发科研力量不足，加工水平较低，造成了柿资源的浪费。因此，提高柿加工技术水平是我国柿产业发展的重中之重。

我国柿种植广泛，除北部黑龙江、吉林、内蒙古和新疆等寒冷地区外，大部分省区都有种植。广西、河北、河南、陕西为中国四大柿主产区，产量约占全国50%。

一、广西

据广西农业厅统计资料显示，截至2014年广西柿种植总面积为4.27万公顷，居全国首位。据农业部2013年统计，广西柿产量为79.7万吨，位居全国第一。广西柿生产主要在恭城、平乐一带，2014年恭城柿种植面积为1.24万公顷，平乐为1.06万公顷，占全区种植面积的近50%。产量方面，恭城为33.06万吨，平乐为21.45万吨，占全区产量的68%。恭城月柿驰名中外，除用于鲜食外，其余多用于制作柿饼，少量制成柿醋、柿酒等。广西柿产业发展迅速，柿产业制造的效益逐年增高，广西柿产量逐年升高，2005年产量仅44.11万吨，2013年升至79.7万吨，产量提升35.59万吨[19]。

目前，广西柿生产、销售产业发展迅速，鲜柿及柿加工产业也发展迅速，已经逐步形成具有一定规模的产业格局，柿产业成为广西柿主要产区桂林市的农业主要支柱和品牌性产业。但是，广西的贮运保鲜技术还有待进一步发展。

二、河北

国家统计局数据显示，2016年河北柿产量为583 604吨，位居全国第二。河北柿主要产于保定市满城区，近年来保定市满城区柿树种植面积及柿产量趋于稳定，达8万余吨，但柿价格仍然不稳定，"柿贱伤农"现象时有发生，造成了自然资源浪费和柿农的经济损失。当前，满城区柿产业发展的突出问题是产业链短且不完善。一是满城区柿树种植并未形成管理规模，栽植技术有好有坏，林间管理和各种危害防治没有落到实处，柿整体品质与其他地区相比较低；二是果子销售货架期较短，无长途运输保鲜技术，次果不能综合处理；三是企业规模偏小，带动周边产业能力不够。柿产业下游的贮运、加工、销售等环节是满城区柿产业发展滞后的最关键问题，满城区柿产业链几乎仍停留在出售初级简单加工农产品的阶段，没有形成产品链条和系列产品研制开发。柿具有很好的营养价值和药用价值，由于磨盘柿属涩柿，鲜食口感不佳，导致柿销售连年受阻。

三、河南

河南柿树面积约 3.8 万公顷，产量 15.8 万吨，居全国第三位。荥阳水柿、灰柿，洛阳牛心柿，焦作八月黄，太行山磨盘柿、七月早，平顶山胎里红，三门峡渑池段村牛心柿等，都是历史上久负盛名的优质柿品牌。

河南省近年来先后引进了一系列包括甜柿在内的 20 多个优良品种，地方名优柿品种近年来也有很大发展。但是，河南省柿产业发展中也存在一系列问题，如认识不足、缺乏良种，品种混杂、产量不稳，缺乏优质栽培技术，产后环节薄弱、贮藏和深加工技术不足等。

四、陕西

陕西地处我国中西部，是柿生长的优生区，据《中国农业统计年鉴》统计，2016年我国柿产量 3 969 135 吨，其中广西、河北、河南、陕西、山东五省（区）产量较高，陕西位列第四。2001 年陕西柿产量分别为 8.25 万吨，到 2016 年产量达到 38.21 万吨，15 年间种植面积及柿产量在陕西大幅度增加，但是陕西整体柿的加工率不足 10%，整体采摘率仅有 40%，且大部分以鲜果出售，价格较低。

陕西柿综合开发利用较其他省份活跃，少量但多元化柿加工产品出现在市场上，如柿叶茶、柿饼、柿醋、柿醋饮及柿酒等；陕西乃至国内对柿系统性深加工研究的也比较少，如脱涩冷冻干燥柿片、柿浓缩汁、柿晶、柿果汁粉、柿叶营养保健冲剂等产品，都是国际市场急需且流行的。目前陕西对传统柿饼的工厂化加工技术有了较大改进，如富平永辉集团下的柿饼加工厂，可以将柿制作工期由 2 个月压缩至 10 天；市场上深加工的产品也越来越多，柿醋、柿醋饮及柿酒都已进店销售。

陕西柿产业发展中存在的主要问题是柿树种植问题、柿加工产品种类单一且质量不一、龙头企业少发展后劲不足、深加工研发费用较少等[20]。

第四节 世界柿产业发展现状

一、世界柿生产情况

世界农业在二战后取得了巨大进步，农作物产量不断提高，随着科技水平的提升，农业生产水平稳步上升[21]。

1. 收获面积

据粮食及农业组织（Food and agriculture organization，FAO）统计，2000年世界柿收获面积为54.7443万公顷，2017年为107.4793万公顷，增长了96.32%，增速缓慢、平稳，其中，中国98万公顷，占世界的92%，（图1-1）。

世界柿收获面积以亚洲最大，其次是欧洲。其中亚洲为91.4475万公顷，占世界柿收获面积的85.08%，欧洲2.1049万公顷，占1.96%，美洲0.8269万公顷，占0.77%。2017年，柿收获面积最大的前5个国家依次是中国、韩国、日本、西班牙和阿塞拜疆，总面积为92.5394万公顷，占86.1%[22]。

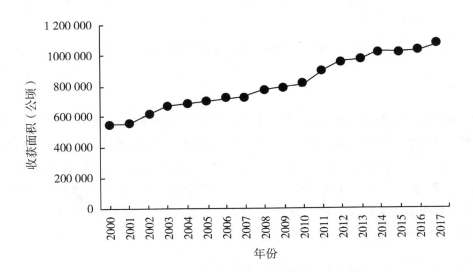

图1-1 2000—2017年世界柿收获面积

2. 年产量

2000—2017 年，世界柿年总产量从 243.0449 万吨增加到了 575.0368 万吨，增长了 1.4 倍，如图 1-2 所示。亚洲是世界柿产量最多的地区，其次是美洲和欧洲。总产量前五名的国家依次是中国、西班牙、韩国、日本和巴西，2017 年柿产量分别为 309.2115 万吨、40.4131 万吨、29.8382 万吨、22.49 万吨、18.2185 万吨，共占世界柿总产量的 73.07%，欧盟、北美等发达国家的份额占比少，呈下降趋势；而亚洲等发展中国家的份额占比大，呈上升趋势。

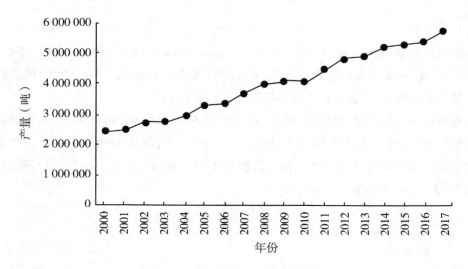

图 1-2　2000—2017 年世界柿年产量

3. 单产

随着农业科技的不断进步，世界柿单产水平明显提高，如图 1-3 所示。单产从 2000 年的 4 439.6 千克/公顷，增加到 2017 年的 5 350.2 千克/公顷，平均每年增长 53.6 千克/公顷，增长了 20.51%，在此期间单产变化波动很大，2003 年达到单产低点 4 136.4 千克/公顷。2017 年全球柿单产排名前五名的国家分别是以色列、巴西、西班牙、意大利和斯洛文尼亚，单产分别为 27 002 千克/公顷、22 329 千克/公顷、21 814 千克/公顷、20 561 千克/公顷、19 206 千克/公顷。

二、世界柿主产国区域变化和生产情况

从世界柿总产量的角度来看，近 5 年排名持续前六的国家为中国、西班牙、韩国、日本、巴西和阿塞拜疆。2000—2017 年，中国柿总产量均位居世界第一，2000—2010 年柿总产量排名前五的国家为中国、日本、韩国、巴西和阿塞拜疆（2004 年除外），

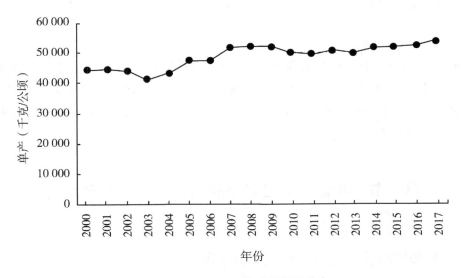

图1-3　2000—2017年世界柿果单产

2011—2017年柿总产量排名前五的国家为中国、日本、韩国、巴西、西班牙，2000—2012年柿总产量持续排名前三的国家为中国、日本、韩国，2012—2017年柿总产量持续排名前三的国家转变为中国、西班牙、韩国。从柿的收获面积的角度看，2000—2017年排名前三名的国家一直是中国、韩国、日本，柿收获面积排名前十的国家变化不大。从柿的单产角度看，排名顺序一直有所变化。

1. 中国

根据联合国粮农组织2017年统计数据显示，中国虽然是世界上柿栽培最广、面积最大、产量最高的国家，但是单位面积产量却很低。近年来，国家对农业高度重视，虽然我国由于栽培技术、管理经验和经济条件的缺乏，柿单位面积产量仍然距离世界发达国家差距较远，但柿栽培面积产量仍然在稳步增长，2000年我国柿收获面积仅有47.1463万公顷，产量161.5791万吨，但到2017年我国柿收获面积已有85.2484万公顷，产量309.2115万吨[23]。

2. 韩国

2017年，韩国柿收获面积位列全球第二，产量位列第三，总产量由2000年的28.7847万吨增长到2017年的29.8382万吨，增长3.66%。2000—2017年，韩国柿总产量一直呈现波动状态，其中2008年总产量最高43.0521万吨，占2008年全球总量的11.26%。2000—2017年，韩国柿收获面积虽呈现波动状态，但一直稳居世界第二。2017年韩国柿收获面积与2000年相比有所下降，而单产有所提高，由2000年的9 228

千克/公顷增长至 2017 年的 12 056 千克/公顷。

3. 日本

2000—2017 年，日本柿收获面积一直位居全球第三，产量一直处于全球前五，近几年收获面积、产量和单产均有所下降。2000 年，日本柿总产量 27.88 万吨，收获面积 2.5 万公顷，单产 11 152 千克/公顷。2017 年日本柿总产量 22.49 万吨，收获面积 1.98 万公顷，单产 11 359 千克/公顷。

第五节　我国柿采后贮运保鲜及加工存在的问题

一、柿果贮藏设施薄弱，贮藏能力不足

柿果产量大，季节性强，采摘后必须及时处理。如果采果早则存放时间长，但柿果品质会下降。采摘不及时会成熟过度，变成烘柿，不能再加工成柿饼。目前，还没有成熟的柿果贮藏保鲜技术，也无足够的贮藏设施。

大部分地区建设的冷库中专业库和特种库较少，预冷保鲜效果不尽如人意。国外发达国家的柿果采后商品化处理已经非常成熟，采后果品立即进行预冷处理，贮藏、运输和销售全程冷链，基本上能够保持接近采收时的果品新鲜度、风味和营养成分。特别在预冷环节的重视程度远超国内行业，预冷作为冷链的开端和保持果实良好新鲜度的重要环节，需要有专业的设施与技术才能在极短时间内将水果迅速降低到理想温度。而在我国，柿果采后预冷环节基本缺失，并没有得到足够的重视，几乎所有的贮户和企业都没有专业的预冷设施。一些规模较大的果品企业，虽设有预冷间，但设施载荷较低，不能实现果品的快速降温，特别是在柿果采收高峰时期，集中预冷量大，更达不到理想的预冷效果，无法满足外商的需求，这直接影响了当地果品出口外销的数量与质量[24]。

由于管理者对冷库使用常识的缺乏和主观重视程度不够，他们对贮藏库的管理比较粗放。对经济效益的过高追求，贮户和企业一味增加库容，使得柿果贮藏普遍存在"超载"现象，库内气流循环不畅，客观上造成了库内不同部位温度差异增大，库内温差在 3~5℃ 甚至更高。库内温度的大幅波动也会造成果实失水和保鲜包装内部"结露"，引起致病菌的滋生和大量繁殖，增加了贮藏期间果实腐烂的风险，不利于柿果的长期贮藏。

二、采收贮藏标准滞后，各环节把控不到位

我国现行柿果保鲜与贮藏相关的国家标准、农业行业标准、林业行业标准、商业行

业标准、出入境检验检疫行业标准、地方标准极少，保鲜贮运标准中对食品安全的规定相对不足。在柿果采前、采收及采后处理、贮藏保鲜等关键技术环节把控不到位，尤其在防腐保鲜剂使用方面，单一依赖杀菌剂防腐，没有注重从果实耐贮性提高、果实无损伤、杀菌剂及时处理、杀菌剂高效安全、环境和用具消毒、贮藏环境通风换气等关键技术环节综合控制。

采收不适时及采摘不规范使得柿果破损率高。以家庭为单位的经营管理模式导致栽培技术滞后，果实商品外观不优、商品果大小不齐；实用技术实施不到位，如提高坐果率、合理负载、套袋等技术；实用化、省力化、机械化的栽培技术不规范、不系统；采摘主要靠爬树、梯子、杆子和袋子，严重影响采摘质量，易成坏果，而且果农时有摔伤，极不安全，且很少对果筐、果剪等采摘用具消毒，加剧柿果采后病害发生[25]。

三、运输技术落后，信息化水平低

果品运输是鲜柿果进入市场的重要环节。运输鲜柿果的车辆主要有冷藏车、普通货车、厢式货车等。鲜柿果包装有不同规格的纸板箱、塑料箱等。鲜柿果运输中的保鲜措施有预冷处理、添加保鲜剂等。依据目标市场与产地的距离，选择短途运输或长途运输，合理包装后，运输途中借助一些保鲜措施，使商品鲜柿果快速到达目的市场，同时保证其品质。产地与市场的有效对接，适宜运输工具、果品包装、保鲜措施的选择是鲜柿果运输环节急需开展的工作。但由于成本、技术、专业化等问题，柿果大多采用常温运输，且处于初加工、低增值、深加工技术水平较低的初级产品交易阶段。据有关调查显示，大部分柿果在运输配送过程中不经过任何处理，或是只经过简单包装，只有极少数的柿果在运输配送过程中有深加工环节，精深加工的柿果占总量不到10%，加工增值程度低[26]。冷藏保鲜汽车以及冷藏保鲜火车车厢严重不足，保鲜运输设备的严重缺乏，造成了柿果的变质腐烂，损失巨大，不仅增加了运输配送成本，也给柿果质量留下了巨大的隐患。

从事农产品物流配送的主体主要有农业公司、专业运输公司、第三方物流企业、经纪人队伍等。目前，我国柿果从业主体中的小农户占的数量较大，柿果运输的主体主要是农户自销、供销社代销和个体商贩代理等，这些人大部分综合素质较低，对市场交易知识了解不多，对经营法律法规的了解也较少，从业的基本技能欠缺，不能快速、准确、及时、全面地获取并处理市场信息、完成交易，专业化程度低，技术和规模都有一定程度的欠缺，高成本、低效率使柿果很难与其他鲜果竞争。

信息是运输系统的神经中枢，加工、贮藏、运输等每一个环节中的运输信息都需要及时处理及传递。目前柿果产地基本形成了通信、广电、计算机等信息网络，构建了以国家公用网为主体、专用网为辅助的信息化网络结构，但柿果运输领域的信息化程度仍然偏低。目前，柿果产经销农业信息不够健全，沟通渠道不畅，缺乏把生产者、市场和客户联接起来的自动化信息网络，导致柿果销售信息发布不及时、信息服务不到位、信息、资源不能共享，使市场供求信息不能快速传递。广播、电视等传统媒体发布的有关柿果价格预测等相关信息极少，不能给柿果的生产、流通、加工提供全面持续的信息，使农民缺乏对信息的分析、选择能力。这不仅造成柿果运输的盲目性，也在一定程度上降低了柿果运输的效率[27]。

四、加工方法滞后，精深加工技术缺乏

据统计，我国每年的柿产量排在世界第一位，但是国际贸易金额不到全球贸易总额的 3%。目前我国柿加工利用比例不足 10%，柿果果品加工程度低、比例低，加工制品档次低，精深加工能力不足，技术滞后。以涩柿为原料的加工品大多为传统手工生产，80% ~ 90% 的柿果做成柿饼，少量做成柿干、柿条，都属于初级加工，产品附加值不高。柿深加工产品目前有柿醋和柿酒，产品单一，并且产品宣传力度不够，市场未打开，而比较受消费者期待和接受的产品类似于冷冻干燥柿片、柿浓缩汁、柿晶、柿果汁粉、柿叶营养保健冲剂等产品仍未研发出世，需要低温冷冻浓缩技术、冻干技术、微胶囊包埋技术、酶工程技术等研发创新应用于柿产业。总体而言，我国柿加工还停留在传统加工工艺阶段[28]。

传统的柿饼加工多采用自然干制法。自然干制法柿饼基本靠露天晒和风吹，需要长达数月的时间来完成干燥，柿果长时间暴露于空气中容易受到微生物的污染。近年来，人们对人工干制工艺进行了较多的研究。人工干制法主要是将柿自然晾晒工艺改为人工烘制，通过控制温度进行烘烤，能明显缩短所需时间，同时操作环境较为干净，具有时间短、健康卫生等优点。尽管人工干制工艺在一定程度上对传统自然干燥工艺进行了改进，但由于柿饼加工工艺中部分工序实现机械化难度较大，如揉捏工序仍为手工作业，费时费工且不卫生，因此限制了柿饼工业化生产的发展[29]。目前许多柿饼加工企业仍多沿用传统的加工方法，由各家各户分散加工，生产的标准化、机械化和规模化程度均较低。由于柿糖含量偏高，加上生产条件粗放，柿饼在加工过程中极易受到微生物的污染（主要是霉菌），产品卫生指标较差。其次，由于柿饼大多由各家各户分散加工，同一批次产品质量、感官品质都难以保证一致。

有很小一部分中小企业用柿果酿酒、酿醋，但存在酿造工艺还不过关、甲醇含量超标等现象。企业多以小作坊式生产为主，卫生条件差，质量难以保证。目前柿果醋的加工主要以柿浆为原料，采用酿酒酵母和醋酸菌分别进行发酵。除民间作坊式的传统发酵工艺外，柿醋的发酵主要采用液态发酵工艺和固态发酵工艺。民间自制柿果醋，不仅发酵时间长，缺少香气，口感很差，而且无法规模化生产[30]。液态发酵是将柿汁加糖调

整糖度进行液态发酵，再过滤，经离心、后熟制得成品醋。液态发酵法生产的柿醋色泽淡黄，酸度可达 3.5% 以上，但是风味不足，设备投资大，操作条件高，不适合中小企业生产。固态发酵是将柿与蒸煮后的大米、小米、玉米、麸皮等原料进行固态酒精、醋酸发酵，其特点是发酵时间长，柿果醋无浑浊和沉淀，风味好。但是产品的风味稳定性和外观稳定性不佳。发酵柿酒缺乏典型的果香，往往带有强烈的涩味，而且酒液过于浑浊且产酒率低，因而目前也难形成大规模生产[31]。

第六节　柿贮运产业的发展方向

一、健全柿果质量标准体系，提高贮运效率

与国外发达国家相比，我国柿果产品虽在价格上具有明显优势，但产品质量较差，竞争实力不强，这与缺乏质量标准体系和科学统一柿果生产规模有很大关系。未来柿果产业的工业化发展趋势主要是形成标准化的采收、贮运、加工全过程的控制，从品种的筛选开始，实现品系的纯化及区域化，筛选最优品系，新建园嫁接最优品系，并且对果树的种植管理技术提质增效，例如降低树冠、简化修剪、动态密度、风光通透、平衡施肥、防病治虫等，实现现代农业果树种植管理。加工过程中要有标准可遵循，制定相应的国家标准及地方标准，实现生产过程有规范、产品有标准，产品的包装模式及材料要求等制定可遵循的标准。政府、企业和农户都需要重视农业生产标准化工作，从生产前期生产资料的分配与供应，到生产中期每个环节的技术服务，再到生产后期柿果产品的分级加工、无菌包装、存储运输等各个环节都制定标准要求，并在生产经营过程当中严格规范执行。同时，在已开展的无公害农产品、绿色农产品和有机食品认证的基础上，积极推广危害分析与关键控制点（HACCP）、卫生标准操作规程（SSOP）、良好生产操作规程（GAP）、ISO 9000 和 ISO 14000 等世界体系认证，在保证柿果品质与质量安全与可靠的前提下，提高柿果运输的效率，这对于柿果的销售和运输具有积极的作用，从而更好更快地提高柿果的产值[32]。

继续发展柿果第三方物流，为柿果物流园区发展做好充分准备，抵御激烈的市场竞争。丰富与国外柿果市场的贸易，并在进行道路运输枢纽建设系统的同时，寻找选择合适的位置，规划布局，建设柿果物流园区网络。作为柿果种植采收大国，应该充分重视柿果的生产和销售以及运输发展整个体系，降低柿果的生产和运输成本，增加农民收入，提高柿果的运输力量，利用好交通地域优势，发掘潜在的能力，积极努力创建一流的柿果贮运网络，实现整个体系的大规模发展模式和道路。

二、增加柿果产品科技投入，提高柿果产品质量

开拓思想，招商引资，引进产业、引进技术还要引进人才与理念，强化人才队伍建设，提高采后专业人才能力。借助政府支持，进一步完善柿果贮运基础设施建设。加强公路建设，并建成省市级运输枢纽站场网络和县乡级公路运输站，为柿果提供快捷、安全、高标准的运输环境，加强运输软件设施建设，利用先进的科学技术和设备，根据柿果采前及采后技术需求，建设柿果领域专家、科研骨干、基层科技人才、科技管理人才等结构合理的柿果人才队伍，并出台相关激励政策，充分调动科技人员的积极性。注重培养柿果采后贮藏土专家、职业农民，注重培养专业采果队、采后处理技术人员、贮藏库房管理技术人员，通过学习提升、交流合作、培训普及等多种形式，提高柿果采后人才队伍的专业素质与能力和科技含量，建立政务管理和公众出行信息服务系统，提高柿果运输科技水平和信息化程度[33]。

健全产品结构，完善科技创新体制，增加科技方面投入。随着经济社会的发展，先进技术日新月异，国内外成熟的物流技术层出不穷（如数据技术、算法技术、云端技术、物流感知技术等），将先进物流技术（仓库管理、运输管理、温控管理、定位管理等信息技术）引入柿果冷链物流管理中，提高其效率（安全可追溯、质量可监控，订单信息可跟踪等），从而降低柿果冷链运输的配送成本。还可通过先进的技术识别，达到控制柿果品质、温度的目的[34]。但实地走访调查的现实情况是，当供应商（果农）在没有充分感受到技术进步带来的好处时，他们会认为使用食品质量安全可追溯技术（扫码、粘贴标签等）是增加物流操作环节且手续烦琐的事，因而不愿意采用这些技术。通过多种技术、设备的应用和人员在柿果供应链系统内的高效率组合，才能保障柿果的高效安全送达。要实现分散、小规模种植的柿果集中上市和实现柿果高频刚需的细水长流，柿果运输供应链管理、先进的柿果冷链物流技术和设施的采用就是关键。

调整产业结构及产品结构，重视新科技对柿果产品的保鲜贮藏与深加工，使柿果产品加工业向着食用营养化、生产规模化、销售国际化、综合产业化的方向发展，柿果产品也将向食用更加方便、功能更加齐全、营养更加丰富、品种更加多样的方向发展。另外，加大科研方面的投入，提高产品研究能力，不断开发满足市场需求的新产品，提高柿果产品的技术含量和竞争力。改造传统柿果加工业产业，提高技术装备水平，提升生产技术水品，增加企业在生产加工中的能动力[35]。

我们必须在增产的同时，更加注重先进科学技术对柿果产品自身品质的提高，以提高国外出口销量。积极创造优惠条件，在吸引国外投资者的同时，通过实施减免农业柿果产品生产加工方面税收的优惠政策，吸引及鼓励有经济技术综合实力的大型企业积极参与到柿果农业科技的研发推广和构建产业化进程中去。选育和引进丰产、抗病、优质

的柿果新品种，实现柿果生产良种化，并具体实施各项人才发展工程，具体来说就是提高生产者、科研者以及经营者的整体综合素质[36]。从柿果产品采摘前的无病毒、无公害、良种繁育基地的建设做起，大力推广农业高产栽培技术，重点发展无公害产品生产基地，借鉴国内外各地成功经验，依据区域优势调整产品品种结构，在解决好柿果产品质量问题的同时，对于相应的柿果贮运专用渠道的发展应该配套实施，这样才能够保障优质柿果产品能够在更短的时间内得到流通。

三、开拓全球化的贸易思维，实现柿果产品出口市场多元化

目前全国柿果产品加工量较小，其加工规模多以中、小企业为主，科技设备技术落后，严重制约我国柿果产业快速发展，伴随而来的就是柿果采摘后因不能及时贮藏加工，出现大量腐烂，导致淡季时市场贮藏柿果产品出现缺口、加工企业出现原料供应不足的现象，难以支撑柿果产业的国际市场，严重影响我国柿果产业经济发展。

逐步开拓国际市场，在现有国际市场的基础上应采取巩固提高东南亚、日本、韩国、中国港澳台地区等传统市场，并积极扩大独联体、东欧各国、欧盟地区和北美市场的策略。加强传统市场政府间关于柿果产品信息的交流，争取建立稳定的贸易关系，最终形成订单式种植。而在欧美各国市场，应该努力争取获得其农药残留标准认证和加工质量规格的认证，这是柿果产品走入欧美市场、出口创汇的关键所在。与此同时，加大从日本、韩国等周边国家引进先进品种、引进科学的栽培技术以及加大推广新品种的力度，重视柿果种植前的国际市场预测。不仅要加强柿果产品在国内销售的力度，还需要扩充国际市场，积极利用互联网加电商、全网多渠道、线上线下一体化销售模式，并利用社交软件发展微商社群，使更好的柿果产品销售国外，提供更广阔的销售空间，迅速的增值，广泛发展能与广大果农建立"利益均沾、风险共担、产销衔接、相互促进"的利益共同体，真正代表农民利益，引导广大果农有效开拓国内外市场。

四、树立柿果产品品牌意识，发展"龙头"企业

在某种程度上市场经济又是一种品牌经济。同样的东西，不同的品牌，会有不同的价格，这就是品牌效益，柿果产品也遵循这一规律。根据现代市场经济的发展情况，为了满足消费者多样化的消费需求，应开展品牌化的营销战略，树立、打造、提升及保护品牌，充分发挥品牌效应。但我国柿果产品商品化处理程度低，没有叫得响的产品品牌。因此在明显由买方决定需求市场的现在，各地方领导和相关农业部门应及时组织，正确的引导农民，坚持"各扬所长，优势互补"的原则，在柿果产业发展中做到"人无我有，人有我优，人优我特"，加快柿果产品的商品化进程，提高柿果产品的外观质量，逐渐在消费者心中树立起柿果品牌意识，增强其产品在市场中的竞争力，从而开拓

国内国际市场。

发展"龙头"企业，加强柿果产品商品化，探索组织创新，提高柿果产业整体竞争力。首先，在建立健全柿果市场体系的同时，大力发展科技含量高、规模大、外向型、深加工的上联市场、下联农户的加工型和运销型"龙头"企业，全面完善社会化服务体系并强化市场中的信息服务，从而达到避免由于盲目生产而对市场方面所带来的风险。其次，在稳固家庭承包经营的基础上，大力探索组织创新，推进产业化结构经营，提高柿果生产的组织化结构程度。增强农民进入市场、参与竞争的组织化程度，努力推进我国柿果产业化结构经营，扩大对外出口额，扩大柿果产品的交换流通空间，培育外向型的柿果产业化经营体系。

参考文献

［1］ Novillo，Pedro，Crisosto，et al. Influence of persimmon astringency type on physico-chemical changes from the green stage to commercial harvest ［J］. Scientia horticulturae，2016.

［2］ Luo Z，Wang R. Persimmon inChina：Domestication and traditional utilizations of genetic resources ［J］. Advances in Horticultural Science，2008，22（4）：239-243.

［3］ 张放. 2016 年全国水果生产统计分析（二）［J］. 中国果业信息，2018，35（2）：20-28.

［4］ 吕永来. 2013 年全国各省（区、市）核桃、板栗、枣、柿产量完成情况分析［J］. 中国林业产业，2014（12）：34-36.

［5］ 胡青素，龚榜初，谭晓风，等. 柿的应用价值及发展前景［J］. 湖南农业科学，2010（01）：111-114.

［6］ 吕平会，古巧珍. 柿贮藏与加工技术［M］. 北京：金盾出版社，2004.

［7］ 薛友林，韩双双，张鹏，等. 柿采后贮藏保鲜技术研究进展［J］. 食品工业科技，2019（12）：335.

［8］ 杨恒，赵萍，刘裕慧，等. 柿资源开发利用现状［J］. 生物资源，2019（5）：402-410.

［9］ 尤中尧. 促进柿饼出口的工艺对策［J］. 食品科学，2000（06）：64-65.

［10］ 刘滔，朱维，李春美. 我国柿加工产业的现状与对策［J］. 食品工业科技，2016（24）：363-369.

[11] 卜庆忠,葛博学,陈昕晟,等.柿果实香气成分 SPME-GC-MS 检测体系的建立 [J].北方园艺,2018,42（06）:29-33.

[12] 荆雄.柿酒酿造条件优化及其非酿酒酵母的应用 [D].西安:陕西科技大学,2019.

[13] 张鹏霞,党凯锋,邹超,等.自控热泵柿饼烘干房及快速干制出霜工艺研究 [J].包装与食品机械,2019,37（06）:51-54.

[14] 杨丽丽.富平县柿树种植及柿饼加工气候条件分析 [J].现代农业科技,2019（15）:98-99.

[15] 杨苗苗,张颖,王力,等.柿果清汁饮料的开发研制 [J].食品科技,2018,43（05）:125-128.

[16] 高清山.柿的营养价值及其利用 [J].山西果树,2015（01）:14-16.

[17] 周坚,万楚筠,沈汪洋,等.甜柿的营养及功能特性 [J].武汉工业学院学报（04）:14-18.

[18] 陈栓虎,王翠玲,董发昕,等.柿子红色素的提取及稳定性研究 [J].西北大学学报:自然科学版,2004（06）:56-58.

[19] 张宇.广西柿采后贮运保鲜技术的发展现状及对策 [D].南宁:广西大学,2016.

[20] 裴小菊.陕西兴平市柿产业状况及发展建议 [J].中国园艺文摘,2014（10）:84-85.

[21] 益农.我国发展柿生产有优势 [J].农村百事通,2005（19）:57-57.

[22] FAO [OL].http://www.fao.org/faostat/en/#data

[23] 朱迪,张静.中国柿贸易现状与竞争力分析 [J].农业展望,2016,12（06）:66-69.

[24] 杨静.柿综合加工技术研究 [D].杨凌:西北农林科技大学,2012.

[25] 黄绍飞.陕西柿产业发展问题研究 [J].商讯,2019（20）:14-15.

[26] 王建新,徐冉.柿深加工产品进展 [J].食品安全导刊,2019（12）:138,140.

[27] 李先明,秦仲麒,涂俊凡,等.湖北省柿产业现状及发展对策 [J].安徽农业科学,2015,43（26）:47-50.

[28] 李彦军,何亚娟,毛跟年,等.富平柿饼的清洁生产关键技术研究 [J].农产品加工,2018（13）:26-29,32.

[29] 张海生,陈锦屏,马耀岚.柿饼加工工艺的研究 [J].农产品加工,2004（04）:38-39.

[30] 胡伯凯,陈波涛.柿酒研究进展 [J].贵州林业科技,2017,45（04）:58-

61，47.

[31] 江水泉，孙芳.中国柿产业现状及工业化发展趋势 [J].现代农业装备，2019，40（02）：64-68.

[32] 张宏平，张晋元，刘群龙.我国柿种质资源的优势及遗传育种研究进展 [J].黑龙江农业科学，2016（09）：149-151.

[33] 乔光.贵州省柿产业现状与发展对策 [J].农技服务，2016，33（18）：132.

[34] 李红，赵珊珊.果蔬冷链物流存在的问题、原因及解决方案 [J].新疆财经，2018（05）：60-66.

[35] 张学杰.果蔬贮运、加工技术发展概况及面向 21 世纪的展望 [C].中国园艺学会第五届青年学术讨论会论文集.2002：771-775.

第二章　柿贮藏加工特性

柿果为呼吸跃变型果实，果实色泽鲜艳，甘甜多汁。成熟的柿可以硬柿或软柿供鲜食，还可加工成柿饼等。柿的品种很多，各品种果实的耐藏性差异很大。华北的主要品种为磨盘柿，太行山南部地区的绵瓤柿，陕西、甘肃等地的干帽盔柿，陕西的火罐柿、鸡心黄柿，还有阳朔的牛心柿、鬼脸青、元宵柿、绵丹柿等，都是耐贮运的优良品种。

柿含有丰富的营养物质，其主要成分为糖、蛋白质、维生素、单宁、有机酸和芳香物质等。单宁有抑菌、抗病毒、抗过敏、预防心脑血管疾病、抗肿瘤、促进免疫、抗氧化和延缓衰老的功效。柿果中还含有较多的膳食纤维和果胶，对促进人体消化，改善肠道功能具有很好的作用。但因其含有糖类和单宁物质，柿果在贮藏过程中极易发生软化和褐变的现象，而单宁物质也使得柿果在加工过程中需要进行脱涩处理。不同品种的柿果其营养成分含量也不同，故有的柿果适于贮藏鲜食，如磨盘柿，有的柿果适于加工，如恭城月柿，而有的柿果既可以用于鲜食，也可以用于加工，如镜面柿。

第一节　影响柿贮藏的因素

柿的贮藏期长短不仅与品种固有特性有关，还与多种因素如采收期、有无机械损伤、贮藏运输环境的温度和气体环境等有关。研究发现，柿果贮藏温度以0℃为最好，温度变幅控制在0.5℃为宜。若温度降到-2℃以下，则会造成柿果褐变率增加。为使柿果逐渐适应这一贮藏温度，在柿果采收后应立即预冷，使果温降到5℃，然后逐渐降到0℃。如果采收后立即放入0℃贮藏，因氧吸收受到抑制，会造成柿果中心部氧气不足，进而发生无氧呼吸，不利于长期贮藏。柿果长期贮藏最佳氧气浓度为3%~5%，二氧化碳为3%~8%。气调贮藏可贮藏3~4个月，柿果保持脆、硬而不变褐。

一、采前因素

1. 品种

柿品种繁多，根据其在树上成熟前能否自然脱涩分为涩柿和甜柿两类。后者主要是来自该品种中的"冬柿"，成熟时已经脱涩，而前者必须在采摘后先经人工脱涩后方可供食用。根据色泽的不同，柿可分为红柿、黄柿、青柿、朱柿、白柿、乌柿等；根据果形的不同又可分为圆柿、长柿、方柿、葫芦柿、牛心柿等。在长期的风土驯化和生产实践中，人们培育出不少优良品种，特别著名的有河南渑池的牛心柿；产于华北的"世界第一优良种"的大盘柿；河北、山东一带出产的磨盘柿、莲花柿、镜面柿；河南以及陕西泾阳、三原一带出产的鸡心黄柿；河南以及陕西富平的尖柿；浙江杭州古荡一带的方柿。柿品种不同，果实的耐贮性差异较大，一般认为晚熟品种较耐贮藏，同一品种中迟采收的比早采收的耐贮藏，如磨盘柿、莲花柿、牛心柿、镜面柿、火罐柿、鸡心黄柿、富有、骏河等都是质优且耐贮藏的品种。涩柿中烘柿不耐贮藏，脆柿一般贮藏期也不长。涩柿应在脱涩前贮藏保鲜，甜柿中较耐贮藏的品种是富有和骏河。

2. 管理措施

虽然现代果业的发展有效促进了柿产量提高，但不可否认的是，我国依然有很多地区在进行柿树栽培中采用的是传统种植方法，没有进行科学的系统化管理。柿树具有一定的抗病虫害能力，但是并不意味着柿树不需要进行科学管理。李雪晴[1]调查时发现，很多农民认为柿树不需要进行管理，无需进行修剪、施肥、灌溉、除虫等操作，只依靠其自然生长即可。管理水平的低下，严重限制了柿树的产量，同时由于病虫害的产生，使得很多果实无法达到质量要求，影响当地品牌的建立，导致柿树的种植效益受到影响。故应在当地积极进行宣传，提高群众科学管理意识，对现有品种进行改良换代。通过技术培训，普及科学管理知识，推动柿园的施肥、修剪、病虫防治以及低产柿园改造等工作，实现柿产量和质量的进一步提高。

3. 气候条件

柿树相对来说较易成活，但其对生长环境的温度、水分、光照、土壤以及风也有一定要求。柿树开花一般在4月中旬，果实成熟期一般在10月上旬至11月上旬。柿树开花挂果期若出现连绵阴雨，则对花芽分化不利，使其授粉率降低，从而造成大量的落花落果。果实成熟期时，若当地气候昼夜温差大，则有利于柿果中有机物的形成与转化。若夏秋连旱，夏季高温少雨，会使柿果出现生理性落果，并有旱烘现象，从而影响柿的产量和品质[2]。

（1）温度

柿树在年平均温度为9~23℃的地区都能栽培，年平均温度低于9℃，柿树难以生存，该温度是柿树生存的极限温度。柿树一般萌发的时候要求温度在12℃以上，枝叶的生长必须要在13℃以上，开花在18~22℃，果实发育期要求22~26℃，当温度超过30℃的时候，柿树品质下降，皮粗厚而且褐斑比较多。

（2）光照

在光照充足的地方，柿树生长发育会更加良好，结出的果实皮薄肉嫩，着色好，味道甘甜，水分多，品质优良。

（3）水分

柿树喜欢湿润的气候条件，但是耐旱力也比较强，一般在年降水量在500~700毫米的地区不需要灌溉，新枝叶生长和果实发育期需要有充足的水分供应。

（4）土壤

柿树对土壤的适应性比较强，在多种土壤上均可以生长，最适宜的土壤为土层深厚、保水力强的土壤或者黏土壤最好，酸碱性上以中性土壤最佳，微酸或者微碱性的土壤上也可以栽培，但是在低洼地带或者盐碱地带则很少种植。甜柿与涩柿对土壤的适应性相同，以土层深厚、有机物质含量高、保水力强的黏质土壤最好。

（5）风

柿树怕风，大风可以导致树冠被破坏，抑制树体的生长，同时刮风的时候树叶间摩擦比较厉害，导致果实容易受损伤，影响外观及其品质。但是微风对生长有利，可以加快空气交换，有利于光合作用。

4. 成熟度

果实软化是柿贮藏的最大问题。果实成熟时多聚半乳糖醛酸酶、果胶甲酯酶和纤维素酶这3种水解酶大量增加从而引起细胞壁中原果胶分解，导致果实软化。果实成熟度不同，在软化中起主导作用的酶也不同。研究发现，可溶性单宁的存在起到延缓柿果软化的作用。柿脱涩后单宁含量降低，柿很快就会变软，严重影响柿的品质[3]。采收贮藏的柿果，一般在9月下旬至10月上旬采收，即在果实成熟而果肉仍然脆硬，果面由青转至淡黄色时采收。采收过早，脱涩后味寡质粗。甜柿最佳采收期是皮色变红的初期。采收时将果梗自蒂部剪下，要保留完好的果蒂，否则果实易在蒂部腐烂。

二、采后因素

1. 温度

温度是影响柿果采后品质的重要因素，在常温贮藏过程中柿果容易软化、腐烂和褐变。柿是呼吸跃变型果实，贮藏过程中最重要的任务就是在维持果实正常生理代谢的前提下，尽可能的降低其呼吸作用，减少果实有机物的消耗，维持果实的采后品质。在一定范围内，与呼吸作用相关的酶的活性随着温度的升高而增强，酶活性的增强导致果实呼吸强度增大，后熟衰老进程随之加剧[4]。低温能够有效的减缓果实的生理活动，降低代谢水平，以更好地维持贮藏期间果实的品质。但不同种类、品种的果实对低温的忍耐能力不同，温度过高则贮藏效果较差，温度过低则易诱发冷害，使果实品质发生劣变，丧失商品性。柿的冰点温度为-2℃左右，最佳的冷藏温度为-1℃，根据品种不同可贮藏2~6个月。冷藏的柿果出库时，应进行升温处理，升温可在原冷库或在预冷库中进行，升温的速度不宜太快，维持温度比原冷藏温度高3~5℃即可。若不进行升温处理，柿果从低温突然进入高温环境，易诱发果实褐变[5]。

2. 湿度

新鲜果品的含水量一般在85%~90%，由于果实组织中含有丰富的水分，使其显现出新鲜饱满和脆嫩的状态，显示出鲜亮的光泽，并具有一定的弹性和硬度。果实中很多物理、化学变化都与水有联系，失水对果实质构及风味都会产生影响，较高的相对湿度能够有效地抑制果实的失水，维持果实的品质，因此湿度是影响果实采后贮藏另一个重要的环境因素。贮藏过程中，环境湿度过低或过高均不利于果品贮藏，湿度过低时，果品水分蒸腾迅速导致产品出现萎蔫；湿度过高，易发生微生物的侵染和多种生理性病害。在运输过程中，适宜和稳定的空气湿度是延长产品贮藏期的关键。蒙盛华[6]等研究发现在温度为0~1℃，相对湿度为85%~90%，氧气含量为2%~5%，二氧化碳含量为3%~5%的条件下，柿可贮藏2~4个月。

3. 气体成分

果实在贮藏期间环境中的气体成分主要包括水、氮气、氧气、二氧化碳、乙烯、乙醇、乙醛等，氮气与氧气来源于空气，水、二氧化碳、乙烯、乙醇和乙醛主要来源于果实的生理代谢。其中氧气、二氧化碳、乙烯是在贮藏期间对果实影响最大的3种气体。

乙烯是一种促进采后果蔬衰老的激素。果蔬种类不同内源乙烯含量存在很大差异，而且不同种类的果蔬对乙烯的敏感程度也有很大差别。呼吸类型不同的果蔬产生乙烯反应的乙烯临界浓度也不同，非跃变型果蔬的临界浓度是0.005微升/升；跃变型果蔬为0.1微升/升[7]。有研究表明，温度较低时，柿的内源乙烯含量仅为0.1微升/千克·小时；但是柿对乙烯的敏感性很大。现在通用的减少和去除乙烯方法一般有3种：一是可以通过转基因等生物工程技术培育不产生或很少产生乙烯的转基因作物，二是通过乙烯合成抑制剂来控制内源乙烯的产生，三是应用乙烯吸收剂达到清除外源乙烯的目的[8]。

近年来我国柿产业飞速发展，但柿的采后贮藏体系仍不完善，在流通过程中损耗率极大，已严重阻碍市场的进一步拓展。气调贮藏作为当前较为先进的果品贮藏手段，目前在苹果、桃等果实的贮藏中应用较多，在柿的采后贮藏中却鲜有应用，适宜柿气调贮藏的气体组成配置也尚未明确。刘柳[9]用一定浓度的氧气和二氧化碳处理了不同种类的柿，发现气调贮藏可以提高甜柿果实耐贮性及品质，处理显著延缓"次郎"和"阳丰"2个甜柿品种果实硬度的下降与总色差值的上升，在一定程度上抑制了可溶性糖含量的上升与可滴定酸含量的下降，而且甜柿比涩柿的耐贮性好。气调贮藏按气调方式可分为采用自然降氧的自发气调贮藏（Modified atmospere storage，简称 MA）和采用人工快速降氧的机械气调贮藏（Controlled atmosphere storage，简称 CA）[10]。对于柿机械气调贮藏，国内外普遍认为氧气浓度不得低于3%，但近年来的研究表明低氧贮藏（氧气<3%）有良好的贮藏效果[11]。自发气调贮藏是依靠果蔬自身的呼吸代谢来降低环境中的氧气，提高二氧化碳含量，从而降低呼吸速率以达到延缓果实成熟衰老的目的。李灿[12]研究发现自发气调贮藏可以降低尖柿的呼吸速率及乙烯释放量，并抑制多聚半乳糖醛酸酶活性升高和果胶、纤维素的降解。此外，在自发气调贮藏时结合适宜的保鲜剂与去乙烯剂有助于增强贮藏效果。

4. 化学试剂

目前国内外柿果保鲜中最常使用的化学保鲜剂包括生理活性调节剂、乙烯吸收及抑制剂、脱氧剂及其他相关保鲜剂。

生理活性调节剂赤霉素（GA）及6-苄基腺嘌呤（BA）采后处理柿果，可延缓后熟软化，抑制脱落酸的积累。1-甲基环丙烯（1-MCP）可阻止乙烯和受体的结合，减少内源乙烯的产生从而达到延迟衰老的目的，常用于水果的保鲜。采用适宜浓度的1-MCP（0.6微升/升）处理柿果，与不经过处理相比，可使得脱涩后柿果的贮藏时间延长1倍，且不影响柿果品质。采用乙烯吸收剂（硅藻土、海泡石、氧化铝、硅胶、高锰酸钾）结合 GA3 浸果，可大大降低 PE 袋中柿果的完熟率及腐烂率，采用乙烯吸收剂结合自发式气调贮藏，可在25℃下延缓柿果实软化。此外，采用氯化钙渗透处理不仅可降低柿乙烯释放和呼吸强度，抑制果实软化，还可保持果实硬度，减少烂果率。

虽然采用几种方法复合使用能使柿果保硬、保脆、防褐变长达3~4个月，但关于柿果保鲜目前还只是停留在研究阶段，还没有规模性生产应用。其可能存在以下几方面原因：其一，尽管在最适宜的条下柿果的贮藏期可达到3~4个月，然而目前的方法也存在着保鲜后柿果在销售过程依然存在软化速度快、褐变速度极快、果皮皱缩、商品期短、商品价值降低等突出问题。其二，柿果富含多酚，在贮藏过程中极易发生褐变、黑斑病等，冷藏易出现冷害症状，冻藏后果实组织损坏坍塌，汁液流出，商品价值大大降低，不便鲜食，因此目前的保鲜技术还没有成熟到规模生产应用。其三，复合保鲜对柿果果品要求高，且与普通柿相比其出售价格相对高出很多，如广西恭城脆柿，其市场接受度低，生产规模难以形成[13]。

5. 机械损伤

采后机械损伤是指柿采后在贮运加工过程中的各个环节可能因受到跌落、碰撞、振动、刺伤和鲜切等作用而引起的变形或果皮、果肉破损等伤害。而柿果在采后贮运加工过程中受到不同程度的机械损伤，是引起采后损耗的主要因素[14]。机械损伤不仅会导致果实感官品和营养品质劣变，而且会相应增加微生物侵染的危险性，柿果衰老速度加快，腐烂率增加，货架期缩短，对柿果品质和经济价值产生不利影响。因此，在采后贮藏运输过程中，要尽量减少果实之间的碰撞。

6. 震动

运输中的震动容易对果品造成机械损伤，损伤后的果实乙烯合成速率和果实成熟加快。同时，损伤的伤口还容易被微生物侵染，造成果品因腐烂而变质，给果品造成巨大损失。震动受到运输方式、运输工具、包装情况、行驶速度、货物所处不同位置等的影响。一般海路运输震动最小，其次为铁路运输，公路运输受震动影响较大。在园艺产品运输过程中，尽量避免震动或减轻震动，可显著减少损失[15]。

第二节　适宜贮藏加工的主要柿品种

一、适宜加工品种

我国的柿产量近年来一直位居世界首位，但用于深加工的柿不到总产量的10%。常见的柿深加工产品主要有柿饼、柿酒、柿醋、柿果酱以及柿粉等，其中柿饼是最常见的柿深加工产品[16]，青州柿饼、富平柿饼和恭城月柿是国内柿饼的三大品牌。用于制作柿饼的柿应满足几个条件：个大、表面圆滑和核少。相对来说，旱源的柿更宜做柿饼，因其含水分少，做成柿饼后水分损失少，整体看起来比较饱满。适宜用于加工的柿主要有镜面柿、月柿、尖柿、水化柿。

1. 镜面柿

单果重195克。扁圆形，略方。深橙红色，果肉橙红色，汁少，味甜，种子少。果肉易变软，宜软食或加工柿饼。该品种喜深厚土壤，抗旱耐涝，丰产稳产。果实特别适于加工柿饼。主要分布于山东荷泽，制成的柿饼又称为曹州耿饼，已有上千年历史。曹州耿饼橙黄透明，肉质细软，霜厚无核，入口成浆，味醇甘甜，营养丰富，且耐存放，久不变质，历来为柿饼中上品，深受人民群众的赞赏，耿饼还有较高的药用价值，有清热、润肺、化痰、健脾、涩肠、治痢、止血、降血压等功能，柿霜可治疗喉痛、口疮等病症。

2. 月柿

产于广西恭城、平乐、阳朔县一带，果中大，重160~250克，大果重400~500克，扁圆形，金黄色，果顶广平，顶点稍凹陷，微有十字沟，不明显，蒂小，萼片上卷。树冠稍低矮，枝较短，叶有波状皱纹。恭城月柿是我国优良柿品种之一，加工成柿饼，是享誉海内外的传统出口创汇优质产品。月柿果型美观，色泽鲜明；脆柿味甜可口，冻柿清香甜心，柿饼甘柔如饴。除加工为柿饼外，还可以用来做柿醋、酿酒，或做成柿糖等，柿霜可治喉痛、咽干、口疮等。

3. 尖柿

多产于陕西省，果形高，呈心脏形或纺锤形，四周呈方形凸起，蒂片青褐色，果柄粗壮，往上微细，果皮橙红色，果粉中等多，果肉橙色，软后橙红色，纤维多，味极甜。比较适合做成柿饼，其中最著名的要属富平柿饼。富平柿饼有4个特点，即甜、软、糯、无核且柿饼肉多霜厚，入口即化，甜美入心。此外，富平尖柿营养丰富，每100克鲜柿的糖含量为16.2~16.3克，蛋白质含量为0.72~0.79克，维生素C含量为17.9~18.65毫克。富含多种微量元素，钙元素含量为113.2~136.0毫克，镁元素含量为101.5~107.5毫克。富平尖柿为全国农产品地理标志产品。

4. 水化柿

产于山西省平陆县东部马泉沟一带，种植历史约有1 350多年。该柿种无核，所加工成的柿饼能速溶于水，人们称其为"水化柿"，为平陆独有的世界柿种珍品。水化柿果大皮薄，做成的柿饼肉质细密，纤维少，汁液较多，无核，放入冷水、开水、茶水和牛奶中浸泡后，用筷子轻微搅动便可自行化开溶解于水中。水化柿药用保健价值极高，有滋补、止血、解酒毒、润肺生津、止咳化痰、清热解渴、健脾涩肠润喉之功效，有助于降低血压，软化血管，增加冠状动脉流量，并能活血消炎，改善心血管功能，还可治疗痔疮肿痛、直肠出血、产后打嗝不止和缺碘引起的地方性甲状腺肿大等。其具有糖分高、质体软、甜而不腻、美味可口等特点，深受大众喜爱。

二、适宜鲜食品种

1. 磨盘柿

磨盘柿又名盖柿，以果实个头大，形状似"磨盘"而得名，分布于我国河北、山东、陕西等省，为涩柿的一种。其果实扁圆，体大皮薄，平均单果重230克左右，最大可达 500 克左右，直径 7 厘米，果顶平或微凸，脐部微凹，果皮橙黄色至橙红色，细腻无绉缩，果肉淡黄色，适宜生吃，吃前需进行脱涩处理。脱涩硬柿，口味清脆爽甜；脱涩软柿，果汁清亮透明，味甜如蜜。此外，磨盘柿树对生长环境如温度、土壤、气候、光照等都有特殊要求。年平均气温 9~23℃ 地区均可栽培，而以 11~20℃ 最为适宜。磨盘柿耐贮运，一般可存放至翌年 3 月。

2. 牛心柿

果形呈心脏形，略具白色腊粉，汁多味甜，品质上等，分布于我国河南、山东等省，为涩柿的一种。果实平均重约 175 克，阳面橙红色，阴面橙黄色，无纵沟或甚浅。皮薄易破，肉质细软，纤维少，汁特多，味甜无核。10 月中下旬成熟，不耐贮藏。宜软食或干制，干制率稍低。其中以河南渑池牛心柿最为著名。繁殖用君迁子或野柿作砧木，于萌芽时枝接或于夏秋间芽接。树喜光，定植距离 6 米×8 米，瘠薄山地可略小。亦可采取行距 20 米，株距 5 米，实行柿粮间作，或沿梯田外沿每 4~5 米栽 1 株，也可零星栽植。基肥在采收前后或芽萌动前施入。幼树追肥在萌芽时施入；结果后在开花前和生理落果后 2 次施入。干旱时灌水能提高产量和品质，一般在发芽、开花和果实膨大时不能受旱，天旱时需灌溉。

3. 罗田甜柿

果形身圆底方，皮薄肉厚，甜脆可口，是自然脱涩的甜柿品种，秋天成熟后，不需加工，可直接食用。其中，尤以原产地錾子石甜柿久负盛名，罗田县又被称为"中国甜柿之乡"。果实一般于 9 月底至 10 月初进行采收，为我国地理标志产品。"罗田甜柿"是一种水溶性膳食纤维的天然绿色水果，果实橙黄色，果面富有光泽，清香诱人，营养极其丰富。经测定，每 1 000 克甜柿鲜果肉含可溶性糖 11.68 克，蛋白质 0.57~0.67 克，脂肪 0.28~0.3 克，还含有丰富的尼克酸、维生素 A、维生素 B_1、维生素 B_2、维生素 E、维生素 C 和胡萝卜素、磷、铁、钙、碘、锌、硒等营养物质，这些物质的含量超过苹果、柑橘、梨、桃、李和葡萄等水果。

4. 次郎甜柿

为日本品种，我国重庆等地引进种植。次郎甜柿平均单果重 175 克，最大果重 260 克。果实扁方形，果顶略凹陷，果面光洁，完熟后呈橙红色，外观美丽。果肉淡黄色，肉质脆硬，甘甜爽口，品质上等，属完全甜柿。完熟时含糖量 17.2%，特别是经过晚秋霜打的柿果脆甜，如冰糖一般爽口。在 0~3℃ 低温条件下，可贮藏 3 个月以上。在重庆地区 9 月上中旬成熟，成熟后仍可挂在树上，至 11 月下旬上冻前不落果、不变软，即在中秋节或国庆节前成熟销售。

5. 富有甜柿

产于日本，属晚熟甜柿品种，一般在 10 月下旬成熟。其产量高，果肉为橙黄色，颜色比较均一，无褐斑，肉质松软，口感甜爽，汁多味浓，风味俱佳。成熟后在树上挂果期较长，可达 2 个月。种子数为 0~3 个，平均单果重 200~246 克，含可溶性固形物 15%~21%，可食率 91% 左右。成熟鲜果硬度大，耐贮运，且对各种病虫害抗性强。

第三节　柿的贮藏特性

一、软化

柿软化是果实成熟和衰老的必要过程，是影响柿果实贮藏的关键。柿子在采后贮藏过程中极易发生软化，是柿果实生产过程中遇到的最大问题。柿在采收期易于软化，极大地损耗柿果贮藏运输过程中食品的品质和风味，耐贮性下降，进而影响销售和购买。柿存在着涩与甜脆的对立关系，脆通常伴随涩，脱涩后随即变软。因而防止果实软化也就成了柿贮藏中的关键。软化主要与细胞结构成分的变化有关[17]。

对于柿来说，可溶性单宁有延缓柿果软化的作用。胞间层结构改变、细胞壁总体结构破坏以及其中果胶物质产生变化导致的细胞分离直接引起果实软化。果实种类和成熟度不同，在软化中起主导作用的酶也不相同，主要涉及 3 种酶：多聚半乳糖醛酸酶、果胶甲酯酶和纤维素酶。由于果实成熟时以上各种水解酶大量增加进而引起细胞壁中原果胶分解为可溶性果胶或果胶酸，降低果胶酸甲基化程度、分解果胶酸钙、打断纤维素长链，这些都促进了果实的软化[18]。

软化与细胞壁降解有关。细胞壁具有一定弹性和硬度，细胞壁是用来界定细胞的形状和大小，果实的软化过程伴随着细胞壁结构和功能的改变。一般来说，细胞壁是由胞间层、初生壁以及次生壁组成。细胞分裂产生新细胞时生成胞间层，主要成分是果胶质，不仅能缓冲细胞之间的挤压，还能连接相邻的细胞，初生壁是在细胞分裂末期胞间层形成后形成，主要由纤维素、半纤维素和果胶在胞间层上产生，能用来保持细胞的形状以及拉伸能力。次生壁是初生壁内侧累积产生纤维素和其他物质产生的细胞壁层，可以使细胞壁具有较大的机械性能[19]。

1. 果胶

果胶物质的变化是果实软化的主要原因。果胶物质大部分存在于细胞壁胞间层，其他少部分位于初生壁。果胶间的交联方式有钙离子桥及更多离子键、氢键、糖苷键、酯键和苯环偶合。果胶以原果胶的形式存在，随着果实的成熟软化，原果胶发生降解，逐渐变为可溶性果胶，随着原果胶含量不断减少，水溶性果胶逐渐增加，细胞结构受到损坏，果实的硬度迅速下降，从而造成果实软化[19]。果胶只位于高等植物细胞壁和细胞间质中。我们常说的果胶物质包括原果胶、果胶酸和可溶性果胶三类。当2条多聚半乳糖醛酸链平行排列时，由一个钙离子连接双链间的每对羧基，形成一种稳定的蛋匣结构，即构成原果胶，所以说原果胶是果胶物质与钙两者复合体。其中果胶酸是分子量相对较小的多聚半乳糖醛酸链；果胶酸分子链羧基甲酯化的产物为可溶性果胶。软化过程中包含以上3种果胶物质之间的转化。果实的软化过程包含原果胶的降解和可溶性果胶、果胶酸含量的增加[17]。

果胶是分散的复杂胶质，由鼠李糖半乳糖连接构成，通过中性聚半乳糖酸、阿拉伯聚糖、半乳糖与纤维素半纤维素复合体连接，构成了果胶纤维素半纤维素（PCH）整体的结构。主要存在于中胶层，初生壁也有分布。随着果实成熟度的增加，许多果实随原果胶的减少，水溶性果胶有上升的趋势。

2. 纤维素

纤维素是由 $\beta-1,4$ 糖苷键连接的葡萄糖分子的长直链，不溶于水、稀酸、碱和有机溶剂。半纤维素是由木糖、阿拉伯糖、甘露糖、葡萄糖等组成的多糖。水解过程中释放的寡聚素对植物抗逆和果实衰老具有强烈的刺激作用。纤维素和半纤维素的组织含量变化与果实的软化密切相关。硬度与水果中的粗纤维含量（纤维素、半纤维素和木质素统称为粗纤维）呈正相关。夏春森等[20]指出，在成熟的洋梨中半纤维素变化不大，α纤维素含量则下降[21]。

3. 酶

不同类型水果成熟软化过程起主导作用的酶也不同，主要涉及多聚半乳糖醛酸酶（Polygalacturonase，PG）、果胶甲酯酶（Pectin methylesterase，PME）和纤维素酶等。当水果成熟，上述各种水解酶显著增加，原果胶细胞壁被分解成可溶性果胶或果胶酸，果胶降低甲基化程度，果胶酸钙分解，纤维素长链被破坏，从而促进果实的软化[21]。

由于柿果实品种和成熟度的不同，导致细胞壁降解的水解酶也不同，细胞壁的水解需要多种水解酶的配合。多聚半乳糖醛酸酶水解成低半乳糖醛酸，降低果实硬度，最终形成具有软化和老化条件的柿。果胶甲酯酶水解果胶生成果胶酸，为多聚半乳糖醛酸酶的水解作用提供果胶酸底物，导致细胞壁成分降解，出现柿软化现象。在柿果实采后贮藏期间多聚半乳糖醛酸酶活性的变化趋势呈现为先增加，到达峰值后下降的趋势。果胶甲酯酶在成熟果实中的活性增加，随着时间的推移，果胶甲酯酶的活性逐渐降低[22]。

1964年，Hobson观察到番茄中多聚半乳糖醛酸酶的活性与硬度密切相关[23]。随后发现了纤维素、果胶化酶、糖基转移酶、木聚糖酶、糖苷酶等多种水解酶，通过各种水解酶的协同作用直接导致细胞壁水解[24]。

（1）多聚半乳糖醛酸酶

多聚半乳糖醛酸酶（PG）是水解果胶物质的主要酶。根据底物的作用方式，可以分为外切多聚半乳糖醛酸酶和内切多聚半乳糖醛酸酶。外切多聚半乳糖醛酸酶以外切的方式有顺序的水解果胶分子的非还原端，产生半乳糖醛酸。内切多聚半乳糖醛酸酶随机的水解多聚半乳糖醛酸链的 $\alpha-1$，4糖苷键，产生寡聚半乳糖醛酸和半乳糖醛酸。大多数果实中同时存在内切和外切多聚半乳糖醛酸酶，但有些水果不存在或含量低于测试水平，如瓜类、草莓等[18,24]。

（2）果胶甲酯酶

果胶甲酯酶（PME）作为一种果胶降解酶并未对细胞壁降解直接发挥作用，而是通过脱除半乳糖醛酸羧基上的甲醇基，为多聚半乳糖醛酸酶提供作用的底物——多聚半乳糖醛酸，对果胶的降解起辅助作用。果胶甲酯酶对不同果实的软化作用并不一致。对于桃来说，软化与在贮藏过程中使用果胶甲酯酶作为多聚半乳糖醛酸酶的辅助酶之间的关系尚不清楚。软草莓的果胶甲酯酶活性始终高于硬草莓，说明果胶甲酯酶促进果实软化[24]。当柿、猕猴桃和杧果成熟时，果实中的果胶甲酯酶软化活性往往会下降。在许多研究中，果胶甲酯酶的活性与果实的软化之间没有相关性。果胶甲酯酶分解果胶，为多聚半乳糖醛酸酶的作用提供基质；如果果胶甲酯酶活性高，多聚半乳糖醛酸酶活性低，这种不平衡会导致产生一种高分子量、甲氧基化程度低的果胶，而多聚半乳糖醛酸酶不会水解，然后与水结合形成不溶性果胶，导致絮凝[18]。

（3）纤维素酶

纤维素酶作用于组成半纤维素的 $\beta-1$，4-葡聚糖和 $\beta-1$，4-葡聚糖连接形成的纤维素，促进纤维素和半纤维素的降解和细胞壁的降解。纤维素酶可以水解羧甲基纤维素、木葡聚糖和具有葡萄糖的纤维素类物质，在果实软化中发挥重要作用，但是不同果实中纤维素酶的作用不同。Chen等发现，蓝莓的低温贮藏可降低多聚半乳糖醛酸酶和纤维素酶的活性，抑制蓝莓的软化，延长蓝莓的保质期[25]。假种皮的降解对龙眼的贮藏不利，由于纤维素和多聚半乳糖醛酸酶活性的增加，假皮降解的前期和中期主要是细胞壁物质的水解[24]。在研究番茄贮存期间发现，纤维素含量逐渐减少，在转红期纤维素酶的活性均呈上升趋势，表明纤维素酶参与了果实的成熟软化过程。纤维素在鳄梨、杧果和其他水果的成熟和软化中也起着关键作用。随着果实的成熟和软化，纤维素活性增加，与果实硬度呈显著负相关。王贵禧[26]等人对猕猴桃软化的研究发现，纤维素酶在果实软化中的作用主要表现在后期的快速软化阶段，而在前期的软化启动阶段，纤维素酶活性上升较慢。赵博[27]等人研究了柿果硬度和细胞壁组分及其降解酶活性的变化。

相关性分析表明，纤维素酶可能是将低可溶性半纤维素和纤维素转化为可溶性半纤维素的原因，有助于降低柿果实的硬度[18]。

（4）木葡聚糖内糖基转移酶

木葡聚糖是一种重要的结构多糖，存在于高等植物的原生细胞壁中，通过氢键与纤维素微纤丝结合，限制细胞的生长。木葡聚糖内糖基转移酶（Xyloglucanendotransglyco-sylase，XET）有切断和连接 β-葡聚糖间的糖苷键的双重作用，因此其可能与细胞壁疏松、细胞扩增生长和水果软化有关。外源乙烯处理猕猴桃后贮藏于 20℃ 下，可促使木葡聚糖内糖基转移酶 mRNA 的积累，进而促进果实软化，而内源乙烯对木葡聚糖内糖基转移酶的表达影不大。0℃ 贮藏可明显抑制木葡聚糖内糖基转移酶 mRNA 的积累，但转入 20℃ 贮藏时，果实发生软化而木葡聚糖内糖基转移酶 mRNA 水平没有表现出相应的变化，所以木葡聚糖内糖基转移酶可能只是一种诱导酶，并非果实软化的关键因子。木葡聚糖内糖基转移酶在柿的增稠和软化过程中都保持着很高的活性，因此木葡聚糖内糖基转移酶参与了柿的生长和软化的生理活动[24]。

4. 激素

柿果实软化和成熟的调节是一个复杂的过程，需要不同的激素协调作用。其中生长素是成熟衰老的抑制剂，其活性的抑制促进果实的成熟。乙烯刺激呼吸和淀粉水解，促进果实成熟。抑制乙烯合成酶的活性，从而抑制乙烯合成，可延缓柿果实的软化和衰老。细胞因子和赤霉素抑制柿生长过程中乙烯的产生速度，抑制呼吸作用，延缓柿的软化和衰老，延长柿的贮藏时间。随着贮藏时间的推移，乙烯和脱落酸的含量逐渐升高，生长素、细胞分裂素和赤霉素的含量逐渐降低[22]。

5. 膜质过氧化

自由基学说认为衰老过程是反应性氧代谢紊乱和累积的过程。这些过程中产生的有害物质进一步破坏了膜的结构，加剧了代谢紊乱，形成了一个恶性循环。植物中的活性氧主要由超氧阴离子自由基、羟自由基、过氧化氢、过氧自由基和单线态氧组成，其化学反应活性高于氧。细胞膜主要由细胞膜和决定细胞膜各种生理功能的膜蛋白组成。据报道，活性氧和超氧阴离子都能引起膜的过氧化。活性氧引起的膜脂过氧化是果实成熟和衰老的重要原因。随着果实成熟，活性氧含量增加，膜过氧化超过一定限度。膜过氧化是生物膜中大量不饱和脂肪酸发生的一系列自由基反应，是组织衰老过程中膜降解的主要机制。膜脂由液晶态转变为凝胶态，流动性下降，膜相分离，破坏膜的正常功能，而且膜脂过氧化的产物丙二醛（MDA）能与蛋白质氨基酸残基发生发应，生产 SHIFF碱，减少渗漏稳定，促进果实软化衰老和质量的下降。"新红星"苹果后熟衰老过程中果实内丙二醛含量较高，使生物膜中酶蛋白发生交联、失活，导致膜产生空隙增加膜渗

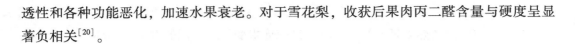

透性和各种功能恶化，加速水果衰老。对于雪花梨，收获后果肉丙二醛含量与硬度呈显著负相关[20]。

二、褐变

褐变按其发生机制可分为酶促褐变和非酶褐变，柿经灭酶处理后，在贮存过程中发生的褐变主要为非酶褐变[28]。非酶褐变可以分为以下 3 种类型：①当还原糖与氨基酸混合在一起加热时会形成褐色"类黑色素"，该反应称为羰氨反应，又称美拉德反应，非还原糖在发生水解的条件下发生美拉德反应；②糖类在无氨基化合物存在下加热到其熔点以上，也会生成黑褐色的色素物质，这种作用称为焦糖化作用；③柑橘类再贮藏过程中色泽变暗，放出二氧化碳，抗坏血酸含量降低，这是由于抗坏血酸自动氧化而产生的褐变[29]。非酶褐变生成的黑褐色物质不仅影响柿果的外在感官品质，还降低果实的营养价值，严重影响柿类产品的市场销售以及贮藏，因此非酶褐变机制控制技术研究一直是研究的重点[30]。

褐变是水果质量差的最明显特征之一，它不仅影响水果的营养、外观和味道，而且已经成为水果和蔬菜贮藏和加工的主要障碍。果蔬褐变的主要特征是酶促褐变，与酶促褐变密切相关的酶主要是多酚氧化酶（PPO）。多酚类物质在多酚氧化酶的作用下氧化成醌，醌再聚合生成黑色或褐色的色素沉淀，组织表现为褐变[31]。

近年来，柿果贮藏加工和产品开发也迅速发展，对柿果及产品的质量提出了更高的要求。很多研究表明，果蔬中的褐变主要是由酚类物质引起的，涩柿中富含多酚类物质，在柿在贮运和深加工过程中，经常会发生褐变，不仅影响产品的风味和质地，而且影响了柿果销售和运输及制品加工行业的发展。但是关于柿果褐变控制技术的研究报道很少。周坚等[32]以罗田甜柿为原料，研究了罗田甜柿褐变控制技术，4 种保鲜剂抑制效果由强到弱依次是亚硫酸氢钠、L-半胱氨酸、抗坏血酸、柠檬酸。果蔬酶促褐变的 3 个必要生化条件是酚类物质、多酚氧化酶和氧气；加热处理、调节 pH 和添加抑制剂等均能有效防止果蔬的酶促褐变[33]。

1. 酶促褐变

酶促褐变是酚类物质在酶的作用下氧化生成酮类，酮类再发生聚合反应形成聚合物，随着聚合物的不断增加，会呈现出红色、褐色、黑色不同的色泽变化[34]。酶促褐变多发生于果品蔬菜当中，当它们的组织受损、削皮、切开、遭遇病虫害或处在不良环境时，都非常容易发生褐变。由酚类氧化而成的酮类聚合物被称为类黑精[35]。

抑制柿果酶促褐变主要从基质、酶和氧着手，抑制方法分为物理方法、化学方法和生物技术方法 3 种[36]。

（1）物理方法

通过一定时间的热处理使酶失活是控制酶促褐变的最常用的方法。不同种类的多酚氧化酶对热的敏感度不同。热处理包括热水处理、热空气处理和热蒸汽处理等。热处理是使酶全部失活，最彻底地抑制酶促褐变的方法[37]。但是热处理会引起营养损失、味道的变化及蒸煮味等不良现象的发生，同时加热时间太长会导致细胞破裂，内容物渗出严重，褐变程度加重[38]。因此，应严格控制加热时间。加入少量柠檬酸和抗坏血酸可以缩短加热时间[39]。

抽真空是降低氧浓度，从而抑制或减轻褐变的发生。抽真空处理通常在水和糖水等液体中进行。通常以700毫米汞柱的真空度保持5~15分钟后，突然打破真空，使汤汁迅速渗透到组织内，除去细胞间隙中的气体。另外，还可以在水果表面涂上防氧化剂，形成抗氧化膜，抑制变色[40]。

避免金属离子的干扰。金属离子是酚酶激活剂，在果蔬加工过程中采用吸附和螯合方法，可降低金属离子的催化作用，抑制或减轻酶褐变的发生。

高压处理可保持果蔬原有风味，最大限度地减少营养物质损失，具有明显的颜色保护效果。高压处理对酶的褐变抑制作用具有广阔的前景。

高强度脉冲电场对多酚氧化酶的活性具有抑制作用，抑制作用与电场强度成比例。目前，高脉冲电场被用于苹果等酶的褐变抑制。

（2）化学方法

调节pH是一项非常有效的抑制酶促褐变的方法。多酚氧化酶最适pH值在6~7，当pH值在3以下时，多酚氧化酶基本失活。比如，苹果pH值为4时，足以发生酶促褐变，当pH值为3.7时，褐变的速度急速降低，当pH值为2.5时，褐变被完全抑制。因此，加酸处理是抑制酶促褐变的一种很有效的方法。柠檬酸对酶促褐变具有双重抑制作用，既可以降低pH，又可以螯合多酚氧化酶的铜辅基。抗坏血酸对酶促褐变具有非常好的抑制作用，因为抗坏血酸能够使含有邻位酮的化合物还原成为邻位酚，这就抑制了因酮类化合物聚合而引起的酶促褐变。柠檬酸与抗坏血酸或亚硫酸盐以3∶1的比例一起使用比单一使用的效果更好。抗坏血酸加食盐的混合溶液可以抑制多酚氧化酶的活性，一般用15%的食盐和抗坏血酸的混合溶液浸泡。也可在果蔬表面涂浸抗坏血酸，生成一层氧化态抗坏血酸的隔离层，从而隔绝氧气。另据报道，100毫摩尔/升的柠檬酸与10毫摩尔/升的谷肤甘肤混合液可有效抑制荔枝的多酚氧化酶活性[40]。

基质络合法如基质甲基化法，其机制是将水果和蔬菜组织内的苯酚甲基化，使酶的催化功能失效。这种方法能很好地保存食品的色、香、味、形和营养成分。因此，其应用前景可观。但是从经济角度来看，其供体的抗褐变剂是S-腺普蛋氨酸，成本较高，因此有必要研究降低成本的基质。根据同样的原理，将铝化物和锌化物用作抗褐变的抑制剂，可以用基质络合物法控制酶的褐变。铲离子等的 d 层的电子呈完全充满的结构，不包含容易受可见光激发的自旋平行电子，因此可以避免与多酚类形成络合物时产生有色物质。因此，如果络合反应生成不易被酶催化的新物质，就会抑制酶的褐变。0.25% 氢氧化铝为中性或偏酸性条件，酸性条件下的多相系统均可防止马铃薯酶褐变的发生，成本低、效果好、安全性高，有很好的应用前景[40]。

美拉德产物也是一种酶促褐变抑制剂。通常认为，抑制的作用与 MRPs 的性质和结构有关。其中最主要的是美拉德反应中间体 Amdaori 的重排产物，这种氨基还原酮类物质，具有螯合还原及消除氧的特性，还可螯合铁、锌和铜，具有良好的抗氧化特性，可以抑制酶促褐变[40]。此外，也可以利用某些特定酶，如蛋白酶对于酶促褐变具有很好的抑制作用，这是因为蛋白酶可以降低酚酶的活性。目前应用的有木瓜蛋白酶、菠萝蛋白酶和胃蛋白酶等。

（3）生物技术方法

采用生物技术是指通过基因工程可以改变褐变品种的褐变表达。例如，改变马铃薯的基因编码，马铃薯就不能翻译出多酚氧化酶。目前比较成功的技术是反义 RNA 技术，反义 RNA 同正常多酚氧化酶基因的 mRNA 的碱基互相配合，形成氢键，直接结合在 mRNA 上的核糖体结合处以及起始密码处，就封闭了 mRNA 翻译。这个方法是一种抗酶促褐变的划时代方法，开创了人类利用基因工程来抑制酶促褐变的先河，并且经试验验证没有任何副作用，同时它还可大大降低生产成本。

2. 非酶促褐变

非酶促褐变主要有焦糖化反应、美拉德反应、抗坏血酸氧化降解及多元酚氧化缩合反应等[41]。目前对美拉德反应与抗坏血酸氧化降解了解的较多，其他非酶促褐变的机制尚不明了，有待进一步研究。

（1）美拉德反应

美拉德反应是由法国著名科学家 Maillard 在 1912 年发现的，它是食品中的氨基化合物与羰基化合物在加工、贮藏中自然发生的反应，反应不仅会降低氨基酸和糖的含量，还会导致褐变的发生，对食品品质和营养价值产生不利影响。研究表明，美拉德反应分为 3 个阶段，初始反应阶段在还原糖的羰基和氨基之间发生，加成物迅速失去个一个分子水，转变成希夫碱，再经过环化形成相应的 N-取代醛基胺，再经重排形成 Amdaori 化合物，它的产物是极为重要的不挥发性的香味物质的前驱物。在高级反应阶段，Alnadori 化合物进行反应，分为 3 条路线。一是在酸性条件下进行 1，2-烯醇化反应，反应生成轻基甲基呋喃醛或呋喃醛；二是在碱性条件下进行 2，3-烯醇化反应，产生还原酮及脱氢还原酮；三是继续进行裂解反应形成含拨基或双拨基化合物，或与氨基进行 Srtekcer 分解反应产生醛类。最终反应阶段形成众多的活性中间体，所形成的中间体可以继续同氨基酸反应，最后生成类黑精色素——褐色含氮的色素[40]。总而言之，美拉德反应是十分复杂的，反应的历程、产物的性质以及结构不但受氨基酸和糖的种类、性质影响，还同水分活度、pH、温度以及时间等有关，其中温度对美拉德反应的影响尤为强，温度与美拉德反应的速度具有正相关性，并且影响较大。美拉德反应会随着 pH 的升高而加剧变化，这可能是因为两性氨基酸在碱性条件下反应时呈现阴离子状态，从而促进反应的发展。然而，美拉德反应产物的组成、结构和具体性质尚不清楚，其作用机制有待进一步研究。

（2）焦糖化反应

焦糖化反应是指加热碳水化合物所引起的复杂褐变反应。温度和酸度的提高会加速反应。焦糖化反应是糖的脱水产物。较低温度加热时，发生脱水反应、异构化或苷元移位的反应。分解缩聚反应，而生成深色的焦糖，继续加热将会进一步失水而生成高分子的难溶性深色物质，称为焦糖素，分子结构目前尚不清楚。另外一类物质是活性醛，糖在强烈的高温下加热会导致 C–C 键的断裂，产生一类性质活泼的活性醛，活性醛经历一系列的反应，最后生成焦糖，它的反应过程目前尚不清楚。

（3）酚类物质氧化

多酚的化学性质非常活泼，常容易被氧化，苯酮具有很强的亲电性，容易与亲核基发生反应。水果和蔬菜中含有的多酚与蛋白质结合，使其含量降低，多酚本身也发生氧化缩合反应，与反应系统中的其他化合物发生共呈色作用。多酚会氧化水果和蔬菜的其他成分。

（4）抗坏血酸氧化

抗坏血酸是水果、蔬菜中极其重要的营养成分之一，由于其具有酸性和还原性，故极易分解。橙汁和柠檬汁的颜色以及颜色变化是由于抗坏血酸与氨基酸反应生成红色素和黄色素，反应机制是抗坏血酸自动氧化降解成为糠醛和二氧化碳，目前抗坏血酸自动氧化学说还不能够完全解释它的褐变机制。抗坏血酸氧化有 2 个途径，即有氧与无氧分解，有氧反应可以形成脱氢抗坏血酸，再经过脱水形成 2，3-二酮古洛糖酸，然后脱羧产生酮木糖，最后产生还原酮，生成的还原酮能够参与美拉德反应的中间以及最终阶段，这个时候抗坏血酸受果汁中的溶解氧及上部气体影响比较大，它的分解反应相当迅速。糠醛为无氧分解的主要产物，当环境中的氧缺少至极低条件时开始进行无氧分解，无氧分解导致果汁贮存中抗坏血酸含量降低，对抗坏血酸褐变有一定的影响[40]。

三、腐烂

由于我国柿品种大多为涩柿，而柿的收获期较短，易腐烂，不适合长途运输，在盛产柿的地区，容易造成资源浪费。加之传统的脱涩工艺较为落后，不仅脱涩耗时较长，脱涩后难以保持柿外观的完好，且在一定条件下容易发生复涩等问题，大大降低了人们对于发展柿深加工产业的积极性。因此，柿脱涩研究对于柿深加工产业的发展具有一定的促进作用[42]。

第四节　柿的加工特性

一、出汁率

在外力作用下，从柿果细胞流出的汁液，特别是从柿果细胞的液胞流出的汁液，就是柿汁。加热和加入特定酶可以提高柿浆的出汁率。柿浆通过加热处理后，细胞的半透性膜破坏，加速了糖分及其他可溶性固形物的溶出，还使得蛋白质受热凝固。添加果胶酶和纤维素酶可促进果胶及多糖物质的水解，降低汁液的黏稠度。

制作涩柿的清汁，出汁率的高低对降低成本，提高品质很重要。涩柿浆通过添加加热处理和果胶酶分解，可以提高涩柿的出汁率。低温加热处理对提高涩柿的出汁率效果甚微，可溶性固形物以及维生素 C 等营养物质含量低的高温加热处理虽然能提高涩柿的出汁率，但由于涩柿涩味重，脱色严重，影响品质。高温破坏了细胞的半透性膜，使蛋白质热凝固，有可能减轻了柿果实细胞的汁液脱离阻力。利用果胶酶和纤维素酶共同进行酶分解，可以使柿的出汁率的提高、汁液品质得到改善、柿汁中的可溶性固体物含量增加、涩味消化、褐色被抑制；酶解后的柿浆榨汁所需的压力明显下降，酶解后的柿汁的压力下降。可能是经酶解后，柿浆中的大量不溶性果胶变成了可溶性果胶和果胶酸、纤维素、淀粉等不溶性多糖降解成低分子单糖物质，这些物质进入到柿汁中使柿汁中可溶性固形物含量增加，柿浆的黏性降低，榨汁压力降低酶解后形成的低分子物质活性增强，它们和柿汁中的单宁发生了化学反应，钝化了可溶性单宁的活性基团，使得口腔中的蛋白质不和可溶性单宁反应，消除了可溶性单宁对口腔黏膜收敛性，从而柿汁的涩味消失。加热处理可以促进涩柿汁的褐色，而酶解时柿汁的褐色被抑制，可能与涩柿中色素物质的分子结构和化学性质有关，其机制尚待进一步研究。

酶解法对涩柿出汁率的影响，在使用果胶酶和纤维素酶的共同酶分解提高涩柿的出汁率时，果胶酶作用显著，起主导作用。可能是涩柿果胶和单宁等其他物质结合紧密，柿果胶的黏度越高，柿果壁细胞膜的扩散阻力增加，故影响涩柿果汁率的主要因素是果胶，果胶酶降解柿果中的果胶，使得柿浆的黏度下降，还降解了柿果细胞壁的结构，使之获得了果汁与固形物分离的效果。涩柿中的纤维素仅是构成细胞壁等的结构性物质，且柿果中淀粉含量不高，因而它们并不是影响涩柿果出汁率的主要因素，但柿果中的纤维素和淀粉的降解，也可以提高涩柿果的出汁率。柿果中的可溶性果胶会和单宁发生复杂化学反应而结合，若将柿果中的单宁降解为低分子物质，可能还会提高涩柿的出汁率。王军选用上海宝丰生化有限公司提供的单宁酶进行了试验，但效果并不显著，可能是所使用的单宁酶主要是用于澄清茶饮料沉淀的单宁酶，而茶单宁的化学性质不同于涩柿中单宁的化学性质，因而该单宁酶在涩柿中活性发挥不出来的缘故。设法培养能够产生专门用于降解涩柿中单宁的单宁酶，将会是个很有意义的课题[43]。

二、糖酸比

柿在收获前，果实中主要的糖是蔗糖，蔗糖水解酶几乎都是结合态。采集后果实软化，细胞壁结构破坏，酶产生作用，蔗糖分解为葡萄糖和果糖，甜味增加[44]。柿酸含量少，果实收获后总酸度下降，但总糖变化不大，因此糖酸比增加。

在贮藏期，柿果实营养成分含量变化的快慢说明了贮藏时间的长短。柿果糖分含量（质量分数）为 8.06% ~ 19.47%，在贮藏过程中，果实含糖量呈下降趋势。柿果的可滴定酸含量较低，含酸量（质量分数）一般在 0.07% ~ 0.19%，随着贮藏时间的延长，呈现逐渐降低的趋势。柿果实的维生素 C 含量很高，幼果期含量在 300 ~ 500 毫克/100 克，在贮藏过程中，维生素 C 含量的变化趋势呈现先升高后降低的趋势[21,45]。

柿的营养成分主要是可溶性固形物（TSS）、全糖、滴定酸（TA）、维生素、单宁、果胶等。在柿采摘后的贮藏过程中，这些物质含量变化的快慢是贮藏能力大小的标志。糖是果实采集后呼吸作用基质的主要来源，呼吸强度与糖分含量高低有关，通常糖分含量高，呼吸强度大。柿是高糖类的果实，含糖量为 8.06% ~ 19.47%。在贮藏过程中，果实含糖量呈下降趋势，贮藏时间越长，糖度下降越快，与呼吸作用增强引起的糖消耗增大有关。在适当的低温条件下贮藏，糖度下降不明显。柿果实的滴定酸含量在 0.07% ~ 0.19%，属于低酸类。在贮藏方面，随着贮藏时间的延长有减少的倾向，崩塌时略有上升。柿的维生素 C 含量非常高，据陈毓荃等[46]报道，不处理柿的维生素 C 含量为 15.82 毫克/100 克，而桃的维生素 C 含量为 2.4 毫克/100 克（任文明，1999）[47]，葡萄果粒、果梗、穗梗的维生素 C 含量为 8.02 毫克/100 克、16.74 毫克/100 克（葛毅强，1996）[48]。柿果实在储藏过程中，维生素 C 含量的变化与果实的硬度密切相关，前期缓慢上升，硬度下降时迅速上升后又迅速下降。

三、单宁

1. 单宁对柿风味的影响

单宁是影响柿颜色和风味的重要成分，有很强的收敛性。含量适当的情况下，可以感受到果实的清爽，但在含量高的情况下，不宜食用。幼果中，完全甜柿、不完全甜柿、涩柿单宁含量相差不大，盛开期半个月后均达到最高值。此后，单宁含量的变化出现了明显的差异，完全甜柿的主要脱涩在果实发育的前期，不完全甜柿在果实发育的后期。与此相对，涩柿型直到成熟可溶性单宁含量均较高，通过人工脱涩处理才能比较迅速地除去涩味。

柿含有大量单宁，单宁具有收敛作用，因此不宜过量食用，过食会导致肠胃壁收缩，消化液分泌减少，从而引起肠胃功能紊乱，特别是空腹时没有剥皮吃柿，会导致不消化物的凝聚，从而引起胃结石，也就是中医中所说的的柿石症。除此以外，单宁物质还容易与铁结合，妨碍人体对铁的吸收，这对贫血患者十分危险。柿与虾蟹、酒精饮品共食，会导致腹痛、腹泻、呕吐，严重者可出现昏迷[49]。

涩味使口腔组织粗糙地引起皱纹的收敛感和干燥感，这主要是由于涩味物质与口腔黏膜上和唾液中的蛋白质生成沉淀和聚合物而产生的。引起涩味的物质主要是单宁等多酚类物质。另外，某种金属、明矾、醛类等也会产生涩味。单宁分子具有很大的截面，容易与蛋白质疏水结合；它还含有大量的酚基，可以和蛋白质发生架桥反应。疏水作用和架桥反应有可能是涩感的原因。未成熟的柿具有典型的涩味，其主要成分是以原花色素为基本结构的糖苷，属多酚类化合物。当未成熟的柿的细胞膜破裂时，它从中渗出并溶于水中而呈涩味。随着柿的成熟，多酚类化合物在酶的催化下，氧化并聚合成不溶性物质，故涩味消失。柿的涩味主要来源于可溶性单宁，单宁含量的测定不是直接测定植物组织中的单宁而是测定酚元化合物的含量，即利用酚羟基的强还原性，常用方法有香草素试验、普鲁士蓝试剂法、高锰酸钾滴定法、福林–丹尼斯法、三氯化铁反应法以及蛋白质滴定法（孙达旺，1992）[17,50]。

2. 单宁含量的测定方法

（1）Folin–Denis 试剂比色法测定[38]

①酚类试剂配制：在 750 毫升蒸馏水中加入 100 克钨酸钠（$Na_2WO_4 \cdot 2H_2O$），20 克磷钼酸和 50 毫升 85%磷酸，回流 2 小时，冷却到 25℃，用蒸馏水稀释到 1 000毫升。

②单宁酸标准曲线的制作：将 100 毫克单宁酸溶解于 1 000毫升水中，每次测定时需临时配制。分别取 0.05 毫升、0.2 毫升、0.4 毫升、0.6 毫升、0.8 毫升、1.0 毫升的标准单宁酸溶液于比色管中，向每管中加入 7.5 毫升蒸馏水，然后加 0.5 毫升的酚类试剂，3 分钟以后，加入 1 毫升饱和碳酸钠，最后用水稀释至 10 毫升，1 小时后在 725 纳米下比色测出每一标样的吸光度。

③样品单宁测定：称取 5 克柿果肉，切成薄片放入研钵中，加入 20 毫升 80%的甲醇溶液磨碎，转速 4 500 克离心 10 分钟，取上清液 4 毫升，定容至 100 毫升，测定时取 1 毫升样品，加入 7.5 毫升蒸馏水，加 0.5 毫升酚类试剂，3 分钟以后，加入 1 毫升

饱和碳酸钠，1 小时后在 725 纳米下，用分光光度计测定吸光度。从单宁酸标准曲线上查单宁的毫克数，按下式计算单宁的含量。

$$X = H \times K \times N / m \times 1000 \times 100$$

式中：

X—每 100 克样品中单宁的克数, %（M/M）。

H—从单宁酸标准曲线上查单宁酸的毫升数。

N—试液的稀释倍数。

m—试样质量（克）。

K—单宁的换算系数，每毫升单宁酸相当于 0.1 毫克单宁。

（2）紫外分光光度法（徐怀德，1994）[39]

①绘制可溶性单宁标准工作曲线：称取 0.02 克可溶性单宁，用甲醇溶解，定容于 100 毫升容量瓶中，分别制取浓度 0 微克/毫升、6 微克/毫升、8 微克/毫升、10 微克/毫升、12 微克/毫升、14 微克/毫升、16 微克/毫升、18 微克/毫升、20 微克/毫升、22 微克/毫升的标准工作液，在 275 纳米下比色，绘制标准曲线图。

②样品中可溶性单宁测定：称取 2 克试样，在研钵中捣碎，放入圆底烧瓶中，加入 20 毫升无水甲醇，90℃回流提取 15 分钟，过滤，将滤渣用无水甲醇洗涤 2 次，每次 20 毫升，过滤，滤液合并于 100 毫升容量瓶中，定容，取定容液 10 毫升，在波长为 275 纳米下比色，测得吸光度 A。再取定容液 10 毫升，加入高岭土 3 克，在 70℃水浴上搅拌 5 分钟，过滤，取滤液测吸光度 B。按下面公式计算可溶性单宁含量。

$$可溶性单宁含量（毫克/克）＝（C-D）\times 100 / W \times 1000$$

式中：

C—吸光度

A—对应的可溶性单宁含量（微克/毫升）。

D—吸光度 B 对应的可溶性单宁含量（微克/毫升）。

W—样品重（克）。

四、可发酵性

柿味甘、性寒，内含糖类、蛋白质、果胶及多种维生素和矿物质，有较高的营养和药用价值。我国柿产量占世界柿总产量的 90%以上，主要以涩柿为主，严重制约柿的深加工。为了推动社会经济发展，提高果农收入，创新柿深加工技术迫在眉睫。随着人们对柿保健功能的认识，柿经济价值逐渐攀升，涌现了柿酒、柿醋等产品。目前国内柿制品技术不成熟，研究其加工工艺对提高柿酒口感和质量，增加其稳定性有重要意义[51]。

参考文献

[1] 李雪晴. 洛南县柿栽培研究现状及存在的问题 [J]. 种子科技, 2019, 37 (04): 15-16.

[2] 陈昭贵. 恭城县柿生产的农业气候分析 [J]. 广西气象, 1995 (02): 43-44.

[3] 林菲. 柿保鲜及脱涩技术研究 [D]. 福州: 福建农林大学, 2013.

[4] 朱俊英. 环境因素对板栗贮效的影响及其对策 [J]. 江西园艺, 2000 (04): 13-14.

[5] 陆曼婵. 月柿贮藏期间环境因素对果实采后品质影响的研究 [D]. 南宁: 广西大学, 2017.

[6] 蒙盛华. 《水果贮藏保鲜技术》讲座 [J]. 农村实用工程技术, 2000 (08): 27.

[7] 赵淑艳, 郭富常, 张继澍. 盘山磨盘柿贮藏保鲜技术研究 [J]. 保鲜与加工, 2002 (01): 22-23.

[8] 翟进升, 刘艳红, 郑泉. 环丙烯类乙烯作用抑制剂在园艺产品采后保鲜上的应用 [J]. 上海水产大学学报, 2004 (04): 353-358.

[9] 刘柳. 气调贮藏对不同品种柿果实耐贮性及品质的影响研究 [D]. 南宁: 广西大学, 2018.

[10] 刘颖, 邬志敏, 李云飞, 等. 果蔬气调国内外研究进展 [J]. 食品与发酵工艺, 2006, 04: 94-99.

[11] 陆曼婵, 刘柳, 孙宁静. 柿气调贮藏研究进展 [J]. 玉林师范学院学报, 2017, 38 (05): 96-104.

[12] 李灿, 饶景萍. MA 贮藏对尖柿硬度及相关生理变化的影响 [J]. 果树学报, 2005 (04): 347-350.

[13] 刘滔, 朱维, 李春美. 我国柿加工产业的现状与对策 [J]. 食品工业科技, 2016, 37 (24): 369-375.

[14] 邓红军, 茅林春. 采后果蔬机械损伤愈合研究进展 [J]. 食品安全质量检测学报, 2018, 9 (11): 2744-2748.

[15] 张宇. 广西柿采后贮运保鲜技术的发展现状及对策 [D]. 南宁: 广西大学, 2016.

[16] 江水泉, 孙芳. 中国柿产业现状及工业化发展趋势 [J]. 现代农业装备, 2019, 40 (02): 64-68.

[17]　王华瑞. 柿长期保鲜技术研究 [D]. 北京：中国农业大学，2003.

[18]　林菲. 柿保鲜及脱涩技术研究 [D]. 福州：福建农林大学，2013.

[19]　寇文丽. 磨盘柿软化调控机制及应用技术研究 [D]. 大连：大连工业大学，2012.

[20]　夏春森，王兰英. 红星苹果在贮藏中果肉发绵生理过程的研究 [J]. 园艺学报，1981（9）：29-31.

[21]　庄艳. 1-甲基环丙烯对火晶柿果采后贮藏保鲜效果的研究 [D]. 杨凌：西北农林科技大学，2007.

[22]　李江阔. 柿果实采后保鲜技术研究进展 [J]. 包装工程，2019（40）：1-8.

[23]　GE Hobson. Polygalacturonase in normal and abnormal tomato fruit [J]. Biochemical Journal. 1964，92：324-332.

[24]　张淑杰. 果蔬采后硬度变化研究进展 [J]. 保鲜与加工，2018（18）：141-146.

[25]　Chen HJ, Cao SF, Fang XJ, et al. Changes in fruit firmness, cell wall composition and cell wall degrading enzymes in postharvest blueberries during storage [J]. Scientia Horticulturae. 2015，188：44-48.

[26]　王贵禧，韩雅珊，于梁. 猕猴桃软化过程中阶段专一性酶活性变化的研究 [J]. 植物学报，1995，37：198-203.

[27]　赵博，饶景萍. 柿果采后胞壁多糖代谢及其降解酶活性的变化 [J]. 西北植物学报，2005（06）：1199-1202.

[28]　刘金豹. 果汁褐变及其影响因素研究进展 [J]. 饮料工业，2004（3）：1-5.

[29]　杨克同. 食品加工中非酶褐变反应对风味的影响 [J]. 食品科学，1983（10）：1-3.

[30]　李鹏. 柿汁非酶褐变抑制技术研究 [J]. 食品工艺技术，2009，31：271-273.

[31]　闵婷. 高体积分数 CO_2 处理对柿果实褐变的影响 [J]. 江苏农业科学，2016，44：288-290.

[32]　周坚，万楚筠，沈汪洋. 甜柿多酚氧化酶特性的研究及褐变控制 [J]. 食品科学，2005（1）：60-63.

[33]　占习娟. 柿果贮藏加工品质变化及其控制技术的研究 [D]. 泰安：山东农业大学，2007.

[34]　蔡妙颜，肖凯军，袁向华. 美拉德反应与食品工业 [J]. 食品工业科技，2003（7）：90-93.

[35]　王汉屏，王浩东. 储藏过程中枣汁非酶褐变的研究 [J]. 食品工业科技，2008（10）：237-239.

［36］ 王同阳，葛邦国. 蜂蜜-柿汁发酵饮料的研制 ［J］. 食品科技，2007（8）：205-208.

［37］ 刘冬等. 柿中单宁的简单快速测定方法 ［J］. 中国果树，1994，3：45.

［38］ 徐怀德，张锁玲，刘兴华等. 柿果酱加工中保鲜脱涩与防返涩技术 ［J］. 食品科学，1994（3）：21-24.

［39］ 张海生，陈锦屏，马耀岚. 柿饼加工工艺的研究 ［J］. 农产品加工，2004（4）：38-39.

［40］ 李鹏. 柿子褐变机理及柿加工中抑制褐变关键技术的研究 ［D］. 西安：西北农林科技大学，2010.

［41］ 周悦. 柿酒及柿醋的发酵工艺研究 ［D］. 西安：陕西科技大学，2014.

［42］ 王军. 牛心柿、橘蜜柿清汁的加工工艺研究 ［D］. 西安：陕西师范大学，2005.

［43］ 黄卫东，原永冰，彭宜本. 温带果树结实生理 ［M］. 北京：北京农业大学出版社，1994.

［44］ 高经成，袁明耀，徐荣江. 柿果实后熟过程中生理代谢和品质变化及乙烯的催熟效果 ［J］. 食品科学，1993（14）：14-16.

［45］ 陈毓荃，黄森. 柿保鲜运输技术研究 ［J］. 陕西农业科学，1997（2）：11-12.

［46］ 任文明，毋智深，高爱武. 桃保鲜技术研究 ［J］. 内蒙古农牧学院学报，1999（20）：79-82.

［47］ 葛毅强，叶强，张维一. 农大牌葡萄保鲜纸的保鲜效果及特点 ［J］. 新疆农业科学，1996（5）：219-221.

［48］ 周坚，万楚箔，沈汪洋. 甜柿的营养及功能特性 ［J］. 武汉工业学院学报，2004（4）：14-18.

［49］ 孙达旺. 植物单宁化学 ［M］. 北京：中国林业出版社，1992.

［50］ 刘秀华. 不同柿发酵酒工艺对比研究 ［J］. 酿酒科技，2018（5）：103-105.

第三章　柿贮藏过程生理生化变化

采收后的果蔬仍是一个生命的有机体，还会进行休眠、水分蒸发、呼吸作用等复杂的生命活动，这些活动都与果蔬保鲜密切相关，影响和制约着果蔬的贮藏寿命。果蔬采后保鲜贮藏的基本任务是在不影响果实正常生命活动的前提下尽可能地降低呼吸强度以维持其商品性，延长货架期。而柿作为典型的呼吸跃变型果实，在贮藏期会发生后熟作用，生成大量乙烯，果实会快速软化至腐烂变质，失去其商品价值。但我国柿果贮存存在着管理粗放、低产劣质等问题，加之柿果采收期集中、易软化、产地交通不便，烂耗损失严重，大大降低了柿果的商品率。同时，我国由于对柿果实生长发育及成熟机理研究不够，柿果极不耐贮藏，不能有效地控制其成熟，极大地影响了其商品价值，挫伤了柿农的生产积极性。另外，因柿果实中含有大量的单宁物质，单宁与口腔中的唾液蛋白结合产生涩味，不可直接食用，而且因为单宁与蛋白质结合生成不溶性沉淀，影响蛋白质的利用，给研究者带来难以克服的困难。在柿果生长发育及成熟过程中，关于果实内葡萄糖、果糖、蔗糖、IAA、脱落酸、GA、细胞分裂素等物质的变化规律的报道不尽一致，关于柿果脱涩机理尚存在争议。

第一节　采后主要品质成分的变化

一、外观品质

1. 色泽

柿是典型的呼吸跃变型果实，虽然各品种间的跃变系数有所不同，但在采后贮藏期间都会出现明显的后熟软化。软化最直接的体现就是硬度的下降与果皮颜色的变化。柿采摘之后其果实颜色也会发生明显的变化，随着贮期的延长，绿色逐渐减淡、消失，柿由淡黄色逐渐转变为橙黄色，进一步变为橙红色。据研究，柿果实在贮藏过程中果皮中的叶绿素含量下降，花色素苷先上升再下降，类胡萝卜素、黄酮类色素含量上升，色素含量的变化出现在呼吸峰和乙烯峰到来之前[1]。据岩田隆等的报道，在呼吸峰到来之前，果肉中类胡萝卜素含量迅速提高，果皮色泽变化使柿呈现特有的橙红色[2]。有研究表明柿后熟时，类胡萝卜素总量可上升到最初的158%，但在长期贮藏之后，类胡萝卜素含量有下降趋。

　　月柿采摘后果皮为黄色，然而在贮藏中伴随着后熟作用果皮颜色会逐渐由黄色转为橙红色，色差则可通过 L＊、a＊、b＊、ΔE 等指标描述颜色的变化程度。其中 L＊代表黑白偏差量，L＊越大果皮亮度越高，反之亮度越低；a＊代表红绿偏差量，a＊越大果皮越偏红，反之偏绿；b＊代表黄蓝偏差量，b＊越大果皮越偏黄，反之偏蓝；ΔE 代表色差综合偏差量，数值上等于以上 3 个变量的平方和再开方，反映整体的色彩变化程度。魏宝东等研究不同处理对磨盘柿品质的影响发现 1-甲基环丙烯处理后脱涩可以有效抑制柿果的色差变化[3]。张平[4]、黄森[5]、李江阔[6]等分别以火柿、水柿、磨盘柿等为实验材料，通过减压贮藏柿果实，观察贮藏期间柿果实品质的变化情况，结果发现减压贮藏不仅可以抑制柿果实硬度的下降，而且可以保持果实色泽，从而提高贮藏期柿果营养品质，延长贮藏时间，达到了较好的保鲜效果。Arnal 等用氮气（90%）+二氧化碳（10%）和氮气（97%）+空气处理 Rojo Brillante 柿果，发现后者对柿果贮藏效果较好，可以保持柿果良好的色泽，减少柿果营养成分的流失，保持较好的品质[7]。Ergun 等在 4℃条件下，用蜂胶溶液处理柿果，结果表明，可较好地保持果实硬度和色泽，减缓营养成分降解，降低酶的活性，保持较好的果实品质，达到延长保鲜贮藏时间的目的[8]。

2. 硬度

　　柿果货架品质最明显的状态就是质地和色泽发生改变，果实硬度由细胞壁来决定，果肉的软化由细胞壁多糖来控制分解，其中会涉及一些与降解相关的酶（如多聚半乳糖醛酸酶、纤维素酶、淀粉酶等），酶活性直接影响降解速率，决定着果实的软化速度。柿果的软化是成熟衰老过程中最显著的变化之一，柿脱涩后随即变软，因而影响柿果的贮藏和销售，延缓和控制柿果的软化是柿果贮藏的关键所在。柿果实在贮藏期硬度会逐渐下降，直至变质腐烂失去其商品性，因此柿果实的保硬工作是贮藏的重中之重。柿果实采收后平均硬度为 13～16 牛顿/厘米^2，当硬度低于 3 牛顿/厘米^2 时就已完全软化，当柿果硬度低于 10 牛顿/厘米^2 时就丧失了作为脆柿食用的商品性。果实硬度下降的过程中细胞壁结构发生了物质变化。细胞壁分为胞间层、初生壁和次生壁，组成成分包括纤维素、半纤维素、果胶、糖蛋白等大分子物质。随着果实不断后熟，果胶活动导致胞间层逐渐溶解，大量的细胞壁结构消失，致使相邻细胞之间失去连接，进而彼此分离，导致细胞间聚合丧失，果实软化，硬度随之下降。

　　果胶是初生细胞壁和胞间层的主要组成部分，也是植物维持一定形态结构的重要物质，对细胞壁的机械强度和物理结构的稳定性起着关键性作用。果胶在柿果内以原果胶和可溶性果胶的形式存在，随着柿果在贮藏期间成熟软化，原果胶含量逐渐降低，降解为可溶性果胶，细胞结构受到损坏，随着后熟进程的不断深入，细胞膜通透性增加，电解质大量地外渗，最终导致细胞解体，果实的硬度迅速下降。研究表明，柿果硬度与原果胶含量之间存在正相关关系，硬度与可溶性果胶含量间呈负相关关系[9]。

硬度作为衡量甜柿果实采后品质的指标之一，多种保鲜方式对抑制柿果实硬度变化起到明显效果。低温冷藏方法在柿贮藏保鲜方面得到广泛应用，该物理贮藏方法简便有效，为了使柿果实贮藏期更长，该方法通常与其他保鲜方法共同使用。王成业等表明，涩柿在温度范围为-1~0℃、二氧化碳（或1%的氧气）含量为15%~20%的条件下，贮藏2~3个月后柿果实涩味可以完全脱除，且较好地保持果实的硬度[10]。占习娟等以牛心柿为实验试材，研究了60天内柿果通过冻藏（-18℃）、冷库贮藏（温度为-1~0℃，湿度为85%~90%）、液藏（2%食盐和0.5%明矾）和冷藏（-1~1℃）+气调贮藏（4%~7%二氧化碳；3%~5%氧气）4种贮藏方式，结果显示，冷藏+气调贮藏的处理方式效果最好，该方法与其他处理方式比较，可以更有效地抑制柿果的呼吸强度，保持果实的硬度及果皮色泽，延长贮藏期限[11]。周拥军等以方山柿为试材，比较研究了普通贮藏（1~2℃）与冰温冷藏（-2~-1℃）两种冷藏方式对柿果细胞壁物质代谢的影响，结果发现冰温贮藏比普通冷藏更好地保持了果实的硬度，且在贮藏90天时，冰温贮藏的硬度是普通冷藏硬度的1.66倍[12]。另外，气调保鲜技术、化学保鲜技术及生物保鲜技术等对柿果采后保鲜都有积极的效果[40,3,13]。

二、内在品质

1. 营养品质变化

柿含有丰富的营养物质，其主要成分为糖、蛋白质、维生素、单宁、有机酸和芳香物质等。根据中医的理论，柿果能"开胃、消痰、止咳、润心肺、清肠胃"。李时珍在《本草纲目》中说："柿乃脾肺血分之果也。其味甘而气甲，性涩而能收，故有健脾、涩肠、治嗽、止血之功效"。现代研究表明，柿果中含有大量的单宁，单宁有抑菌、抗病毒、抗过敏、预防心脑血管疾病、抗肿瘤、促进免疫、抗氧化和延缓衰老的功效。柿果中还含有较多的膳食纤维和果胶，对促进人体消化、改善肠道功能具有很好的作用。柿果含有极为丰富的维生素A源——胡萝卜素，β-胡萝卜素具有预防多种肿瘤和心血管疾病的作用，尤其对降低肿瘤发病率有显著效果。柿果中含有大量的纤维、矿物质和石炭酸成分，这些都是预防动脉硬化、心脏病突发、中风的要素。目前国内外通过体内、体外及细胞学实验研究表明，柿果中的功能活性成分具有抗氧化、抗心血管疾病、抗肿瘤、抗多药性逆转、抗糖尿病和解酒等功效，其中柿果的抗氧化功效尤为重要，因为许多疾病的产生都是由于自由基的产生所致。研究证明，柿提取物具有很强的自由基清除能力，其发挥抗氧化作用的功效成分为多酚类物质，且总酚含量与抗氧化能力呈正相关。另外，柿多酚可有效降低大鼠的血脂水平及血胆固醇含量，减少冠心病的发病率[14]。

果实在采摘后依然是一个有机的生命体，抗坏血酸、可溶性糖、可滴定酸、可溶性固形物等营养成分也在不停变化。抗坏血酸是广泛存在于植物体内的重要维生素，具有很强的抗氧化性，可以有效地清除细胞内的氧自由基，保护细胞膜结构，延缓细胞衰老。柿在幼果阶段维生素 C 含量可高达 300~500 毫克/100 克，随着果实的发育及成熟，维生素 C 含量会逐渐降低。柿的有机酸以苹果酸为主，还包括柠檬酸、异柠檬酸、延胡索酸、没食子酸等，但柿的有机酸含量较低，并且有机酸作为呼吸基质会随着时间不断消耗，部分游离的有机酸也会转化为盐，有机酸含量会进一步降低。柿子糖分极高，由于品种不同，含糖量一般在 5.06%~19.47%，主要包括蔗糖、葡萄糖和果糖，采后随着果实后熟衰老，总糖、还原糖含量有升高趋势，但长期贮藏会导致总糖含量明显降低。柿在采收前，果实中主要的糖类是蔗糖，此时蔗糖水解酶基本上都是结合态的。采后果实软化，细胞壁结构遭到破坏时，该酶便发挥作用，将蔗糖分解为葡萄糖和果糖，甜度增加。糖是呼吸的底物，含糖量越高，呼吸越强，随着贮藏时间的延长，含糖量降低。柿果实的酸含量很低，一般也是随着贮藏时间的延长而降低。柿果实的维生素 C 含量很高，比一般水果高很多，据相关报道，柿果在贮藏过程中，维生素 C 含量变化与果实硬度密切相关，前期缓慢升高，硬度下降时急速上升之后又很快下降，可溶性单宁则是随着柿果实的成熟逐渐降低。柿果的可滴定酸含量较低，含酸量（质量分数）在 0.07%~0.19%，随着贮藏时间的延长，呈现逐渐降低的趋势。

2. 柿贮藏过程中的化学成分变化

（1）多糖

柿果中由于含有多种生物活性成分，尤其是柿总多糖提取物（TP-sPF）具有很高的经济价值和药用价值。柿粗多糖经季铵盐沉淀和凝胶柱层析分离纯化后得到了水溶性的 WPP1 和 10% 氯化钠盐溶性的 WPP2 两个多糖组分。柿多糖组分 WPP1 和 WPP2 经 Sephadex G-100 柱层析、紫外光谱扫描及高效液相色谱法鉴定均为均一多糖，不含蛋白质、核酸和色素。高效液相色谱测定柿多糖 WPP1 和 WPP2 的分子量分别为 2.05×10^5 道尔顿、2.63×10^5 道尔顿。柿多糖 WPP1 和 WPP2 在单糖组成上存在差异，WPP1 由 L-鼠李糖、L-阿拉伯糖、D-葡萄糖和 D-半乳糖 4 种单糖组成；WPP2 由 L-阿拉伯糖和 D-半乳糖 2 种单糖组成。红外光谱（IR）分析结果表明，WPP1 是含有有 α-糖苷键的化合物，WPP1 和 WPP2 均表现出吡喃糖的特征吸收。环境扫描电镜（SEM）检测结果 WPP1 为附着有大小在 0.1~1.5 微米的颗粒固体的片状聚集体，可能为糖蛋白复合物。

近年来，关于活性多糖的研究已经成为继基因组学、酶学之后的又一个研究热点。硫酸化后的柿多糖具有部分抗氧化活性[15]、抗凝血作用[16]，且具有一定的免疫调节活性[17]和抗炎活性。早在 2000 年，Kotani 等发现柿叶提取物能够抑制组胺释放，对特异性皮炎小鼠模型有抑制皮炎发展的作用[18]。现有研究表明，植物多糖可能与补体Ⅲ型受体（CR3）、Toll 样受体或甘露醇受体结合，从而发挥免疫方面的生物功能[19~20]。所以获得活性多糖成分是关键。通常采用水提醇沉法提取总多糖提取物后选择有机溶剂如氯仿-甲醇等进行除杂处理，并进一步用 Sevage 法去除游离蛋白或金属络合物法进行精制纯化。而生物分离方法一般不使用毒性大的化学试剂，对目标成分的活性影响较小，更适合于进一步的药理作用考察，包括双水相系统、超滤膜法、脱蛋白酶法等。酶法脱除蛋白较其他化学试剂法温和且高效，更重要的是基本不破坏目标成分的活性，非常适合多糖的脱蛋白处理。超滤膜法通过分子筛作用将不同相对分子质量的成分进行分离，常用于去除杂质和分离纯化大分子物质，尤其适合于总多糖的分离[21]。超滤膜分离技术可以应用于粗多糖脱蛋白和脱盐，收率高、有效膜面积大、不易且极少破坏多糖的生物活性，又没有传统有机溶剂法的试剂残留问题，目前成为活性多糖研究的重要精制方法。由于不同的超滤膜截留不同分子质量的物质，多糖溶液通过各种已知的超滤膜就能达到分离[22]。

常用的柿多糖粗品制备方法：新鲜柿果洗净→去蒂→切片→烘干→粉碎→过 40 目筛→柿粉→乙醚脱脂→抽滤风干→ 80% 乙醇除杂（除去小分子糖、苷类、生物碱等）→超声波处理→热水浸提→离心→减压浓缩→醇沉→过滤→无水乙醇、丙酮、乙醚多次洗涤 →干燥 → 柿多糖。

柿多糖分离纯化的常用方法为季铵盐沉淀法[23]：将已称量好的 2 克柿粗多糖溶解于 50 毫升的双蒸水中，按体积比 1∶1 加入 3%十六烷基三甲基溴化铵（CTAB），静置 12 小时后在每分钟 4 000 转的速度下离心 30 分钟。上清液部分按 4 倍体积加入 95% 乙醇，产生乳白色沉淀，分离沉淀并用去离子水溶解后装入透析袋，用流动自来水透析 48 小时，上清液真空冷冻干燥后得到白色絮状多糖 WPP1。用 10%氯化钠水溶液将离心后的沉淀部分进行溶解，再加入 4 倍体积的 95%乙醇，产生浅棕色的沉淀，分离沉淀并用去离子水溶解后装入透析袋，流动自来水透析 48 小时，上清液进行真空冷冻干燥后得浅棕色多糖 WPP2。

多糖纯度鉴定方法有旋光度法、超离心法、高效液相色谱法、凝胶柱层析法等，由于每种方法都会存在一定的误差，故一般在多糖组分的纯度鉴定上至少采用 2 种方法才能证明其均一性。

Sephadex G-100 柱层析法（凝胶柱层析法）：Sephadex G-100 葡聚糖凝胶用适量蒸

馏水沸水浴 6 小时，充分溶胀后，抽气装柱（层析柱规格 2.4 厘米×45 厘米），平衡 12 小时。将季铵盐沉淀法分离得到的柿多糖组分用少量蒸馏水溶解后上样。用蒸馏水洗脱，流速 0.4 毫升/分钟，分部收集器按每管 3 毫升进行收集，收集的 100 管洗脱液用苯酚-硫酸法检测，绘制洗脱曲线，根据洗脱曲线收集多糖。将收集液进行浓缩、透析、真空冷冻干燥。

比旋光度法：柿粗多糖样品溶于水制成半饱和溶液，一边搅拌一边滴加乙醇，滴加到乙醇浓度为后，静置沉淀，沉淀完全后进行离心，得沉淀和上清液，收集沉淀上清液，继续滴加乙醇至乙醇浓度为，静置沉淀，沉淀完全后进行离心，得沉淀和上清液，收集沉淀上清液中继续滴加乙醇至乙醇浓度为，静置沉淀，沉淀完全后进行离心，收集沉淀。将 3 次沉淀分别进行真空冷冻干燥，测定其水溶液的比旋光度。

高效液相色谱法：称取柿多糖适量，配制 2 毫克/毫升浓度多糖溶液，进行 HPLC 分析。色谱柱采用 SB804 凝胶柱，流动相为高纯水，流速为 0.8 毫升/分钟，柱温为 30℃，进样量为 20 微升，检测器为示差折光检测器。

（2）多酚

柿果实富含天然多酚，其含量高于苹果、梨、桃、葡萄、番茄等果蔬，Suzuki 等对 5 个品种的日本柿研究结果表明，其中均含有大量的多酚物质[24]。相关研究指出，成熟度低的柿果中多酚的含量明显高于成熟柿果，涩柿中的多酚含量高于甜柿中的含量。

目前国内外通过体内、体外及细胞学实验研究表明，柿果实中的功能活性成分具有抗氧化、抗心血管疾病、抗肿瘤、抗多药性逆转、抗糖尿病和解酒等功效[25~27]。其中，柿的抗氧化功效尤为重要，因为许多疾病的产生都是由于自由基的产生所致。柿提取物具有很强的自由基清除能力，其发挥抗氧化作用的功效成分为多酚类物质，且总酚含量于抗氧化能力呈正相关。另外，在柿用于抗心血管疾病方面的研究发现，柿多酚可有效降低大鼠的血脂水平及血胆固醇含量，减少冠心病的发病率[28]。同时，在柿用于治疗高血压疾病的研究发现，柿多酚具有很强的抑制低密度脂蛋白（LDL）氧化的能力[29]，因此可降低心血管疾病的发病率。在植物中，植物多酚可以诱导细胞加强其细胞壁的紫外线光能量的应力，并清除多余的活性氧簇（ROS）。由于细胞还可以利用活性氧簇进行细胞内信号传导，故多酚可以调节植物内的信号转导。此外，它们可以采取防御行动来阻止动物的消耗[30]。大量研究发现，柿果所含有的天然多酚类物质与柿果所含有的营养及药用功效具有显著相关性。植物多酚类物质主要分为酚酸类和黄酮类。柿果中的酚酸类化合物主要包括没食子酸、阿魏酸、咖啡酸、绿原酸、齐墩果酸等。黄酮类物质有黄酮醇、黄烷醇、黄烷酮、异黄酮、原花青素和花青素等。C. Ancillotti 等采用优化的快速高效的液相色谱——串联质谱法测定了柿果肉中 38 种多酚类化合物[31]。这些酚类物质大都具有清除活性氧、降低胆固醇、调节血糖、提高免疫力、抗癌、抗炎症、加速乙醇代谢的功效。

植物多酚的提取方法包括碱性和酸性水解提取、酶解提取、超声波辅助提取和远红外辐射提取等。碱性和酸性水解是释放酚类化合物最常见的手段，但在较高的温度下酸性水解会导致一些酚类物质的损失。Fazary（2007）发现，酸性水解导致无花果树中黄酮醇的降解[32]。Del 等（2007）用富马酸将加工成的玉米饼样品进行酸化，显著降低了总酚、花青素和抗氧化能力的损失[33]。与酸水解条件相比，酚类化合物更容易被碱水解，从而减少了它们的损失。碱性水解能破坏酚醛酸与细胞壁连接的酯键，是一种从多糖中释放酚类化合物的有效途径。除酸碱水解以外，酶水解也可提取植物中的酚类化合物。研究表明，果胶酶、纤维素酶、淀粉酶、半纤维素酶和葡聚糖酶能有效分解植物细胞壁基质，从而促进多酚的提取[34]。Landbo（2001）发现，β-葡糖苷酶可提取出植物的花青素。微波辅助提取通过与游离水分子直接相互作用加热溶剂，导致植物组织破裂并将成分释放到溶剂中，可以提高多酚提取率并降低萃取成本[35]。超声辅助提取是目前常用的多酚提取方法。超声辅助水解通过增加固相和液相之间的表面接触面积，从而提高浸出和水解酚类化合物的速率。故现在采用较多的提取方法是先将鲜柿去蒂，准确称取一定质量鲜柿后打浆，加入果胶酶（0.2 毫升/100 克）在 50℃水浴中酶解 3 小时，酶解完成后加入 15 倍体积的 60%（v/v）乙醇，在 55℃条件下超声波提取 30 分钟，离心（4 000 转/分钟，15 分钟），取上清液在 45℃下浓缩得到柿多酚粗提液，在 -18℃下贮存待用。此外，还有其他提取方法如远红外辐射和高压脉冲电场辅助水解等也可用于多酚的提取。

多酚提取量的测定多采用福林-酚比色法[36]，测定黑柿多酚的含量。准确称取 0.1 克没食子酸标准品，用蒸馏水定容至 100 毫升容量瓶。依次吸取没食子酸标准工作溶液 0 毫升、1 毫升、2 毫升、3 毫升、4 毫升、5 毫升、6 毫升至 100 毫升容量瓶中，加入 5 毫升福林-酚试剂，摇匀反应液，5 分钟后向每个容量瓶中加入 7.5% 碳酸钠溶液 4 毫升，用蒸馏水定容至刻度，室温静置 60 分钟，在 765 纳米处测定吸光度，以没食子酸浓度为横坐标，765 纳米吸光度为纵坐标，绘制标准曲线，并进行回归分析。

（3）黄酮

黄酮类化合物是一类植物中分布很广且重要的多酚类天然产物，所以又称为生物类黄酮化合物，其不仅广泛存在于高等植物中，也存在于许多低等植物如苔藓和地钱中，即几乎存在于所有绿色植物中，尤其以芸香科、唇形科、石南科、玄参科、豆科、苦苣苔科、杜鹃科和菊科等高等植物中分布较多。黄酮不仅对植物的生长、发育、开花和结果以及抵御异物的侵袭起着重要的作用，并且具有广泛的药理活性。其种类繁多，包括黄酮、黄烷酮、黄酮醇及二氢黄酮等，数量很大，大多为黄色且都具有酮式羟基这一官能团，是天然酚类化合物的主要表现形式。黄酮类化合物在植物体内的存在形式主要有

2 种，大部分以糖苷的形式存在，另外一部分以游离的形式存在。

　　柿叶中含有丰富的黄酮类物质，对心脑血管方面的疾病有良好的治疗功效。目前对柿叶中黄酮类活性物质提取工艺研究得很多，但对柿果中活性物质的研究很少。董江涛等采用响应曲面法优化微波辅助提取柿叶中总黄酮的工艺，提高了柿叶黄酮的提取得率[37]。刁保忠等以芦丁槲皮素和金丝桃苷的提取得率为指标，考察了提取次数、提取时间、料液比、乙醇体积分数等对柿叶黄酮提取率的影响，并通过正交试验设计确定了柿叶的最佳提取工艺，验证结果显示该工艺稳定可靠，可以用于柿叶黄酮的工业化提取[38]。周吴萍等优化了柿叶黄酮的提取条件，并对其进行体外抗氧化作用研究[39]。王明贤等探讨柿叶黄酮（FLDK）对高脂血症大鼠血脂水平和血管内皮功能相关指标的影响，结果表明柿叶黄酮能降低高脂血症大鼠血脂水平，改善血管内皮功能[40]。郭琳博等采用 HP2MG 大孔树脂对柿中的儿茶素类物质进行初步分离，用高速逆流色谱进一步分离纯化出高纯度的儿茶素及表儿茶素[40]。严静等研究得出复合酶解法提取青柿落果中类黄酮化合物的最佳工艺条件[41]。王恒超等采用微波辅助法提取柿黄酮，探讨提取过程中各因素对黄酮提取量的影响并测定了柿黄酮的抗氧化活性，得到微波辅助法提取柿果实黄酮的最佳工艺条件，并认为该法简便快捷、重复性好，可用于柿黄酮的提取和测定[42]。

　　柿果实总黄酮普通浸提工艺：柿→清洗→切碎→榨碎→乙醇提取→抽滤→浓缩→总黄酮提取液。

　　柿果实总黄酮含量的测定包括标准曲线的建立和检测两步。

　　芦丁标准曲线回归方程的建立[41]：精密称取干燥至恒重的芦丁标准品 20.0 毫克，用 30%乙醇溶解定容至 100 毫升容量瓶中，得到 0.2 毫克/毫升的标准溶液。精密量取标准溶液 0 毫升、1.0 毫升、2.0 毫升、3.0 毫升、4.0 毫升、5.0 毫升、6.0 毫升、7.0 毫升、8.0 毫升置于 10 毫升具刻度试管中，用 30%乙醇定容至 5 毫升，分别加入 5%亚硝酸钠溶液 0.3 毫升，摇匀，静置 5 分钟，加入 1.0 摩尔/升氢氧化钠溶液 4 毫升，用 30%乙醇定容至 10 毫升，摇匀，静置 15 分钟，以不加对照样品液为空白，于 510 纳米处测定吸光度，以吸光值（A）为纵坐标，芦丁标准品溶液浓度（x，毫克/毫升）为横坐标，绘制标准曲线，得回归方程为：$A = 10.3096x + 0.3682$，$R^2 = 0.9995$。

　　黄酮含量的测定：精密吸取 1.0 毫升提取液，在 510 纳米波长下测定其吸光度值，根据标准回归方程计算总黄酮的含量。

　　三、抗氧化活性变化

　　活性氧被大多数研究者认为是诱发果实衰老的主要原因。活性氧是一类具有高度化学活性的小分子物质，包括超氧阴离子自由基（O_2^{-}）、单线激发态氧（$^1O_2$）、羟自由

49

基（·OH）、过氧化氢（H_2O_2）和过氧化物（ROOH）。果实中活性氧水平过高会导致蛋白质、核酸、脂类等生物大分子损伤，影响果实正常的生理代谢，最终表现为果实的软化腐烂。在正常情况下，植物细胞中活性氧的产生和消除处于平衡状态，不足以使果实受到伤害。活性氧的清除通过活性氧清除酶系统和抗氧化物质完成，活性氧清除酶主要包括过氧化物酶（POD）、超氧化物歧化酶（SOD）和过氧化氢酶（CAT）。超氧化物歧化酶是果实内天然存在的一种含有金属元素的活性蛋白酶，它催化如下反应：$2O_2^{2-}+2H^+\rightarrow 4H_2O_2+O_2$，将果实内有害的活性氧逐步转化为过氧化氢，过氧化氢又可以在过氧化氢酶、过氧化物酶的催化下转变为氧气和水（$2H_2O_2=O_2\uparrow+2H_2O$）。在贮藏期间，伴随着果实的呼吸作用，超氧阴离子、过氧化氢等在果实内部迅速积累，超氧化物歧化酶、过氧化氢酶、过氧化物酶为了抵抗细胞的氧化作用活性也会随之增加，但随着贮藏时间的延长，超氧阴离子自由基等氧自由基含量不断增加，细胞内的活性氧平衡被打破，超氧化物歧化酶、过氧化氢酶、过氧化物酶活性会随着果实衰老而下降，细胞膜脂过氧化程度加强，丙二醛（MDA）含量上升[43]。

涩柿成熟时含有大量的酚类及单宁类物质，使柿果具有很强的抗氧化能力。柿果经脱涩后不会影响其感官特性，但会显著降低柿果的体外抗氧化活性。研究发现，脱涩前柿果的抗氧化能力主要来自高分子质量缩合单宁，而柿果脱涩过程中，由于这部分单宁含量显著下降，故柿果的抗氧化能力明显下降。而小分子质量酚类物质的抗氧化能力在脱涩过程中基本无变化，这部分酚类物质是柿果脱涩后抗氧化能力的主要贡献者[44]。陈湘宁等的研究结果也表明，柿果实中含有的单宁等多酚类物质是使柿果实具有抗氧化能力的重要因素[45]。脱涩过程使游离态单宁转化为结合态单宁，而结合态单宁是聚合黄烷醇和蛋白质、果胶、纤维素等大分子物质的结合物，不可被有机溶剂提取[46]。

四、果实的蒸腾作用

果实蒸腾作用是果实水分从其表面进入周围环境的重要生物过程，影响果实的内在品质和外观品质，它同时也受环境因素和果实发育的影响。一些研究表明，果实蒸腾作用能产生一个水势梯度，影响果实水分吸收和液流的上升速度，对于果实吸收矿质元素、运转碳水化合物有一定的作用，是果实水分生理的重要指标。另外，果实蒸腾作用还能降低果实表面温度，防御高温伤害。Leonardi 等（2000）研究番茄果实蒸腾速率时认为，水分占果实比重较大，水分进出果实是影响果实生长和质量的重要因素[47]。高照全等研究发现，桃果实贮存水在白天汇入蒸腾流的量只占全天茎流总量的 1.4%[48]。由于果实的吸水主要是在夜间完成，这可能提高了果树的抗旱能力。以前关于果实水分平衡的大多数研究，往往不太重视果实蒸腾作用引起的液流变化或仅仅认为是果实重量变化的一部分。但是目前的研究表明，不同的气候条件和生长阶段，果实蒸腾速率变化显著，对果实水分平衡及果实内在品质和外观品质有重要影响。果实水分运动对于碳水化合物及重要矿质元素的吸收也很重要，比如果实在发育阶段对钙的吸收。Wu 等（2003）研究表明，桃果实有机酸浓度的季节性变化和同化产物与果实水分状况相关。果实蒸腾作用是果实水分运动的重要方面[49]。

果实蒸腾作用与果实的干物质、果实鲜重及可溶性固形物密切相关。Hiroshi 等（2002）研究柿果实蒸腾速率时发现，果实蒸腾作用能够增加从茎到果实的水势梯度和糖的浓度，从而增加果实可溶性固形物的含量[50]。孙骞研究也发现，猕猴桃果实水分运动与果实同化产物和无机离子的积累密切相关[51]。果实的库活性强弱随着果实的生长发育及叶片、果实的蒸腾速率而改变。研究表明，果实库活性的变化与果实蒸腾速率有关[52]。卢桂宾和赵雨明（2002）研究枣果实蒸腾速率时发现，枣果实萎蔫一般发生在气温最高的 7 月至 8 月，以 7 月下旬至 8 月上旬最为严重，特殊年份可持续至 9 月上旬，果实萎蔫加剧月份枣树的生理落果量[53]。研究表明，果实水分的过度蒸腾不仅损坏果品的外观品质，也影响果品内在的生理变化，刺激果实中乙烯、脱落酸的合成，并最终影响果实的成熟、衰老[54]。所以，果实蒸腾作用对果实品质和生长发育很重要。

果实蒸腾作用对于研究果品贮藏加工具有重要意义。王玥研究表明，果实蒸腾作用引起西红柿果实水分损失，使用于采后加工的果实重量减少和品质变劣[55]。李灿和饶景萍研究柿果实贮藏时发现，果实蒸腾失水萎蔫对硬度影响很大[56]。水分进出果实是很重要的过程，决定果实的外观品质如形状、重量、色泽和内在品质如干物质、含糖量及货架期。研究发现，低温可有效抑制柿果实的蒸腾作用，减少柿果实的失重率，较好地保持了柿果实中的水分，延长柿果的贮藏期[57]。刘柳对甜柿和涩柿研究发现，气调贮藏对于抑制柿果实蒸腾作用、保持果实水分、延缓果实失重起到了良好的效果[58]。

第二节　柿贮藏代谢与成熟衰老

一、呼吸

呼吸是生命的基本特征，在呼吸过程中，果实中的有机物在酶的作用下分解成简单的物质，最终的产物是水和二氧化碳，同时释放出能量。采后的果实仍然是一个活的有机体，虽然光合作用已经停止，但是生命的各项代谢活动仍在进行。呼吸作用为各种代谢活动提供能量，因而柿果采后的呼吸作用与采后果实品质变化、成熟衰老、贮藏寿命、采后的生理病害等有着密切的关系。

在对果蔬贮运情况调查的过程中，贮运企业和批发零售商反馈很多生产中的问题，如使用 1-甲基环丙烯处理造成果蔬不能后熟，品质下降难以销售；樱桃物流企业租赁冷库贮藏效果下降；使用了先进冷链设备但是仍然达不到预期效果等。经过我们的实地调研，发现这些都与果蔬采后呼吸生理有关。在贮运过程中，一般是通过各种技术手段抑制呼吸作用。但是许多果蔬需要维持一定的呼吸强度，这在一些热带水果中比较常见，通过呼吸代谢的中间产物，产生色、香、味的构成物质；还能够通过产生抗病的信号物质、杀菌物质，维持采后的抗病性，这就需要对果蔬贮运实践中的温度和氧气含量进行优化，并非完全抑制呼吸作用。但在多数情况下，抑制呼吸作用是主要措施，抑制呼吸作用对果蔬的影响包括以下几方面：一是抑制果蔬失重，减少营养和风味成分损耗；二是抑制果蔬衰老；三是维持果蔬抗性，应对生物胁迫和非生物胁迫的抵抗能力下降，抵御病害、冷害等；四是防止过量的呼吸在相对密闭的包装箱或包装袋内产生过量的二氧化碳积累，造成褐变、无氧呼吸、酒精伤害等。影响果蔬呼吸作用的因素包括以下几个方面：一是果蔬自身特性，夏季生产果蔬大于秋季生产果蔬，浆果类大于核果类。二是成熟度。选择成熟度适中的果蔬进行贮运，较早期采摘的幼龄果呼吸旺盛，代谢活跃，随着采摘成熟度的增加，新陈代谢逐渐降低，表皮组织和蜡质、角质保护层加厚，呼吸强度逐渐下降，此时适合采收，呼吸跃变型果实在跃变期后耐贮性下降。三是相对湿度。果蔬的相对湿度影响呼吸，像柑橘类在采摘后要经过适当晾晒使其失水后，呼吸强度就会下降，然后进行贮运，但是如果过度失水就会影响品质。四是温度。在一定温度范围内，随着温度升高，酶的活性增强，呼吸强度增大。当超过耐受极限，呼吸强度反而下降。五是气体成分。适当降低氧气浓度和提高二氧化碳浓度可抑制呼吸强度，减少采后损失，但是二氧化碳浓度过高、氧气浓度过低会引起伤害；其他影响呼吸作用的因素还包括机械损伤、病原微生物、植物生长调节剂等。

对柿的呼吸类型 20 多年来已有许多研究报道，一般认为涩柿属呼吸跃变型果实。张国树研究结果显示，火柿、木柿的成熟过程中有明显的呼吸跃变峰，受乙烯调节，属跃变型果实[59]。张子德以磨盘柿为试材的研究也出现类似的结果，且果实软化速度的加快先于呼吸跃变峰的到来[60]。岩田隆在对 2 个涩柿品种、2 个甜柿品种的呼吸动态观察中发现，在成熟过程中均有呼吸峰出现，但出现的时间较晚，在完熟后期，这与苹果等跃变型果实不同[2]。柿的呼吸类型比较独特，品种间的差异很大，由于其产地与品种的不同，部分属于呼吸跃变型，部分属于非呼吸跃变型，还有属于呼吸跃变与非呼吸跃变的过渡型。果实一旦出现呼吸高峰就表明后熟已经进入衰老阶段，耐贮力就会大大下降，不利于贮藏。因此，对于呼吸跃变型的柿果，延迟其呼吸高峰的出现有利于延长柿的贮藏期。高田峰雄对富有柿的研究表明，采收早的（6—7月）有呼吸跃变峰，稍早的（8月）呼吸峰值在后期上升，成熟时（10月）采收无呼吸峰，只是到后期有一个增加[61]。田建文等也认为成熟期采收的柿果是末期上升型[62]。高经成等在牛心柿的后熟过程中发现了果实呼吸强度的明显跃升，但这种跃升与跃变型果实不同，因为柿果实的硬度、总酸度、糖、维生素 C 含量的变化都早于呼吸跃变，呼吸增强并不是柿果实衰老的启动因子[63]。柿果实在 0~1℃贮藏环境中，呼吸强度的变化趋势表现为先上升，达到峰值后逐渐下降，当出现呼吸高峰时，柿果实的呼吸作用增强，并快速衰老软化，贮藏时间缩短，因此调控呼吸高峰的延迟出现，可以延长贮藏期[64]。

二、细胞壁

果实软化是一个复杂而有序的过程，涉及一系列生理生化反应。其造成 2 个方面的结果：提高了果实的风味和口感；削弱了果实抵御外界不良因素的能力，导致果实的耐藏性和抗病性下降，缩短货架寿命。一般认为，果实软化是细胞中胶层结构改变，造成细胞分离和细胞壁物质降解所引起的细胞壁总体结构破坏的结果，而果胶物质的变化是引起果实软化的主要原因。果实细胞壁的主要成分为果胶质、半纤维素和纤维素等多糖类，还有少量的蛋白质。果实细胞壁多聚体之间的相互作用主要依靠具体的化学键，也可以因分子链长而通过机械作用交缠在一起，形成果胶-纤维素-半纤维素共同伸展的网络状结构。细胞壁多聚体网络的松懈是以细胞壁分解酶的作用为基础，通过交联的断裂或者通过多聚体链的切开造成。因此，在柿果实成熟过程中，研究细胞壁多糖降解相关酶，为揭示果实的软化机理，明确相关细胞壁分解酶在果实软化中的作用提供依据。

果胶物质是构成细胞初生壁和中胶层的主要成分，主要由原果胶、果胶和果胶酸组成。在果实成熟之前，果胶质呈不溶状态，即以原果胶形式存在。这时果肉质地坚硬，细胞结构完整。在果实后熟过程中，原果胶逐渐降解为可溶性果胶，细胞结构随之受损，果肉硬度迅速下降。随着成熟进程的不断加深，细胞膜的透性增加，电解质大量外渗，最终导致细胞解体。田建文通过生物数学的方法分析了火柿后熟中各理化指标同硬度的关系，认为硬度变化同原果胶含量具有正相关性，同可溶性果胶成负相关[65]。

半纤维素是一类在分类上难于给出确切定义的多糖类，包括木葡聚糖、阿拉伯半乳聚糖、鼠李半乳醛酸聚糖、葡糖甘露聚糖和半乳甘露聚糖等，它们共价连接到果胶或以氢键连接到纤维素上，可分别用4M和8M的氢氧化钾提取分开[66]。纤维素是由葡萄糖通过 1，4-糖苷键聚合而成的长链大分子结构，大约 2 000 个纤维素分子组成一个微纤丝，它们有序地以三维晶体围绕细胞排列，并包埋在非纤维素多糖和蛋白质的致密基质中。柿的硬度同胞壁纤维素含量呈明显的正相关，火柿软化伴随着纤维素含量的降低[67]。在苹果[68]、鳄梨[69]、番茄[70]等果实成熟时均发生纤维素的降解。

果实的软化是一个复杂的过程，是多种酶协调作用的结果，不同种类和品种的果实起主导作用的水解酶有所不同，且酶的反应有时序性和阶段性，不同成熟时期起主要作用的酶也存在差异。细胞壁组分的降解同多聚半乳糖醛酸酶（PG）、果胶甲酯酶

（PME）、纤维素酶（Cx）、β-半乳糖苷酶（β-Gal）、木葡聚糖内糖基转移酶（XET）等细胞壁水解酶的活性增加密切相关。多聚半乳糖醛酸酶在柿软化上的作用还存在一定的争议，有研究表明，柿的软化与多聚半乳糖醛酸酶活性上升密切相关，对果实软化起重要作用，但一方面研究发现，柿成熟时果胶大量降解、分子量降低，多聚半乳糖醛酸酶活性却未检出，乙烯吸收剂可有效减缓柿的硬度下降，但对多聚半乳糖醛酸酶活性无显著影响。一般情况下，果胶先经果胶甲酯酶去酯化，然后多聚半乳糖醛酸酶将其水解，果实正常成熟软化，但如果果胶甲酯酶活性高而多聚半乳糖醛酸酶活性低则导致高分子量、低甲氧基化果胶的形成，这种果胶和水结合形成不溶性果胶，产生絮败，絮败是果胶甲酯酶和多聚半乳糖醛酸酶两种酶活性的不平衡引起的[71]。柿低温下发生冷害后，多聚半乳糖醛酸酶和果胶甲酯酶活性不协调，常温后熟受抑制，果实不能正常软化[72]。纤维素酶在未成熟的果实中活性很低或检测不到，但在果实成熟软化期间活性显著增加。柿果实软化进程中纤维素酶活性迅速增加，使纤维素分解，而纤维素的降解意味着细胞壁的解体和果实的软化。相关分析结果表明，柿果果肉硬度与纤维素酶活性呈明显负相关一，这表明纤维素酶引起的纤维素降解在柿果实软化进程中也起重要作用。β-半乳糖苷酶在许多果实的早期软化过程中含量丰富，参与降解细胞壁半乳糖苷键，导致细胞壁完整性的下降，因而相对于果实快速软化阶段，它在软化启动阶段的作用更为重要。柿果实成熟期间β-半乳糖苷酶活性迅速增加，其活性与柿果实硬度的下降呈明显的负相关，β-半乳糖苷酶能促进果胶的增溶和降解，用抑制半乳糖苷酶活性的酚类物质处理，可抑制软化、延长货架期。木葡聚糖内糖基转移酶活性变化同果实软化密切相关，猕猴桃果实经乙烯处理后木葡聚糖内糖基转移酶活性显著增加，与细胞壁的膨胀松软相对应，因此 Nakatsuka 认为木葡聚糖内糖基转移酶对细胞壁的松动可能是其他胞壁水解酶作用的必须条件[73]。木葡聚糖内糖基转移酶不仅具有木葡聚糖内糖基转移作用，而且还有解聚与水解的功能，在果实成熟衰老中的作用首先是使微纤丝间的木葡聚糖链解聚，进而使木葡聚糖链发生不可逆断裂。童斌研究富平尖柿果实扩张蛋白活性时发现柿果实不同发育期扩张蛋白都具有一定细胞壁伸展活性[74]。在果实膨大期和软化加速之前，扩张蛋白活性维持较高水平。与此同时，果实细胞壁蛋白质浓度也发生相应变化。

三、激素

1. 乙烯

乙烯（Ethylene）是被公认的、研究最为广泛的、少量存在于植物体内的与果实成熟及衰老密切相关的植物激素。无论是在果实生长发育的不同时期，还是在果实采摘后的贮藏时期，乙烯始终被认为是发挥重大作用的植物激素，它的变化比较有规律。早在

1963 年，各类果实就依据采摘后的乙烯释放量是否出现上升期及峰值，呼吸速率是否与乙烯生成量具有相同峰值及趋势，被分为跃变型和非跃变型两大类。此外，呼吸跃变型和非呼吸跃变型果实也可以通过采后丙烯处理后呼吸强度的变化与乙烯含量的变化来判别。果实内源乙烯的合成高峰引发了呼吸高峰的到来，同时乙烯可促进未熟果实中新的 RNA 和蛋白质合成。另外，无论是跃变型果实还是非跃变型果实，乙烯能够增加果实中细胞膜的透性，促使呼吸作用加强，引起果实内的各种有机物质发生急剧的生化变化，使果实由硬变软。乙烯是调控果实成熟衰老的关键因子，在果实成熟过程中起着重要的调节作用，因此有效地调控乙烯的生物合成便是控制果实成熟的关键。

乙烯是调控果实成熟、衰老的气体激素，通过与质膜上的受体结合启动下游信号传导，引起一系列的生理生化反应，如提高果实呼吸强度、促进果实内容物质分解或转化、加剧果实软化等。氨基环丙烷羧酸 （1 - aminocyclopropane - 1 - carboxylic acid，ACC）是乙烯合成的前体物质，氨基环丙烷羧酸合成酶 （1 - aminocyclopropane - 1 - car-boxylic acid oxidase，ACO）是其关键酶。阚娟等研究发现，随着贮藏期的延长，李果实氨基环丙烷羧酸含量、氨基环丙烷羧酸合成酶和氨基环丙烷羧酸氧化酶活性及乙烯释放量提高，果实硬度下降；而低温处理可有效抑制乙烯相关酶活性，降低乙烯释放量，保持果实硬度[75]。

乙烯是一种促进采后果蔬衰老的激素。果蔬种类不同内源乙烯含量存在很大差异，而且不同种类的果蔬对乙烯的敏感程度也有很大差别。呼吸类型不同的果蔬产生乙烯反应的乙烯临界浓度也不同，非跃变型果蔬的临界浓度是 0.005 微升/升，跃变型果蔬的为 0.1 微升/升[76]。有研究表明，温度较低时，柿果实的内源乙烯含量仅为 0.1 微升/千克·小时；但是柿果实对乙烯的敏感性很大[77]。现在通用的减少和去除乙烯方法一般有 3 种，一种是可以通过转基因等生物工程技术培育不产生或很少产生乙烯的转基因作物。近期 Kosugi 等人培育出了不产生乙烯的转基因康乃馨，转基因后的康乃馨寿命得到了极大的延长[78]。再就是也可以通过乙烯合成抑制剂来控制内源乙烯的产生。还可以应用乙烯吸收剂达到清除外源乙烯的目的。柿果实在贮藏期间，对软化和衰老起主要作用的激素是乙烯，柿果实的种类不同，内源乙烯的含量也不同。采收前的柿果实乙烯含量很低，但随着贮藏时间的延长，乙烯含量会逐渐升高。

乙烯能够诱导果实成熟启动，参与调控风味形成、色泽积累和质地变化等生理和代谢过程，诱导成熟相关基因的表达，是跃变型果实成熟的典型特征之一，被认为在跃变型果实成熟中具有重要作用。在贮藏过程中，随着柿果的成熟，乙烯的含量逐渐增加，进而加速采后柿果衰老和软化的进程，利用乙烯吸收剂除去贮藏环境中的乙烯可以延缓果实衰老。林菲[39]、朱东兴[67]研究表明，用乙烯吸收剂处理柿果实，能够抑制柿果实硬度的下降，延长柿果实的贮藏期。延缓细胞衰老，对于柿果实具有良好的保鲜效果。

王华瑞研究发现，气调贮藏结合乙烯吸收载体、赤霉素贮藏柞头柿，不仅可以维持柞头柿较好的硬度，还能延长采后果实的贮藏期，从而达到保鲜贮藏效果，保鲜期为 3 ~ 5个月[78]。乙烯吸收剂对果实的品质和风味影响较小，对采后的果实保鲜效果较好，操作方便简单[79]。

2. 脱落酸

脱落酸（ABA）是调控植物生长发育的一类重要激素，其广泛地参与种子休眠和萌发，对生物和非生物胁迫响应，调控开花、果实发育和成熟等生理过程。近年来，脱落酸（ABA）在调控跃变和非跃变型果实成熟中的重要作用得到广泛关注，在番茄、黄瓜、柿、葡萄、甜樱桃和草莓等果实中均发现伴随成熟过程的脱落酸含量增加，并通过施用外源脱落酸，能够显著诱导果实色素积累、抗坏血酸代谢、果实质地变化、蔗糖代谢和乙烯释放等生物学过程，并调控相关基因的表达，充分证明脱落酸在果实成熟过程中具有广泛且复杂的正向调控作用。

脱落酸是一类存在于果蔬生长发育各个阶段的非常重要的植物激素。近年来，也被广泛认为是果实衰老的主要调控因子。果实中脱落酸含量积累是由 NCED、CYP707A 和 BG 基因之间的表达平衡共同调节的。在西瓜、甜樱桃、黄瓜和葡萄等研究中，均已证实果肉组织具有自我合成脱落酸的能力[80~83]。脱落酸在高等植物中的合成途径属于间接合成，由 KO0906 类胡萝卜素途径中的 C40 裂解产生，在限速酶 9-顺式环氧类胡萝卜素双加氧酶、玉米黄质环氧化酶的作用下生成脱落醛，在醛脱氢酶的作用下生成脱落酸。脱落酸可以经过信号传导，促进下游基因表达，改变酶类活性，改变透性，甚至可以调控其他内源激素，如乙烯的合成和信号的转导。脱落酸也参与调控许多与成熟相关的生物学过程，如果实的软化、糖类物质的积累和代谢、花青苷的积累等。脱落酸在呼吸跃变型果实和非呼吸跃变型果实中均可应用，但脱落酸普遍被认为在非呼吸跃变型果实中的作用更显著。综上可知，脱落酸在果实中的作用是多方面的，外源脱落酸可通过促进果实成熟软化来提高提前采收果蔬的食用品质，也可通过保持果蔬采后的外观品质来延长果蔬贮藏的流通时间。外源脱落酸既可促进休眠状态果蔬的休眠进程，又可加快修复贮藏前后机械损伤的进程，延长贮藏时间。在低温胁迫时，外源脱落酸可以促进植物体内脱落酸的合成和运输，从而缓解细胞膜在冷害情况下受到的损伤，保护膜的完整性；可以增加渗透调节物质的含量，促进某些防御性酶类的重新合成，进而增加植物的抗冷性；可以在分子水平上诱导抗寒基因的表达，促进冷信号的转导。

在高等植物根尖到茎尖的各组织器官中都能发现脱落酸存在，在成熟衰老的组织或器官中以及进入休眠阶段的器官中含量丰富，同时在植物体处于逆性环境时，也会产生较多的脱落酸。脱落酸作为植物体内的重要植物激素，参与了包括从种子萌发到生殖生育的整个生命周期的多种生理过程。长期以来，脱落酸都被视为一种抑制型植物激素，从而对其他生长促进型激素（生长素、赤霉素、细胞分裂素、乙烯）产生拮抗作用[84]。脱落酸的主要生理作用可分为两类：①促进叶子和果实的脱落，促进气孔关闭和光合产物向发育中的果实运输并产生乙烯；②抑制种子发芽，抑制吲哚-3-乙酸运输和植株生长。据研究，脱落酸含量增加会促进果实成熟的启动[85]，同时也有利于积累糖分和降低有机酸[86]，提高果实品质。此外，脱落酸在促进糖分积累的同时，还会对果实内色素积累产生明显的促进作用，使果实内花色苷含量大量增加[86,87]。据报道，脱落酸在果实发育成熟过程中对果实的软化也有重要影响，可以显著提高果实的果胶甲酯酶（PE）活性，同时对果胶裂解酶（PL）和多聚半乳糖醛酸酶的活性也会显著提高，并降低果实硬度，加快果实软化[87]。

脱落酸是一种促进植物器官脱落、调节植物休眠和胁迫反应的生长抑制类激素。脱落酸能促进器官形成离层，从而加速器官脱落。在马铃薯温光反应及其与内源激素关系的研究中发现，脱落酸含量升高与植株衰老及块茎形成关系非常密切。花前5天至成熟，"平核无"柿果内脱落酸含量持续增加。脱落酸对果实生长发育起促进作用。在达到落果高峰前，柿果内脱落酸含量很高，脱落酸可能通过乙烯合成而促进落果。而郑国华等报道，幼果期"平核无"柿果内脱落酸含量很高，以后随着果实发育而降低，随第二次肥大开始又略有增大，果实发育的后半性期活性较高[88]。田建文等用脱落酸处理"火柿"，加速了柿果的后熟软化[62]。可见，脱落酸与果实成熟密切相关。

3. 细胞分裂素

植物为了应对生长发育过程中遇到的不利环境条件，进化出复杂的调控网络以降低外界胁迫对自身的伤害，当植物细胞感受到特定的环境信号时，体内的激素水平会发生变化。不同植物激素参与逆境的抵御，以协同或拮抗的方式共同发挥作用，进而调节植物生理反应以适应外界环境变化。细胞分裂素在这个网络中发挥着重要作用，调节植物对外界胁迫的响应。细胞分裂素是一类腺嘌呤衍生物。细胞分裂素在细胞的微粒体中合成，主要在根尖、胚、果实中形成，研究发现茎端也能合成细胞分裂素。细胞分裂素的作用主要是促进植物细胞的分裂与分化，诱导芽形成以及促进芽生长，参与种子萌发、叶片衰老、分枝、光合作用以及花和果实发育等过程。植物体内细胞分裂素的含量由细胞分裂素生物合成和代谢酶所调节。细胞分裂素的合成主要是由来自根癌农杆菌的 ipt 基因编码的异戊烯基转移酶（IPT）所催化的，异戊烯基转移酶（IPT）是细胞分裂素合成反应中的限速酶。

细胞分裂素调节蔗糖的代谢。Wang 等（2016）等发现，与普通小麦相比，小麦常绿（Stay-green）突变体 tasg1 在发育的后期显著延迟衰老，种子中的细胞分裂素显著高于对照，旗叶中蔗糖含量以及 SPS、SS 和细胞壁转化酶活性也显著高于对照[89]。添加细胞分裂素抑制剂洛伐他汀（Lovastatin）后，蔗糖含量和转化酶活性明显降低，并伴随早衰的表型，认为细胞分裂素影响了转化酶活性和蔗糖代谢，进而影响植物衰老。蔗糖也影响细胞分裂素含量，用蔗糖处理离体月季芽后，芽的长度随蔗糖处理浓度的增加而增加，且茎中包括异戊烯基腺苷单磷酸和玉米素核苷单磷酸在内的多种细胞分裂素的含量升高。

细胞分裂素（N6-嘌呤衍生物）最早是作为一种促进细胞分裂的物质被发现的，也具有促进果实生长的作用。细胞分裂素的积累始于受精完成后，它参与了植物生长和发育的多个方面，如芽的分化与生长、顶端优势及光形态建成等[90]。N-（2-氯-4-吡啶基）-N'-苯基脲（CPPU）作为一种合成型细胞分裂素，目前已被广泛应用于果实发育的调控。细胞分裂素的信号通过一个复杂的双组分系统（TCS）传递给靶基因。在多细胞真核生物中，该信号转导途径是高等植物特有的。双组分系统信号传导过程中主要包括3类蛋白：组氨酸激酶（AHKs/CRE1）、含组氨酸的磷酸转移蛋白（AHPs）和B型响应因子（type-BARRs）[91]。组氨酸激酶是位于膜上的细胞分裂素受体，磷酸转移蛋白将组氨酸激酶上的一个磷酰基基团转移给位于细胞核的B型响应因子，磷酸化后的B型响应因子可以结合到目标DNA序列上从而激活靶基因的转录。同B型响应因子类似，A型响应因子可以接收磷酸转移蛋白转移的磷酰基基团，但它没有DNA结合域，因此它可以通过与B型响应因子竞争磷酰基来抑制细胞分裂素的信号转导[92]。

柿果在细胞分裂期细胞分裂素有高活性，特别是在细胞分裂盛期细胞分裂素的活性最高，细胞分裂停止期到果实成熟期细胞分裂素的活性降低。因此，细胞分裂素在果实发育前期起重要作用。大量研究证明，细胞分裂素有促进细胞分裂的作用。盛花后10天，用CPPU处理柿果，发现促进柿果增大的效果非常显著[93]。这暗示高含量的细胞分裂素可促进幼果的生长发育。

在植物生长、发育的各个过程中，任何一种生理效应都不是单一激素的作用，而是各种激素相互作用的结果。它们之间相克相成，相互制约而又相互促进。不同含量、不同比例的各种激素相互作用的结果，就会产生一种平衡状态。各类激素之间通过相互制约、相互促进作用，共同形成植物生长各个阶段上相对稳定的比例，从而表现其增效与拮抗效应。增效作用是一种激素可加强另一种激素的效应。吲哚-3-乙酸促进细胞核的分裂，而细胞分裂素促进细胞质的分裂，二者共同作用，完成细胞核与质的分裂。细胞分裂素还可以加强生长素诱导的乙烯的产生，并且还可以延长生长素诱导乙烯释放的持续时间。赤霉素与吲哚-3-乙酸共同使用可强烈促进形成层的细胞分裂，对某些苹果品种，只有同时使用才能诱导无籽果实形成；脱落酸能加速果实的衰老过程，且脱落酸的生理作用与乙烯的合成有相关性。在成熟的苹果上，外源脱落酸可诱导乙烯的生物合成，这一现象在其他植物组织中也有发现。

拮抗作用是指一种物质的作用被另一种物质所阻抑的现象。激素间存在拮抗作用，如脱落酸强烈抑制生长和加速衰老的进程可被细胞分裂素所解除，吲哚-3-乙酸与赤霉素虽然对生长有促进作用，但是二者也存在拮抗作业。植物顶端产生的吲哚-3-乙酸向下运输能控制侧芽的萌发生长，表现为顶端优势。将细胞分裂素外施于侧芽，可以克服吲哚-3-乙酸的控制，促进侧芽萌发生长。赤霉素与脱落酸的拮抗作用还表现在许多方面，如生长、休眠等。赤霉素诱导的大麦子粒糊粉层中，α-淀粉酶生成作用可被脱落酸抑制[94]；反之，脱落酸对马铃薯芽的萌发抑制作用可被赤霉素抵消。外源 ETH 促进组织内吲哚-3-乙酸氧化酶的产生，从而加速吲哚-3-乙酸的分解，使植物体内吲哚-3-乙酸水平降低。

参考文献

［1］ 李劼. 阳丰甜柿最佳采收期及保鲜技术研究［D］. 杨凌：西北农林科技大学，2011.

［2］ Iwata T. , Nakagawa K. and Og ata K. Relationship between the ripening of harvested fruits and the respiration pattern（1）On the class of respiration pattern of Japanese persimmons［J］. J. Japan. Soc. Hort. Sci. , 1969, 38：84-86.

［3］ 魏宝东，梁冰，张鹏，等. 1-MCP 处理结合冰温贮藏对磨盘柿果实软化衰老的影响［J］. 食品科学，2014, 35（10）：236-240.

［4］ 张平，张鹏，李江阔，等. 微型减压设施与磨盘柿保鲜效果研究［J］. 食品工业，2011（1）：63-66.

［5］ 黄森，张继澍，李维平. 减压处理对采后柿果实软化生理效应的影响［J］. 西北农林科技大学学报（自然科学版），2003, 31（5）：57-60.

［6］ 李江阔，张鹏，张平. 减压贮藏对磨盘柿贮藏品质及生理生化的影响［J］. 保鲜与加工，2010, 10（5）：8-11.

［7］ ARNAL L, BESADA C, NAVARRO P, et al. Effect of Controlled Atmospheres on Maintaining Quality of Persimmon Fruit cv 'Rojo Brillante'［J］. Journal of Food Science, 2008, 73（1）：5.

［8］ ERGUN M, ERGUN N. Extending Shelf Life of Fresh-cut Persimmon by Honey Solution Dips［J］. Journal of Food Processing & Preservation, 2010, 34（1）：2-14.

［9］ 范灵姣. 抗坏血酸对柿果实采后软化的调控作用及其机制研究［D］. 南宁：广西大学，2016.

［10］ 王成业，李梅，刘战业. 柿果贮藏保鲜技术［J］. 四川农业科技，2008（01）：59.

［11］ 占习娟，陈义伦，张蕾，等.贮藏方法对柿果品质的影响［J］. 食品与发酵工业，2006（07）：161-164.

［12］ 周拥军，郜海燕，张慜，等.冰温贮藏对柿果细胞壁物质代谢的影响［J］. 中国食品学报，2011，11（04）：134-138.

［13］ 张健雄，辛嘉英，徐宁. 国内外果蔬生物保鲜方法的研究现状与展望［J］. 农产品加工（学刊），2014（22）：68-72.

［14］ 李文兰，范玉奇，季宇彬，等.大孔吸附树脂对川芎中阿魏酸及总酚酸的分离纯化［J］. 中国新药杂志，2007，16（9）：701-705.

［15］ Seong-Jin Choi. Effects of 2-alkyl-2-cyclopropene-1-carboxylic acid ethyl ester on ethylene production and flesh softening of non-astringent persimmon fruit［J］. Postharvest Biology and Technology，2013，84：96-98.

［16］ Xiaoyun Lu，Xiaoyan Mo，Hui Guo，et al. Sulfation modification and anticoagulant activity of the polysaccharides obtained from persimmon（Diospyros kaki L.）fruits［J］. International Journal of Biological Macromolecules，2012，51（5）：1189-1195.

［17］ Yali Zhang，Xiaoyun Lu，Yuning Zhang，et al. Sulfated modification and immunomodulatory activity of water-soluble polysaccharides derived from fresh Chinese persimmon fruit［J］. International Journal of Biological Macromolecules，2009，46（1）：67-71.

［18］ 易阳，曹银，张名位. 多糖调控 T/B 淋巴细胞免疫应答机制的研究进展［J］. 中国细胞生物学学报，2012，34（01）：72-79.

［19］ Zhisong Chen，Benny Kwong Huat Tan，Soh Ha Chan. Activation of T lymphocytes by polysaccharide-protein complex from Lycium barbarum L.［J］. International Immunopharmacology，2008，8（12）：1663-1671.

［20］ Islem Younes，Olfa Ghorbel-Bellaaj，Rim Nasri，et al. Chitin and chitosan preparation from shrimp shells using optimized enzymatic deproteinization［J］. Process Biochemistry，2012，47（12）：2032-2039.

［21］ A. M. Resende，S. Catarino，V. Geraldes，et al. Separation and Concentration of High Molecular Weight Polysaccharides from White Wine by Ultrafiltration with Diafiltration［J］. Procedia Engineering，2012，44：22-23.

［22］ 张瑞妮，张海生，赵盈，等.柿子多糖的分离纯化和结构分析［J］. 天然产

物研究与开发，2012，24（12）：1761-1765.

［23］ Takuya Suzuki, Shinichi Someya, Fangyu Hu, et al. Comparative study of cate-chin compositions in five Japanese persimmons（Diospyros kaki）［J］. Food Chemistry, 2004, 93（1）：149-152.

［24］ 张倩倩. 柿果多酚 Zn2+纯化工艺及其降血脂抑菌作用研究［D］. 杨凌：西北农林科技大学，2012.

［25］ Matsumoto Kenji, Watanabe Yutaka, Ohya Masa-aki, et al. Young persimmon fruits prevent the rise in plasma lipids in a diet-induced murine obesity model.［J］. Biological & pharmaceutical bulletin, 2006, 29（12）：2532-2536.

［26］ 彭吕杨. 七种水果提取物抗氧化和抑制肿瘤活性研究［D］. 天津：天津大学，2014.

［27］ Tribble D L. AHA Science Advisory. Antioxidant consumption and risk of coronary heart disease：emphasison vitamin C, vitamin E and beta-carotene：A statement for healthcare professionals from the American Heart Association.［J］. Circulation（Baltimore）, 1999, 99（4）：591-595.

［28］ Hai-Feng Gu, Chun-Mei Li, Yu-juan Xu, et al. Structural features and antiox-idant activity of tannin from persimmon pulp［J］. Food Research International, 2007, 41（2）：208-217.

［29］ Queen Brannon L, Tollefsbol Trygve O. Polyphenols and aging［J］. Current aging science, 2010, 3（1）.

［30］ C. Ancillotti, S. Orlandini, L. Ciofi, et al. Quality by design compliant strategy for the development of a liquid chromatography - tandem mass spectrometry meth-od for the determination of selected polyphenols in Diospyros kaki［J］. Journal of Chromatography A, 2018, 1569：79-90.

［31］ Fazary A E, Yi-Hsu J U. Feruloyl esterases as biotechnological tools：current and future perspectives［J］. Acta Biochimica Et Biophysica Sinica, 2007, 39（11）：811-828.

［32］ Del P D, Serna Saldivar S O, Brenes C H, et al. Polyphenolics and antioxidant capacity of white and blue corns processed into tortillas and chips［J］. Cereal Chemistry, 2007, 84（2）：162-168.

［33］ Zheng H Z, Hwang I W, Chung S K. Enhancing polyphenol extraction from unripe apples by carbohydrate-hydrolyzing enzymes［J］. Journal of Zhejiang University-Science B（Biomedicine &Biotechnology）, 2009, 10（12）：912.

［34］ Landbo A K，Meyer A S. Enzyme-assisted extraction of antioxidative phenols from black currant juice press residues（Ribes nigrum.）［J］. Journal of agricultural and food chemistry，2001，49（7）：169-3177.

［35］ 牛广财，闫公昕，朱丹，等. Folin-Ciocalteu 比色法测定沙棘酒中总多酚含量的工艺优化［J］. 食品与机械，2016，32（04）：80-83，142.

［36］ 董江涛，李燕，徐慧强，等. 响应曲面法优化微波辅助提取柿叶总黄酮的工艺［J］. 浙江农业学报，2010，22（4）：521-526.

［37］ 刁保忠，靳维荣. 柿子叶黄酮的提取工艺优选［J］. 中国实验方剂学杂志，2012，18（8）：55-57.

［38］ 周吴萍，黄琼，黄国霞，等. 柿叶黄酮类物质的提取及抗氧化性研究［J］. 粮油加工，2010（12）：156-159.

［39］ 王明贤，胡思进. 柿叶黄酮对高脂血症大鼠血管内皮细胞功能的影响［J］. 中国实验方剂学杂志，2012，18（13）：242-244.

［40］ 郭琳博，李宇华，周婧，等. 高速逆流色谱法分离制备柿子中儿茶素及表儿茶素［J］. 中国食品学报，2012，12（8）：47-52.

［41］ 严静，陈锦屏. 复合酶酶解法提取青柿子落果中黄酮类化合物的研究［J］. 食品工业科技，2011，32（6）：315-317，335.

［42］ 王恒超，严静，陈锦屏，等. 微波辅助法提取柿子黄酮及抗氧化活性研究［J］. 食品工业科技，2012，（18）：232-235.

［43］ 席玛芳，郑永华，应铁进. 杨梅果实采后的衰老生理［J］. 园艺学报，1994，21（3）：213-216.

［44］ 陈佳歆，周沫，毕金峰，等. CO_2 脱涩对柿果理化特性、酚类成分及抗氧化能力的影响［J］. 食品科学，2019，40（13）：28-35.

［45］ 陈湘宁，王武装，吴学瑞，等. 柿子中不同成分与抗氧化活性关系的研究［J］. 食品科学，2006（12）：110-113.

［46］ José Serrano，Riitta Puupponen - Pimiä，Andreas Dauer，et al. Tannins：Current knowledge of food sources，intake，bioavailability and biological effects［J］. Molecular Nutrition & Food Research，2009，53（S2）.

［47］ Leonardi C.，Guichard S.，Bertin N. High vapour pressure deficit influences growth，transpiration and quality of tomato fruits［J］. Scientia Horticulturae，2000，84（3）：285-296.

［48］ 高照全，张继祥，王小伟，等. 桃树果实贮存水的动态变化［J］. 河北林果研究，2003（02）：149-152.

[49] Wu B. , Quilot B. , Kervella J. , et al. Analysis of genotypic variation of sugar and acid contents in peaches and nectarines through the Principle Component Analysis [J]. Kluwer Academic Publishers, 2003, 132 (3): 375-384.

[50] Hiroshi Iwanami, MasahikoYamada, AkihikoSato. A great increase of soluble solids concentration by shallow concentric skin cracks in Japanese persimmon [J]. Scientia Horticulturae, 2002, 28: 251-256.

[51] 孙骞. 钾营养对中华猕猴桃生理特性及果品质量影响的研究 [D]. 合肥: 安徽农业大学, 2007.

[52] 陈磊, 伍涛, 张绍铃, 等. 丰水梨不同施氮量对果实品质形成及叶片生理特性的影响 [J]. 果树学报, 2010, 27 (06): 871-876.

[53] 卢桂宾, 赵雨明. 晋西北旱坡地枣树蒸腾作用与萎蔫现象研究 [J]. 山西林业科技, 2002 (03): 1-6.

[54] 罗云波, 蔡同一. 园艺产品贮藏加工学 (贮藏篇) [M]. 北京: 中国农业大学出版社, 2003.

[55] 王玥. 不同温度、包装及挤压处理对采后番茄品质的影响 [D]. 天津: 天津大学, 2010.

[56] 李灿, 饶景萍. 薄膜包装对于柿果冷藏生理及品质变化的影响 [J]. 西北植物学报, 2004 (09): 1604-1608.

[57] 林菲. 柿子保鲜及脱涩技术研究 [D]. 福州: 福建农林大学, 2013.

[58] 刘柳. 气调贮藏对不同品种柿果实耐贮性及品质的影响研究 [D]. 南宁: 广西大学, 2018.

[59] 张国树. 柿子成熟过程中呼吸动态和内源乙烯浓度变化的研究 [J]. 莱阳农学院学报, 1991, 8 (4): 284-288.

[60] 张子德, 马俊莲, 甄增立. 柿果实采后生理研究 [J]. 河北农业大学学报, 1995, 18 (2): 105-107.

[61] Takata M. Respiration, ethylene production and ripening of Japanese persimmon fruit harvested at various stag es of development [J]. J. Japan. Soc. Hort. Sci. , 1983, 52 (1): 78-84.

[62] 田建文, 贺普超, 许明宪. 植物激素与柿子后熟的关系 [J]. 天津农业科学, 1994 (3): 30-32.

[63] 高经成, 袁明耀, 徐荣江. 柿子后熟过程中生理代谢和品质变化及乙烯的催熟效果 [J]. 食品科学, 1993, 14 (4): 14-16.

[64] 刘亚强, 张渭滨. 柿果后熟过程中的品质变化及脱涩机理 [J]. 渭南师专学

报，2000（02）：28-31.

[65] 田建文，贺普超，许明宪. 火柿后熟中各理化指标间的关系研究 [J]. 园艺学报，1994，21（1）：41-46.

[66] Tong C B S, Gross K C. Glycosyl linkage composition of tomato fruit cell wall hemicellulosic fractions during ripening [J]. Physiologia Plantarum, 1988, 74 (2): 365-370.

[67] 朱东兴，饶景萍，任小林，等. 柿果实 1-甲基环丙烯处理对成熟软化的影响 [J]. 园艺学报，2004，31（1）：87-89.

[68] 袁晶，张海燕，曾朝珍，等. 超声波辅助复合酶法提取苹果多酚工艺优化 [J]. 保鲜与加工，2019，19（06）：159-163.

[69] Pesis E, Fuchs Y, Zauberman G. Cellulase activity and fruit softening in avocado [J]. Plant Physiology, 1978, 61: 416-419.

[70] Pharr D M, Dickinson D B. Partial characterization of Cx-cellulase and cellobiase from ripening tomato fruit [J]. Plant Physiology, 1973, 52: 577-583.

[71] Hou Yuanyuan, Wu Fang, Zhao Yating, et al. Cloning and expression analysis of polygalacturonase and pectin methylesterase genes during softening in apricot (Prunus armeniaca L.) fruit [J]. Scientia Horticulturae, 2019, 256: 108607.

[72] 罗自生. 柿果实采后软化过程中细胞壁组分代谢和超微结构的变化 [J]. 植物生理与分子生物学学报，2005，31（6）：651-656.

[73] Akira Nakatsuka, Tsuyoshi Maruo, Chihiro Ishibashi, et al. Expression of genes encoding xyloglucan endotransglycosylase/hydrolase in 'Saijo' persimmon fruit during softening after deastringency treatment [J]. Postharvest Biology and Technology, 2011, 62 (1): 89-92.

[74] 童斌. 柿果实扩张蛋白 cDNA 克隆及其生物活性研究 [D]. 杨凌：西北农林科技大学，2003.

[75] 阚娟，车婧，刘俊，等. 李果实成熟软化过程中生理特性及乙烯合成变化的研究 [J]. 扬州大学学报（农业与生命科学版），2012，33（02）：67-72.

[76] Wills B H, Ku V V, Shohet D, et al. Importance of low ethylene levels to delay senescence of non-climacteric fruit and vegetables [J]. Aust Exp Agri, 1999, 39: 221-224.

[77] 赵淑艳，郭富常，张继澎. 盘山磨盘柿贮藏保鲜技术研究 [J]. 保鲜与加工，2001（21）：22-23.

[78] Yusuke Kosugi, Keisuke Waki, Yujiro Iwazaki, et al. Senescence and gene ex-

pression of transgenic non-ethylene-producing carnation flowers [J]. Japan Soc Hort Sci, 2002, 71 (5): 638-642.

[79] 王华瑞, 冷平, 王春生. 不同保鲜剂对磨盘柿贮藏品质的影响 [J]. 山西农业科学, 2005 (01): 59-61.

[80] Luo H, Shengjie, Ren D, et al. The role of ABA in the maturation and postharvest life of a nonclimacteric sweet cherry fruit [J]. Plant Growth Regul, 2014, 33 (2): 373-383.

[81] Wang Y, Wang Y, Ji K, et al. The role of abscisic acid in regulating cucumber fruit development and ripening and its transcriptional regulation. Plant Physiol Biochem, 2013, 64 (5): 70-79.

[82] Wang Y, Guo S, Tian S, et al. Abscisic acid pathway involved in the regulation of watermelon fruit ripening and quality trait evolution. PLoS One, 2017, 12 (6): e0179944.

[83] Zhang M, Leng P, Zhang G, et al. Cloning and functional analysis of 9-cis-epoxycarotenoid dioxygenase (NCED) genes encoding a key enzyme during abscisic acid biosynthesis from peach and grape fruits. J Plant Physiol, 2009, 166 (12): 1241-1252.

[84] 袁娟, 武天龙, 陈典. 光周期对扁豆真叶内源激素及游离氨基酸含量的影响 [J]. 上海交通大学学报 (农业科学版), 2004 (03): 215-219, 226.

[85] Lara I, Vendrell M. Development of ethylene-synthesizing capacity in preclimacteric apples: interaction between abscisic acid and ethylene. Journal of the American Society for Horticultural Science, 2000, 125 (4): 505-512.

[86] 宋晓隽. 植物激素脱落酸在草莓果实成熟着色上的研究 [D]. 雅安: 四川农业大学, 2015.

[87] 卢文静. 脱落酸和生长素调控香蕉及草莓果实成熟的作用机理 [D]. 杭州: 浙江大学, 2018.

[88] 郑国华, 杉浦明, 米森敬三. 柿 (*Diospyros kaki* L.) 果实发育及成熟过程中内源 GAs 活性和 ABA 含量的变化 [J]. 北京农业大学学报, 1991 (01): 77-82.

[89] Wang Wenqiang, Hao Qunqun, Tian Fengxia, et al. Cytokinin-Regulated Sucrose Metabolism in Stay-Green Wheat Phenotype [J]. PloS one, 2016, 11 (8): e0161351.

[90] Zhang X R, Luo G G, Wang R H, et al. Growth and developmental responses of

seeded and seedless grape berries to shoot girdling［J］. J Am Soc Hort Sci，2003，128（3）：316-323.

［91］ Kieber JJ，Shaller GE. Cytokinins［J］. The Arabidopsis book，2014，12，e0168.

［92］ Kiba Takatoshi，Yamada Hisami，Sato Shusei，et al. The type-A response regulator，ARR15，acts as a negative regulator in the cytokinin-mediated signal transduction in Arabidopsis thaliana.［J］. Plant &amp；cell physiology，2003，44（8）：868-874.

［93］ 王立英，刘永居，王文江. 柿果实生长发育及成熟机理研究进展［J］. 河北农业大学学报，2002（S1）：115-117.

［94］ Faust M，Erez A，Rowland L J，et al. Bud dormancy in perennial fruit trees：physiological basis fordormancy induction，maintenance，and release［J］. J Amer Soc Hort Sci，1997，32（4）：623-629.

第四章　柿采后病虫害及其防治方法

　　柿（*Diospyros kaki* Thunb.）为柿科（Ebenaceae）柿属（*Diospyros* L.）植物，常绿或落叶乔木或灌木，主要生长在热带、亚热带和温带地区，原产于我国长江流域及其以南地区[1]。柿为我国五大水果之一，因其营养丰富、味道鲜美、色泽艳丽而深受消费者的青睐。柿树生态幅广、适应性强、一年栽多年受益，能在自然条件较差的山区生长，经济和生态效益好，因此是山区脱贫致富的重要树种[2,3]。

　　但是，在柿树的种植过程中，受高温、干旱等不良因素的影响，常常会受到病虫害的影响而导致柿果品质受损，经济效益降低。柿树主要病害有柿角斑病、柿圆斑病、柿炭疽病、柿白粉病、柿叶枯病、柿黑星病等侵染性病害，以及顶腐病、日灼病、畸形果、裂果等生理病害。虫害主要有柿蒂虫、柿星尺蠖、柿毛虫、枯叶夜蛾、柿斑叶蝉及柿长绵粉蚧、日本龟蜡蚧、草履蚧等各种柿树介壳虫[4,5]。病虫害严重危害柿树种植的产量和质量，进而造成经济损失，需及时防治。

第一节　柿侵染性病害

　　侵染性病害（Infectious diseases）是由病原生物引起的病害，能互相传染，有侵染过程，又称传染性病害。侵染性病害的病原微生物主要包括真菌、细菌、病毒、线虫等，其中真菌病害是植物病害里最重要的一类。植物侵染性病害的发生发展包括以下 3 个基本的环节：病原物与寄主接触后，对寄主进行侵染活动（初侵染病程）。由于初侵染的成功，病原物数量得到扩大，并在适当的条件下传播（气流传播、水传播、昆虫传播以及人为传播）开来，进行不断的再侵染，使病害不断扩展。由于寄主组织死亡或进入休眠，病原物随之进入越冬阶段，病害处于休眠状态。到翌年开春时，病原物从其越冬场所经新一轮传播再对寄主植物进行新的侵染。这就是侵染性病害的一个侵染循环[6]。

一、炭疽病

1. 病原

柿炭疽病是柿的主要侵染性病害，不同的炭疽菌可以侵染同种植物。我国柿炭疽病的主要病原菌为哈锐炭疽菌（*Colletotrichum horii*）。同时，新发现喀斯特炭疽菌（*C. karstii*）也能引起柿叶片和枝条的炭疽病，喀斯特炭疽菌比哈锐炭疽菌更易侵染叶片，且引起的症状也更明显。可见，柿炭疽病的病原菌存在多样性，明确不同地区柿炭疽病病原菌种类及其侵染规律，对于柿炭疽病的防治具有重要意义[7]。

2. 分布与危害

在实际生产中，因对柿树缺乏精细管理，加之受到自然环境条件的影响，柿树极易受到炭疽病的危害。柿树的感病程度与品种、栽培区域和当年的气候条件有关。柿炭疽病在中国南北方均有发生，其中广西、陕西、浙江、山东、广东危害较重。主要影响因素包括品种、树龄、生态环境、栽培管理措施不当等。柿炭疽病是柿树栽培中毁灭性的灾害，主要危害果实和嫩枝，造成枝条枯死，果实腐烂，还会导致贮藏期果实腐烂。该病害分布于国内柿树主要栽培区，严重制约了我国柿树产业的可持续发展。

3. 症状

主要为害新梢和果实，有时也侵染叶片。新梢染病，最初于表面产生黑色圆形小斑点，后扩大成褐色椭圆形病斑，中部稍凹陷并现褐色纵裂，其上产生黑色小霉点，即病菌分生孢子盘。天气潮湿时黑色病斑上涌出红色黏状物，即孢子团。当病斑长为10~20毫米，湿度大时会造成下部木质部腐朽，病梢极易折断。当枝条上病斑大时，病斑以上枝条易枯死。果实在发病初期，果面产生针尖大小深褐色至黑色小斑点，后扩大为圆形或椭圆形，稍凹陷，外围呈黄褐色。中央密生灰色至黑色轮纹状排列的小粒点，遇雨或高湿时，分泌出粉红色黏状物质。病菌侵染到果实皮层下时，果内形成黑色硬块，一个病果上一般生1~2个病斑，多者数十个，常早期脱落。叶片染病，多发生于叶柄和叶脉，初黄褐色，后变为黑褐色至黑色，呈长条状或不规则分布。

4. 发生规律

病原菌以菌丝体在枝梢病斑内越冬，也可以分生孢子在病干果和冬芽中越冬。多发生在5月下旬至6月上旬，多为枝梢发病；果实染病多发生在6月下旬至7月上旬，也可延续到采收期，严重时果实脱落。病菌喜高温高湿，雨后气温升高，易出现发病盛期；夏季多雨年份发病严重，干旱年份发病较轻。病原菌借风雨、昆虫传播，或人为传播，生长期分生孢子可以多次侵染。病菌可从伤口或表皮直接侵入，从伤口侵入时潜育期为 3~6 天，直接侵入时潜育期为 6~10 天。高温高湿、树势衰弱、管理粗放是造成本病的重要原因[8]。

5. 防治方法

加强栽培管理，合理施肥，勿过多施氮肥，增施有机肥，适时灌水排水，科学整形修剪，保持通风透光性，增强树势和抗病力。

清除初侵染源。结合冬剪剪除病枝，柿树生长期认真剪除病枝、病果，清除地下落果，集中烧毁或深埋。

选栽无病苗木。引进苗木时，认真检查，发现病苗及时汰除，并用 1：3：80 倍式波尔多液或 20% 倍石灰乳浸苗 10 分钟，然后定植。

药物防治。发芽前喷洒 5 波美度石硫合剂或 45% 晶体石硫合剂 30 倍液，6 月上、中旬各喷 1 次 1：5：400 倍式波尔多液，7 月中旬及 8 月上中旬各喷 1 次 1：3：300 倍式波尔多液或 70% 代森锰锌可湿性粉剂 400~500 倍液、50% 苯菌灵可湿性粉剂 1 500 倍液、70% 甲基硫菌灵超生可湿性粉剂 1 000 倍液。

二、柿疯病

1. 病原

柿疯病病原菌是类立克次体。类立克次体是介于细菌和病毒间的微生物，可通过嫁接或汁液接触及介体昆虫斑衣蜡蝉、血斑叶蝉等传染[9]。

2. 分布与危害

柿疯病是柿树的一种严重传染性病害，以河北、山西、河南、广东、福建的柿产区最为严重，贵州、甘肃等省次之，陕西、山东、北京、天津等省市仅发现局部地区出现轻微症状。罹病后叶脉变黑，果实畸形，新梢木质部产生黑褐色纵条病变等，患病严重者不结实，结实者果实早红早落造成严重减产[10]。

3. 症状

病树春季发芽较健树晚 1~2 周，生长迟缓，长势不整齐，颜色灰白无光泽，芽鳞不紧致，呈松散状，切面外部有黑色斑点。叶片大，且薄而脆，叶面凹凸不平，叶脉变黑，有时叶面上可见黑色叶脉。开花较少，容易凋落。病枝丛生疯长，状如鸡爪，俗称"鸡爪枝"，枝干木质部组织稀松，韧性较差，纵横切面有条状或环形黑色坏死，严重的扩及韧皮组织，致枝条丛生或直立徒长或枝枯、梢焦。丛生枝通常落叶较早，易枯死。病树不结果或结果少，果实多畸形，局部有凹陷，皮厚干燥，含糖量低，提前变软脱落。发病严重时能致整株枯死。

4. 发生规律

柿疯病不是由真菌或病毒引起的病变，其病原为类立克次体，又称难养细菌。该细菌对青霉素敏感，可以侵害植物维管束系统，主要通过嫁接传染，无论是用健树作砧木嫁接病芽或疯枝，还是用病树作砧木嫁接健芽、健枝均能传病。另外，汁液接触及介体昆虫斑衣蜡蝉、血斑叶蝉等也是其主要传播渠道。不同品种对本病抗性不同，绵柿、方柿易染病，磨盘柿、牛心柿次之，水柿抗病。

5. 防治方法

选用抗病品种或利用抗病砧木育种。

加强栽培管理，提高抗病力。

选用健树作砧木，嫁接无病接穗。

必要时可向树体注入四环素类抗菌药物，方法参见柑橘黄龙病。柿疯病对青霉素比较敏感，可以在树干上打孔，灌注青霉素，也可以灌注四环素溶液和柿疯五号。青霉素每克 80 万单位，四环素每克 25 万单位，每次加水 500 毫升。试验证明，在同一地区注射青霉素的柿树发病率要比不注射青霉素的柿树低 70%~75%，说明药物注射有相当好的效果。

三、角斑病

1. 病原

该病病菌称为柿尾孢菌（*Cercospora kaki* Ell. et Ev.）。病斑上出现的黑色绒状小颗粒，即是该病菌的子座。分生孢子呈棍棒状，直或稍弯曲，上端稍细，基部宽，无色或呈淡黄色，有隔膜。病菌在 10~40℃范围内均可发育，但在 30℃左右发育最好[11]。

2. 分布与危害

本病在我国的广西、河南、山东、河北、江苏等地均有报道。主要发生在柿叶片、果蒂上，可造成早期落叶、落果，对产量和树势均有较大影响。虽然角斑病不会对柿树造成灾难性的后果，但是严重发生时会减弱树势，造成柿果减产和品质损害，同时会有利于其他病害的发生和流行。

3. 症状

本病主要危害叶片和果蒂。初期在正面出现黄绿色至浅褐色不规则病斑，病斑扩展后颜色加深，边缘由不明显至明显，后形成深褐色边缘黑色的多角形病斑，直径 3~7 毫米，上具小黑粒点，边缘有黑色界线与健部分开。柿蒂染病多发生在蒂周围，呈黑褐色，圆形或不定形。边缘明显或不明显，由蒂尖向内扩展，病斑大小为 5~8 毫米，病斑两面都可产生黑色绒状小颗粒，往往背面比较多。柿树角斑病发病严重时，造成大量早期落叶，继而柿果变软，陆续脱落。由于病树早期落叶，枝条发育不良，入冬后易受冻害[11]。

4. 发生规律

病菌以菌丝体在病蒂和病叶中越冬，残留在树上的病柿蒂为主要初侵染源。翌年 6 月中旬，分生孢子借助风雨传播，从气孔侵入，8 月上旬开始出现症状，9 月上旬进入发病盛期，造成大量落叶、落果。分生孢子可再侵染，老叶、树冠内膛叶容易被侵染。树体上残留的病蒂是主要侵染来源和传播中心，病菌在病蒂上能存活 3 年。在 20℃和高湿度下，分生孢子于叶背产生芽管，并在表皮蔓延，生出分枝，遇气孔便侵入。该病菌的潜育期为 25~31 天，其长短根据当地天气温度和湿度而变化。当年新病斑出现后便可不断产生分生孢子，在适宜条件下进行再次侵染。柿角斑病发病的早晚和病情的轻重，与雨季的早晚和雨量的大小密切相关。土壤贫瘠、管理粗放、树势衰弱的柿树发病严重，靠近君迁子（黑枣）的柿树发病重。

5. 防治方法

（1）清除病蒂

落叶后至翌年新叶抽生前，认真摘除病蒂，消灭侵染源，可减少和避免角斑病的发生和蔓延。

（2）园地选择

尽量选择在通风良好、向阳处栽植柿树，低洼潮湿地柿树易发病，栽植形式以南北行长方形栽植为好。

（3）药剂防治

预防的关键时期是柿树落花后（6~7 月）20~30 天，药剂可用 64%杀毒矾可湿性粉剂 500 倍液或 70%甲基托布津 1 000 倍液喷雾 2~3 次，可有效预防病害的发生。

四、圆斑病

1. 病原

本病病菌称为柿叶球腔菌（*Mycosphaerella nawae* Hiura et Ikata）。病斑背面长出的小黑点即病菌的子囊果，初埋生在叶表皮下，后顶端突破表皮。子囊果球形或洋梨形，黑褐色，顶端有小孔口。子囊圆筒形，无色，内含 8 个子囊孢子。子囊孢子双胞，纺锤形，无色，在子囊内呈双行排列，成熟时上胞较宽，分隔处稍缢缩。分生孢子在自然条件下一般不产生，但在培养基上易形成[12]。

2. 分布与危害

本病在河南、河北、山东、山西等省区均有分布，是柿树的重要病害，主要危害叶片，也危害柿蒂，造成柿树早期落叶，柿果提早变红、变软和脱落，削弱树势，降低产量。

3. 症状

主要危害叶片，也侵染柿蒂。初期，叶片出现大量浅褐色圆形小病斑，边缘不明显，后病斑转为深褐色，中部稍浅，外围边缘黑色，病叶在变红的过程中，病斑周围现出黄绿色晕环，病斑直径1~7毫米，一般2~3毫米，后期病斑上长出黑色小粒点，严重者7~8天病叶即变红脱落。后柿果亦逐渐转红、变软，大量脱落。由于叶片大量脱落，使柿果成熟即变红、变软，风味变淡，并迅速脱落。柿蒂染病时，病斑呈圆形褐色，病斑小，发病时间较叶片晚。

4. 发生规律

原菌以子囊果在病叶上越冬，翌年6月中旬开始，子囊孢子借风传播，从气孔侵入，7月下旬开始出现症状。8月下旬进入发病盛期，病斑迅速增多，9月中旬病叶大量脱落。病原菌不产生无性孢子，所以没有再侵染能力。树势衰弱的柿园发病重，且病叶落的快、多；树势强壮的柿园发病轻，且病叶落的慢、少；头年病叶多，当年夏季雨量大，土壤瘠薄、肥料不足的柿园发病严重[11]。

5. 防治方法

（1）清洁柿园
秋末冬初及清除柿园的大量落叶，集中深埋或烧毁，以减少初侵染源。
（2）加强栽培管理
增施基肥，干旱柿园及时灌水。
（3）及时喷药预防
一般掌握在6月上中旬，柿树落花后，子囊孢子大量飞散前喷洒1：5：500倍式波尔多液或70%代森锰锌可湿性粉剂500倍液、64%杀毒矾可湿性粉剂500倍液、36%甲基硫菌灵悬浮剂400倍液、65%代森锌可湿性粉剂500倍液、50%多菌灵可湿性粉剂600~800倍液。如果能够掌握子囊孢子的飞散时期，集中喷1次药即可，但在重病区第一次用药后要隔半个月再喷1次，效果更好。

五、黑星病

1. 病原

病原为柿黑星孢菌（*Fusicladium kaki* Hori et Yosh）。分生孢子梗束状着生，1～2隔，不分枝，淡褐色至淡黄褐色，顶端单生分生孢子，大小为（21～75）微米×（1.5～8）微米。分生孢子呈纺锤形或长椭圆形，淡黄褐色，单细胞或偶尔有一分隔，稍缢缩，基部钝，顶部渐狭，大小为（14～33）微米×（1～6）微米。

2. 分布与危害

柿黑星病又称疮痂病，是柿树生产上的一种常见病害，在我国河北、山东、山西、河南、江苏、广西、台湾等地普遍发生。主要危害柿树和君迁子叶片、新梢和果实。

3. 症状

主要为害叶、果和枝梢。叶片染病，初在叶脉上生黑色小点，后沿脉蔓延，扩大为多角或不定形，病斑漆黑色，周围色暗，中部灰色，湿度大时背面现出黑色霉层，即病菌分生孢子盘。枝梢染病，初生淡褐色斑，后扩大成纺锤形或椭圆形，略凹陷，严重的自此开裂呈溃疡状或折断。果实染病，病斑圆形或不规则形，稍硬化呈疮痂状，也可在病斑处裂开，病果易脱落。

4. 发生规律

病菌主要以菌丝体在病梢、病叶、病蒂（果）上越冬，为翌年初侵染主要来源，5月菌丝体产生分生孢子，借风雨传播，潜育期7～10天，进行多次再侵染。

5. 防治方法

（1）清洁柿园
结合冬季修剪彻底清除柿园内的病虫枝、落叶及刮除的老树皮，集中烧毁或深埋。生长季节发病严重的田块，需及时剪除中心病梢和病果，集中销毁。

（2）加强柿园管理
春季干旱时及时灌水，夏季及时中耕除草，雨季注意及时排除田间积水，并合理进行修剪。秋季增施基肥，冬季深翻柿园。

（3）药剂防治
6月上中旬柿树落花后，在病菌孢子大量飞散前，喷洒50%多菌灵可湿性粉剂600～800倍液，或喷施65%代森锌可湿性粉剂500倍液、70%代森锰锌可湿性粉剂500倍液、50%甲基硫菌灵·硫磺悬浮剂800倍液、1∶5∶500倍式波尔多液等。重病区，可每隔 10 天喷 1 次药，连续防治 2~3 次效果理想[13]。

六、白粉病

1. 病原

柿白粉病菌为白粉菌目的白粉菌（*Phyllactinia kakicola* Saw.）属子囊菌亚门。分生孢子为倒圆锥形或乳头状，无色，单胞。闭囊壳扁球形，黄色至黑褐色，闭囊壳内生有多个卵形的子囊，每个子囊有 2 个子囊孢子。

2. 分布与危害

柿白粉病分布很广，是柿树的重要病害。该病夏季危害幼叶，往往在秋季引起叶片提早脱落，削弱树势，降低产量。

3. 症状

春季发病，幼叶正面密生针头大小的黑色小点，叶变为淡紫褐色。夏季形成近圆形黑斑，直径 1~3 毫米。秋后在老叶背面出现白色粉斑，以后迅速蔓延并融合成大片，甚至全叶均覆有白粉。后期在粉斑中产生黄色至深褐色小粒点，此为病菌的闭囊壳。

4. 发生规律

病菌以闭囊壳在落叶上越冬。翌年柿树萌芽时，落叶上的子囊孢子成熟后经气孔侵入幼叶，然后在病部产生分生孢子，进行多次再侵染。菌丝发育适温为 15~25℃，故夏季气温超过 28℃时，病情减弱，至秋季继续发展直至落叶，在 15℃以下产生闭囊壳。

5. 防治方法

秋冬季清除落叶，集中烧毁，以消灭越冬菌源。

4 月下旬至 5 月上旬喷 0.2 波美度石硫合剂，6 月中旬在叶背用 1：2~5：600 倍波尔多液，或用 25% 粉锈宁可湿性粉剂 1 000~1 500 倍液，或用 70% 甲基托布津可湿性粉剂 1 000 倍液等喷雾防治，连续喷雾 2~3 次。

第二节　柿非侵染性病害

植物的非侵染性病害（Noninfectious diseases）是由于植物自身的生理缺陷或遗传性疾病，或由于在生长环境中有不适宜的物理、化学等因素直接或间接引起的一类病害。它和侵染性病害的区别在于无病原生物的侵染。在植物不同的个体间不能互相传染，所以又称为非传染性病害或生理病害。环境中的不适宜因素主要分为化学因素和物理因素两大类。植物自身遗传因子或先天性缺陷引起的遗传性病害，虽然不属于环境因子，但由于无侵染性，故也属于非侵染性病害。不适宜的物理因素主要包括温度、湿度和光照等；不适宜的化学因素主要包括土壤中的养分失调、空气污染和农药等化学物质的毒害等。这些因素有的单独起作用，但常常是配合起来引起病害。化学因素大多是与人类的生产、生活活动密切相关的[14,15]。

目前柿生理病害方面的研究不多，常见的生理病害类型有果畸形、裂果、日灼、果肉黑点等几种。引起柿果生理性病害的原因包括温度、水分、营养、管理措施等因素[16]。

一、顶腐病

1. 症状

柿果顶腐病是柿果近成熟期发生的一种生理病害。该病主要危害柿树果实和叶片；叶片受害，主要表现为老叶叶背主脉和侧脉木栓化；果实受害，多数从果脐周围开始出现少量黑斑，果肉木栓化，随后黑斑逐渐扩大、相连而使整个果顶变黑。果肉变黑，部分呈木栓化硬块，但果皮不腐烂且极少破损；严重的从果腰处开始变黑，果肉除中柱外全部变黑；有的则果面凹陷、畸形，果肉充胶。发病后期，果实快速软化（3~5 天），提前成熟，最后从果柄处脱落[17]。

2. 发病原因及规律

关于本病的病因，目前主要认为和矿质元素钙、硼有关。本病有明显的发病规律：与品种有关，广西水柿发病较牛心柿重；和气候条件有关，果实膨大期连续高温会加重当年的病害发生。

3. 防治措施

深翻改土，重施基肥。肥料种类与用量主要以农家肥或商品生物有机肥为主，施肥量视挂果量而定，如施猪牛栏粪、鸡粪等普通腐熟有机肥。

花前叶面喷施优质硼肥和含氮叶面肥，并选用含量高、杂质少、能充分溶于水的优质产品。

谢花后合理环剥旺树。在谢花后 1 周内环剥（剥口宽度应控制在所剥枝干处直径的1/15 之内），剥口注意消毒保护（可用 70%甲基硫菌灵或 50%多菌灵可湿性粉剂 50~100 倍液涂抹），中庸树、弱树不环剥。

谢花后喷施优质硼肥和含钾叶面肥。硼肥和含钾叶面肥混合喷雾，谢花后（5 月份）喷施 1 次。不宜选用含量低、杂质多的品种，否则达不到补硼及保果的效果。

幼果期喷施优质硼肥和含钾、钙叶面肥。在柿幼果膨大期（6—7 月），施用 1~2 次硼肥和含钾、钙叶面肥混合液。

全年应加强其他病虫防治。前期以预防为主，中后期预防加治疗，目的是保护柿树不受病害危害，增强树势，提高抗逆性[18]。

二、畸形果

1. 症状

柿果在生长过程中，产生的形状怪异的果实叫畸形果。如具有 2 个果尖的双尖顶二歧果，果实单侧横生出一茶壶嘴状物的茶壶果，果形细长、有尖顶的的瘦楔形果等。

2. 发病原因及规律

导致畸形果的原因主要有以下几点：授粉受精不良；花芽形成质量差，前期子房发育不良；花期营养不足，导致授粉受精不良；柿绵蚧、炭疽病等及土壤黏重、久涝[19]。

3. 防治措施

（1）土壤管理

选择土层深厚肥沃、土质疏松，排水良好、中性或微碱性的壤土或沙壤土建园。注意中耕除草，使土壤疏松保墒，避免大湿大干。6—9 月注意排涝，果园连阴雨天要及时排水。

（2）花果管理

开花前 2 周及时疏花，每枝留花 6~8 朵。对下垂枝在果实膨大前及时支架。使枝条持平，果实自然下垂。预防偏肩果。花将开放时喷 150 毫克/千克赤霉素，并在盛花期环割促坐果，环割圈数以树势而定。花期遇阴雨天气，应人工授粉，用毛笔点花粉授于盛开花柱头上，或用 10 千克水、0.5 千克白糖、10 克尿素、20 克花粉、10 克硼砂配花粉液喷洒，初花期、盛花期各喷 1 次。花后 20 天及时疏果。6~10 片叶留 1 个果，11片叶以上的留 2 个果；大型果间距 25~30 厘米，小型果间距 20 厘米左右，上部及外侧多留。从坐果到果实膨大期，每 2 周叶面喷 1 次 0.5%磷酸二氢钾+0.2%尿素液。

（3）采果后管理

秋季深耕施基肥，株施有机肥 60 千克、尿素 1 千克、硫酸钾 0.5 千克、过磷酸钙 3千克，施肥后适量浇水[19]。

三、裂果

1. 症状

柿果生长过程中果实开裂形成的果实叫裂果，一般呈放射状裂开，也有不规则裂果或裂皮。

2. 发病原因及规律

一般大果及成熟果容易裂果，特别是在果实膨大初期，高温、强光及土壤干燥条件下，果肩部表皮老化，遇降雨或大量灌水，果实迅速膨大而产生裂果[20]。

3. 防治措施

柿果进入膨果期后，保持柿园土壤不过干过湿，不大水大肥，适当施用钙肥改善果实品质。

四、日灼病

1. 症状

柿日灼病又叫日烧病，晴热干旱年份发病重，果实受害时产生近圆形或不规则的褐色坏死斑。

2. 发病原因及规律

主要因为夏季强光直接照射果面致使局部蒸腾作用加快，加之空气和土壤湿度小，温度升高至40℃以上，导致植物组织灼伤。

3. 防治措施

合理修剪，建立良好树体结构，使叶片分布合理。

生长季节注意适时灌水和中耕，促进根系活动，保持树体水分供应均衡。

在有可能发生日灼的炎热天气，于午前喷洒 0.2%～0.3%磷酸二氢钾溶液或清水[21]。

第三节　柿果实的虫害

柿园虫害主要有柿蒂虫、柿星尺蠖、柿毛虫、枯叶夜蛾、柿斑叶蝉及柿长绵粉蚧、日本龟蜡蚧、草履蚧等各种柿树介壳虫。根据为害方式不同可分为蛀食、刺吸和混合 3 类。蛀食类害虫主要有柿蒂虫、柿星尺蠖、柿毛虫等，其特点是为害虫态具有咀嚼式口器，主要在幼虫时期啃食柿叶、柿花、柿果及蛀食树干部分，成虫如天牛等也可为害，可造成柿叶减少甚至全树无叶，柿花、柿果大量脱落，以及柿树枯死或树干中空被风吹折。刺吸类害虫主要有各种柿树介壳虫及柿斑叶蝉、蜡蝉等，这类害虫的特点是为害虫态具有刺吸式口器，在柿叶、柿果及嫩枝等处为害，吸取树体营养，影响柿树光合作用和果实着色，可造成柿叶畸形或干枯，柿果品质受损或提前脱落。混合类害虫主要有枯叶夜蛾、桥夜蛾等，此类害虫幼虫期以咀嚼式口器为害叶片等部位，成虫期则以刺吸式口器为害柿果，可造成柿叶减少及柿果腐烂脱落，影响养分形成，降低柿园产量[22]。

一、日本龟蜡蚧

1. 分布与为害

日本龟蜡蚧（*Ceroplastes japonicas* Guaind）是同翅目、蜡蚧科、蜡蚧属的一种昆虫。在中国广泛分布于黑龙江、辽宁、内蒙古、甘肃、北京、河北、山西、陕西、山东等 20 多个省市，可为害 100 多种植物，包括柿、苹果、枣、梨、桃、杏等。日本龟蜡蚧以若虫和雌成虫刺吸柿树的枝干、叶片和果实，并排泄蜜露，诱致柿树煤污病发生，使枝、叶、果上布满一层黑霉，影响叶片光合作用和果实生长，导致果实产量降低，品质变劣。

2. 形态特征

（1）雌成虫

壳长 3~4 毫米，宽 2~4 毫米，高约 1 毫米，体外湿蜡壳很厚，白色或灰色。蜡壳圆或椭圆形，壳背向上盔形隆起，表面有凹陷将背面分割成龟甲状板块，形成中心板块和 8 个边缘板块，每板块的近边缘处有白色小角状蜡丝突。产卵期蜡壳背面隆起呈半球形，分块变得模糊。虫体卵圆形，长 1~4 毫米，黄红色、血红色至红褐色。背部稍凸起，腹面平坦，尾端具尖凸起。触角多为 6 节，前、后气门刺群相连接。

（2）雄成虫

体长约 1.3 毫米，翅展约 3.5 毫米，棕褐色。触角 10 节，第四节最长。前胸前部窄细如颈，腹末交尾器呈针状。

（3）卵

椭圆形，初为乳黄色，渐变深红色。

（4）若虫

体长约 0.3 毫米，宽约 0.2 毫米，长椭圆形，扁平，淡黄色。老龄雌若虫蜡壳与雌成虫近似；老龄雄若虫蜡壳长约 2 毫米，长椭圆形，白色，中部有长椭圆形隆起干蜡板 1 块，周缘有白色小角状蜡角 13 个。

（5）蛹

体长约 1.2 毫米，圆锥形，红褐色[23]。

3. 生活习性

日本龟蜡蚧一般 1 年 1 代，以受精而未发育完全的雌成虫在柿树 1~2 年生的枝条上越冬，以 1 年生枝上最多。越冬雌虫于翌年 3 月中下旬树液流动并开始发芽时开始为害，雌成虫成熟后开始产卵，6 月上中旬为产卵盛期，卵期 20 天左右。初孵若虫吸食枝、叶，主要借风力远距离传播。7 月下旬雌、雄开始分化，雌、雄比为 1：（2~3）。8 月中旬雄虫开始化蛹，9 月下旬为羽化盛期，10 月上中旬为羽化末期。雄虫寿命为 1~5 天，交配后即死亡，然后雌虫逐渐转到枝上固着为害。9 月中旬为回枝盛期，10 月中旬大多数已回枝，回枝后进行固定取食、为害。11 月后随着气温下降，雌虫进入越冬期[24]。

4. 防治方法

（1）冬季除虫

遇低温天气时往树枝上喷水，连喷 2~3 次，使枝条冻结较厚冰凌，随后用木棍敲打树枝，振落虫体。

（2）药剂防治

早春柿树发芽前喷 1 次 3~5 波美度石硫合剂，消灭越冬若虫。生长季节在若虫出壳盛期，采用 10%虫琳可湿性粉剂 2 000 倍液或 1.8%阿维菌素乳油 2 500 倍液喷雾施用。7—10 月被蜡期喷雾施用杀扑磷 2 000~3 000 倍液。

（3）保护天敌

日本龟蜡蛤的天敌有寄生蜂长盾金小蜂、扁角跳小蜂等，瓢虫中主要有七星瓢虫、异色瓢虫、红点唇瓢虫等，草蛉中主要有阴草蛉、中华草蛉、大草蛉等。尽量少用或不用广谱杀虫剂。

二、柿棉蚧

1. 分布与为害

柿绵蚧（*Acanthococcus kaki* Kuwana），同翅目。以若虫、雌成虫吸食新梢、枝叶、果实的汁液，严重时枝梢干枯，提前落叶，树势衰弱，柿果提前变红、变软脱落。柿绵蚧分布于河南、河北、山东、山西、安徽等省，在我国南北方均有发生。柿棉蚧以雌成虫和若虫刺吸汁液的方式为害柿树嫩枝、幼叶和果实，常群集于柿蒂与果实相接的缝隙处及果实下方表皮处为害。被害处初呈黄绿色小点，逐渐扩大并凹陷，木栓化成黑斑，使果实不能正常成熟，从而降低果实的产量和品质。

2. 形态特征

（1）雌成虫

体长约1.5毫米，宽约1毫米，体节非常明显，紫红色。体背面有刺毛，腹部边缘有白色弯曲的细毛状蜡质分泌物。虫体背面覆盖白色毛毡状介壳，长约3毫米，宽2毫米，正面隆起，前端椭圆形，尾部卵囊由白色絮状物构成，表面有稀疏白色蜡毛。

（2）雄成虫

体细长，约1.2毫米，紫红色。触角细长，由9节构成，以第三节和第四节最长，各节均有2~3根刺毛。翅1对，透明。介壳长约1.2毫米，宽约0.5毫米，长椭圆形。

（3）卵

卵圆形，长0.3~0.4毫米，紫红色，表面附有白色蜡粉。

（4）若虫

卵圆形或椭圆形，体侧有若干对长短不一的刺状物，触角粗短，由3节构成。初孵化时呈血红色，随着身体的增长，经过一次蜕皮后变为鲜红色，而后转为紫红色[25]。

3. 生活习性

柿棉蚧1年4代，以初龄若虫在主干、多年生枝、粗皮裂缝处越冬。越冬若虫出蛰始于4月17日至4月21日，出蛰盛期在5月上旬。出蛰若虫为害新梢叶片，5~7天虫体开始披蜡。第一代若虫孵化盛期在6月5—16日，主要为害新梢叶片及幼果；第二代若虫孵化盛期在7月16—25日，重点为害柿果；第三代若虫孵化盛期在8月18—27日，第三代若虫为害最重，造成柿果提前变红、变软脱落，被害枝条的叶片提前脱落；第四代若虫孵化盛期在9月27日至10月8日，初龄若虫转入越冬场所。

4. 防治方法

（1）果园清理

冬季剪除树上残留的病虫枝，刮除树干老翘粗皮，集中烧毁。

（2）药剂防治

早春柿树发芽前喷1次5波美度石硫合剂，消灭越冬若虫。4月中旬至5月初在若虫未形成蜡壳前，喷喜斯本（40%毒死蜱水乳剂）600倍液或阿克泰（噻虫嗪25%水分散剂）5 000倍液，蜡壳形成后，喷雾施用杀扑磷2 000~3 000倍液。

三、柿蒂虫

1. 分布与为害

柿蒂虫（*Kakivoria flavofasciata* Nagano），鳞翅目举肢蛾科，又名柿举肢蛾。柿蒂虫主要分布于安徽、河南、河北、山西、山东等省（区）。柿蒂虫以幼虫从柿蒂基部钻入柿果内取食果肉，蛀孔有虫粪和丝混合物。柿蒂虫有转果为害习性，每个幼虫可为害3~5个柿果。1代幼虫为害期，柿果颜色由绿变褐，然后果实失水干缩，多悬挂于树枝上不会脱落，俗称"小黑柿"。2代幼虫为害期，柿果颜色发红（黄），然后变软、脱落，俗称"柿烘"。

2. 形态特征

成雌虫体长约7毫米，翅展15~17毫米，雄虫略小。头部土黄色，有金属光泽，复眼红褐色，触角丝状。胸、腹及翅均为紫褐色。前翅近顶角有一土黄色横带，前、后翅缘毛较长。足土黄色，后足胫节具有与翅同色的长毛丛。老熟幼虫体长9~10毫米，头褐色，体背面暗紫色，前3节较淡，前胸背板及臀板暗褐色，胸足色淡，气门近圆形。初孵幼虫体长0.9毫米，头赤红色，胸部淡褐色。卵椭圆形，长0.5毫米左右，乳白色，上有白色短毛。蛹长7毫米左右，褐色，微扁平。气门向外突出[26]。

3. 生活习性

柿蒂虫1年发生2代，以老熟幼虫在树皮裂缝、树干基部土中、树上的干果中结茧过冬。翌年4月下旬至5月中旬化蛹，5月中旬至6月上旬成虫羽化，羽化盛期为5月下旬。第一代幼虫发生于5月下旬至7月上旬，盛期在6月中旬。第一代成虫在7月中旬至8月上旬羽化，羽化盛期在7月下旬。第二代幼虫于7月下旬开始为害，一直到采收期，8月下旬至9月上旬老熟幼虫钻出柿果结茧越冬。

4. 防治方法

（1）树干涂白

早春结合清园将树干涂白，涂白剂用生石灰3份、石硫合剂1份、水10份及植物油少许配制而成。将配制好的药液涂在树干及刮过皮的部位。

（2）灯光诱杀

在5月下旬和7月下旬成虫期设置杀虫灯，诱杀成虫。

（3）药剂防治

6月中旬和8月下旬，摘除虫果的同时，在幼虫高峰期，用1%苦参碱1 500~5 000倍液喷雾施用，每次用药间隔10~15天。

81

（4）绑草诱虫

在 8 月中旬以前，在刮过粗皮的树干及主枝上绑草诱集越冬幼虫，冬季将草解下烧毁。

四、柿毛虫

1. 分布与为害

柿毛虫（*Lymantria dispar* L.），鳞翅目、毒蛾科，又名舞毒蛾，以幼虫为害叶片。主要在我国的台湾省、河北省、辽宁省、内蒙古自治区、江西省等地发生。柿毛虫主要对寄主的叶片产生为害，具有食量大、食性杂等特点，严重时可吃光全部叶片。

2. 形态特征

（1）成虫

柿毛虫属于雌性异体，雌、雄虫的个体大小有所差异，雌虫明显大于雄虫，一般雌虫体长平均在 30 毫米左右，翅膀展开后体长 87~112 毫米；雄虫约 20 毫米，翅膀展开后体长 40~54 毫米。雌虫体表呈淡黄色，前部翅膀呈黄白色，横线呈淡褐色，后翅呈淡黄色，前方与后方翅膀外部边缘都有 1 排斑点，呈深褐色。雄虫有羽状触角，体翅呈暗褐色，前翅的基线以及内、中、外线波曲状明显；后面翅膀有横向的脉纹，外部边缘的颜色较暗。

（2）卵

卵的形状为稍扁的圆形，呈馒头状，常很多聚集在一起，卵的外部附着一层较厚的绒毛，呈黄褐色。

（3）幼虫

老熟幼虫头部颜色为黄褐色，平均体长 60 毫米左右，头部有黑色纹状背线，颜色灰黄色，呈"八"字状；体节上有纵向排列的毛瘤，其中背上的 2 排色泽非常鲜艳。毛瘤上有一层黑褐色短毛，气门下方的一排毛瘤为暗灰色，长度最长。

（4）蛹

蛹的颜色为黑褐色或红褐色，体长 19~34 毫米，表面有一层毛丛，颜色为锈黄色[27]。

3. 生活习性

1 年发生 1 代，多以卵块在树皮上及地下石缝、坝墙缝中越冬。4 月上旬柿树萌芽期，幼虫开始孵化，初孵幼虫群居叶背，夜间取食，受惊吐丝下垂，借风转移扩散。2 龄以后白天躲在树下石块、坝墙缝、树缝孔洞中，傍晚上树取食叶片。5 月上旬为害最重，发生严重时吃光全部树上叶片，只剩叶脉。幼虫老熟后在树下石块、土块、坝墙缝中结薄茧化蛹，蛹期 10~15 天。成虫发生期在 6 月中旬至 7 月中旬，6 月 18 日至 7 月 6 日为盛期[28]。

4. 防治方法

柿树发芽前，在树干上涂 90% 敌百虫 50 倍液，药带宽 60 厘米，使上树幼虫中毒而死。

在树根部堆上小石块，诱集幼虫搜杀。

冬季在石缝和树干裂缝搜杀卵块。

五、柿星尺蠖

1. 分布与为害

柿星尺蠖（*Percnia giraffata* Guenee）属鳞翅目、尺蠖蛾科，又名大斑尺蠖、柿叶尺蠖、柿豹尺蠖、柿大头虫。分布于浙江、河北、河南、山西、安徽、台湾等省，是危害柿树生长的主要害虫之一。以幼虫食害叶片，幼龄害虫只吃叶肉，老龄幼虫能把叶片吃成残缺，只剩主脉，造成树势衰弱，果实产量低，果品质量下降，严重时造成果树死亡。

2. 形态特征

（1）成虫

体长 25 毫米左右，翅展 70~75 毫米，一般雄蛾较雌蛾体型小。头部黄色，复眼及触角黑褐色。前胸背面黄色，胸背有 4 个黑斑。前后翅均为白色，上面分布许多黑褐色斑点，以外缘部分较密。腹部金黄色，背面每节两侧各有 1 个灰褐色斑纹。

（2）卵

椭圆形，直径为 0.8~1 毫米。初产出时为翠绿色，孵化前变为黑褐色。

（3）幼虫

初孵化幼虫体长 2 毫米左右，漆黑色，胸部稍膨大。老熟幼虫长达 55 毫米左右，头部黄褐色。躯干部第三、第四节特别膨大，其上有椭圆形的黑色眼形纹 1 对。躯干部背面暗褐色，两侧为黄色，分布有黑色弯曲的线纹。

（4）蛹

暗赤褐色，长 25 毫米左右。蛹的胸背前方两侧各有 1 个耳状凸起，其间有 1 条横隆起线连接；横隆起线与胸背中央纵隆起线交成“十”字形，尾端有刺状凸起[29]。

3. 生活习性

1 年发生 2 代，以蛹在土块下或梯田石缝内越冬。5 月下旬开始羽化，7 月中旬停止。6 月下旬至 7 月上旬为羽化盛期。成虫于 6 月上旬开始产卵，卵于 6 月中旬孵化。7 月末至 9 月上旬进行第二次成虫羽化，所产卵在 8 月上旬孵化，9 月上中旬幼虫老熟入土，至 10 月上旬全部化蛹。成虫白天静伏在树上、岩石、杂草丛中以及附近的农作物上，晚间进行活动，卵产于柿叶背面，排列成块。初孵化幼虫在柿叶背面啃食叶肉，但不把叶片吃透。幼虫长大后分散在树冠上部及外部取食。虫口密度大时，可将树叶全部吃光。幼虫老熟后，吐丝下垂，在寄主附近疏松、潮湿的土壤中或阴暗的岩石下化蛹[29]。

4. 防治方法

摇落幼虫捕杀。

6 月中旬喷洒 50%杀螟松或 90%敌百虫 1 000 倍液。

冬季翻土，挖除虫蛹。

六、柿斑叶蝉

1. 分布与为害

柿斑叶蝉（*Erythroneura* sp.），又名血斑小叶蝉、柿小浮尘子，属同翅目、叶蝉科，是严重为害柿树的害虫之一，河北、河南、山东、山西、江苏、浙江和四川等省均有分布。成虫、若虫在叶背刺吸汁液，被害叶正面呈现褪绿斑点，严重时斑点密集成片，使全叶呈现苍白色，造成早期落叶。由于若虫及成虫均喜栖息于叶背中脉附近吸食汁液，故被害叶正面常可看到中脉两侧出现失绿斑点，严重时密集成片，极易辨认[30]。

2. 形态特征

（1）成虫

体长 3 毫米左右，形似小蝉，全体淡黄白色。头部向前呈钝圆锥形突出，有淡黄绿色纵条斑 2 个。前翅黄白色，基部、中部和端部各有一条橘红色不规则斜斑纹，翅面散生若干红褐色小点。前胸背板中央有一淡色"山"形斑纹。

（2）卵

白色，长月牙形，表面光滑。

（3）若虫

共 5 龄，初孵若虫淡黄白色，随龄期增长体色渐变为黄色，羽化前前翅芽黄色加深，易识别[31]。

3. 生活习性

北方果区1年发生3代，以卵在当年生枝条皮层内越冬，4月中、下旬开始孵化，第一代若虫期近1个月，5月上中旬成虫出现，在叶片背面靠近叶脉处产卵。6月上中旬孵化为第二代若虫，7月上旬成虫出现世代交替，常造成严重为害。若虫孵化后先集中在枝条基部叶片背面吸食汁液，致使叶片呈现白色斑点。成虫和若虫喜欢横着爬行，成虫受惊动即起飞[32]。

4. 防治方法

4月下旬至5月全月，每隔半个月喷施40%乐果1 000~1 500倍液或20%叶蝉散1 000倍液。第一遍药着重喷树冠内堂和叶背，以后全面喷药。

七、草履蚧

1. 分布与为害

草履蚧 Drosicha corpulenta（Kuwana），为同翅目、珠蚧科、草履蚧属的一类昆虫，又名为桑虱、草鞋介壳虫等。以若虫、雌成虫刺吸嫩芽、叶片、嫩枝和枝干汁液，致使芽枯萎，甚至整枝、整株抽不出新梢，严重时可造成植株死亡。草履蚧在河北、山西、山东、陕西、河南、青海、内蒙古、浙江、江苏、安徽、上海、福建、湖北、贵州、云南、重庆、四川和西藏等地均有发生，分布范围广泛[33]。

2. 形态特征

（1）雌成虫
体长8~10毫米，形状呈扁椭圆形，像草鞋底，背部隆起，有横向的皱褶，颜色为暗褐色，上披一层白色蜡粉，背部的周边和腹部颜色一致，均为黄色，前翅的颜色为灰褐色，有8节触角，每节上的粗刚毛比较多，足粗大，为黑色。

（2）雄成虫
体长5~6毫米，展翅后长度在10厘米，体为紫色，翅膀为淡紫黑色，呈透明状，有2条翅脉，后部翅膀比较小，有10节触角。

（3）卵
为黄色，呈长圆形，刚产下时颜色为橘红色，粘裹着一层白色絮状的蜡丝。

（4）若虫
灰褐色，体长约2毫米，刚孵化出来的颜色为棕黑色，腹面的颜色稍淡，触角为棕灰色。雄蛹外部包裹一层白色的薄层蜡茧，可见到明显的翅芽[33]。

3. 发生规律

草履蚧在 1 年发生 1 代，常以初孵幼虫、卵等藏在树干基部的土壤中越冬，翌年 2—3 月孵化出土，对寄主植物产生为害，一般通过主干爬到嫩芽等部位为害。翌年 1 月下旬至 2 月上旬，气温上升至 4℃ 以上时开始孵化，一般 2 月底出蛰达到盛期，3 月中旬基本结束。若虫出土后一般通过主干爬到嫩芽等部位为害。3 月底至 4 月初第一次蜕皮，虫体增大活动，分泌蜡质物；4 月中下旬第二次蜕皮，雄若虫不再取食，爬到树皮缝、土缝、杂草上化蛹，蛹期约 10 天。4 月底至 5 月初，雄成虫羽化，主要在傍晚活动，寻找雌虫交尾，有趋光性，雄成虫对林木为害小，交配后即死亡，寿命 3 天左右。雌若虫在 4 月下旬至 5 月上旬第三次蜕皮后变成雌成虫，雌成虫终生活动为害，5 月下旬至 6 月上中旬陆续下树钻入土、石缝里分泌白色絮状卵囊，产卵其中，进入越冬状态。雌虫分 5~8 次产卵，产卵期历时 4~6 天，每只雌虫一般产卵 100~180 粒，最多 261 粒，产卵结束后，雌虫逐渐干缩死亡[33,34]。

4. 防治方法

草履蚧以卵在树干周围 30 厘米半径、15 厘米深土层内越冬，卵囊白色易识，可人工挖出火烧，或将此部分土搬到水里淹死虫卵，换上无病虫土。

每年 1 月，在树主干设阻隔带，先在树干基部扎上 20 厘米宽的塑料布环绕主干，上下两头用泥糊实，防止虫从下面钻过去。用 1 份黄油、1 份机油混合搅拌均匀，涂在塑料布上。注意检查，及时去除虫尸和添加新油，维持 1 个多月时间。

2 月初至 3 月底，喷施 0.3 波美度石硫合剂，或喷施 40% 乐果乳剂 800 倍液或 50% 马拉松 800 倍液[35]。

八、刺蛾

1. 分布与为害

刺蛾是鳞翅目、刺蛾科昆虫的总称，俗称"洋辣子""火辣子"或"刺毛虫"，其分布地域广泛，几乎遍及全国。柿树上的刺蛾主要为黄刺蛾（*Cnidocampa flavescens*）、褐刺蛾（*Thosea baibarana*）和扁刺蛾（*Thosea sinensis*）3 种，在个别柿园还发现有青刺蛾（*Latoia consocia*）为害。刺蛾幼虫以咀嚼式口器取食叶片，轻则叶面积受损，光合能力下降；重则叶片损失殆尽，树势急剧衰退[36]。

2. 形态特征

（1）黄刺蛾

①成虫：头胸部黄色，腹部背面黄褐色。前翅内半部呈黄色，常有 2 个暗褐色斑点，外半部黄褐色；自翅尖向后缘有 2 条暗褐色斜线，内线只伸达中室下角处，外线伸达臀角前方。后翅黄色或淡褐色。

②卵：椭圆形，扁平，黄绿色。

③老熟幼虫：头部淡褐色，胸腹部黄绿色，体背有一大块两端宽、中部窄的紫褐色斑。背线和侧线黑色，侧线上下各有一条蓝绿色纵纹。

④蛹：椭圆形，黄褐色。

⑤茧：鸟蛋形，灰白色，上有黑褐色纵纹。

（2）褐刺蛾

①成虫：体褐色。前翅褐色带紫色，有 2 条深褐色弧线，其内线斜伸，外线较直，两线将前翅分为 3 部分，中部颜色较浅。后翅褐色。

②卵：椭圆形，扁平，黄色。

③老熟幼虫：头部淡黄色，体黄色至橙黄色。亚背线红色，背线、侧线天蓝色，两侧有 2 对黑点。枝刺有黄色和红色 2 种。

④蛹：椭圆形，黄褐色。

⑤茧：鸟蛋形，淡褐色，上有褐色点纹。

（3）扁刺蛾

①成虫：体灰褐色。前翅灰褐色至浅灰色，内半部和外线以外带黄褐色，并稍具黑色雾状点；外线暗褐色，自前缘近翅尖处直向后斜伸到后缘中央前方；雄蛾翅中室末端有一黑色圆点。后翅暗灰色至黄褐色。

②卵：长椭圆形，扁平，淡黄绿色，后变灰褐色。

③老熟幼虫：体态扁平，背面稍隆起，形似龟背，淡鲜绿色。背线灰白色，贯穿头尾，体背两侧有 2 列小红点。

④蛹：近椭圆形，黄褐色。

⑤茧：鸟蛋形，暗褐色至黑褐色。

（4）青刺蛾

①成虫：头及胸背绿色，胸背中央有一红褐色纵线，腹部和后翅浅黄色。前翅绿色，基部红褐色，外缘有一条浅黄色宽带，其内外边各有 1 条红褐色纹，带内翅脉红褐色，并布有红褐色小点。

②卵：椭圆形，扁平，初为乳白色，后变浅黄色。

③老熟幼虫：体粗短，蛞蝓形，淡绿色。背线和侧线墨绿色，各节背线两侧有 1~2

对蓝绿色小点。

④蛹：椭圆形，黄褐色。

⑤茧：椭圆形，略扁平，灰褐色，似树皮[36]。

3. 发生规律

刺蛾一般1年发生1代，发生期差异不大。以老熟幼虫在8月下旬开始在树干和枝杈处结茧过冬。5月中下旬开始化蛹。5月下旬至6月中下旬第一代幼虫孵化，6月下旬至7月下旬第一代幼虫老熟结茧化蛹，7月下旬至8月下旬第一代成虫羽化。8月上旬至9月初第二代幼虫孵化，8月下旬至10月老熟幼虫结茧越冬。黄刺蛾老熟幼虫多结茧于小枝分杈处，主侧枝及树干粗皮上也有分布；褐刺蛾、扁刺蛾多在树下根际松土层中结茧越冬；青刺蛾多结茧于近地树干上或近树干土层中，也有的结茧于树枝上。

4. 防治方法

（1）人工防治

冬、春季摘除受害植物枝干上的虫茧可减少翌年虫口密度。冬、春季节可以根据不同刺蛾的结茧特点，结合清园、施肥、翻耕、修剪等农事活动，铲除越冬虫茧。此外，在卵期和幼虫群集叶背为害时，及时摘除卵叶和虫叶烧毁。

（2）保护天敌

刺蛾的主要天敌有上海青蜂、大腿蜂、姬蜂和螳螂等，应加以保护与利用。

（3）灯光诱杀

刺蛾的成虫均有较强的趋光性，可用黑光灯在成虫发生盛期诱杀。

（4）化学防治

在幼龄幼虫盛发期，可喷施90%敌百虫1 500倍液，或用25%灭幼脲3号悬浮剂1 000倍液，或用除虫菊酯类杀虫剂2 000~3 000倍液[37]。

参考文献

[1] Giordani E, Doumett S, Nin S, et al. Selected primary and secondary metabolites in fresh persimmon (*Diospyros kaki* Thunb.)：A review of analytical methods and current knowledge of fruit composition and health benefits [J]. Food Research Internatinal, 2011, 44 (7)：1752-1767.

[2] 邓立宝. 广西柿种质资源遗传多样性及其对柿角斑病抗病性研究 [D]. 南宁：广西大学, 2013.

［3］ Xie C，Xie Z，Xu X，et al. Persimmon（*Diospyros kaki* L.）leaves：A review on traditional uses，phytochemistry and pharmacological properties［J］. Journal of Ethnopharmacology，2015，163：229-240.

［4］ Biton E，Kobiler I，Feygenberg O，et al. Control of alternaria black spot in persimmon fruit by a mixture of gibberellin and benzyl adenine，and its mode of action［J］. Postharvest Biology & Technology，2014，94：82-88.

［5］ Jung Y H，You E J，Son D，et al. A Survey on Diseases and Insect Pests in Sweet Persimmon Export Complexes and Fruit for Export inKorea［J］. Korean Journal of Applied Entomology，2014，53（2）：157-169.

［6］ 李兴杰，郑爱珍. 植物侵染性病害的发生与发展［J］. 农业与技术，1998（01）：55-57.

［7］ 王洁，余贤美，艾呈祥. 柿炭疽病研究进展［J］. 河北科技师范学院学报，2017，31（03）：40-44.

［8］ 路雅斌，程占国，康克功. 富平柿炭疽病调查研究［J］. 陕西林业科技，2015（2）：98-100.

［9］ 孟学文，孟海亮. 柿疯树"半疯"现象与柿疯病根治方法［J］. 山西果树，2011（05）：23-24.

［10］ 俎显诗. 柿疯病研究Ⅳ：国内区域分布［J］. 河北果树，1992（03）：23-26.

［11］ 杜陈勇，杜连莉，刘锦山，等. 柿角斑病和圆斑病的发生规律与防治措施［J］. 现代农村科技，2017（05）：30.

［12］ Berbegal M，Armengol J，García-Jiménez J. Evaluation of fungicides to control circular leaf spot of persimmon caused by Mycosphaerella nawae［J］. Crop Protection，2011，30（11）：1461-1468.

［13］ 杨全喜，张建东，刘学臣，等. 柿果常见病害的发生与防治［J］. 现代农村科技，2010（24）：20-21.

［14］ 赵提. 不同气象条件对植物非侵染性病害的影响［J］. 河南农业，2014（21）：38.

［15］ 韩君，刘静，吴道军. 园林植物非侵染性病害的发生特点与防控［J］. 南方农业，2017，11（10）：39-41.

［16］ 王建平，陆爱华，唐建华，等. 葡萄主要非侵染性病害发生的原因与防治方法［J］. 中外葡萄与葡萄酒，2017（04）：82-83.

［17］ 全金成，王绍斌，龙品基，等. 柿顶腐病病因及发病规律初步研究［J］. 中国农学通报，2009，25（17）：186-190.

[18] 全金成，王绍斌，龙品基，等. 柿顶腐病综合防治技术 [J]. 南方园艺，2009，20（6）：23-23.

[19] 李雪峰. 日本斤柿畸形果的产生与预防措施 [J]. 河北果树，2010（3）：55-56.

[20] 薛玉华. 番茄常见生理性病害的种类与防治 [J]. 吉林农业，2010（04）：73.

[21] 贾国华，孙宝灵，杨晟楠，等. 柿树果实常见病害防治 [J]. 现代农村科技，2010（17）：22-23.

[22] 申长顺，马国峰. 豫北地区柿园主要病虫害全年无公害防治技术 [J]. 果树实用技术与信息，2014（08）：34-35.

[23] 赵洋民，陈敏. 枣庄园林害虫及防治 [M]. 天津：天津科学技术出版社，2015.

[24] 丁庆国. 运城市柿树主要病虫害及综合防控技术 [J]. 山西林业科技，2018（2）：45-47.

[25] 宗学普，黎彦. 柿树栽培技术 [M]. 北京：金盾出版社，2005.

[26] 刘秀丽，李娜，师二帅. 柿星尺蛾和柿蒂虫的发生与防治 [J]. 现代农村科技，2015（22）：30.

[27] 张丽茹. 舞毒蛾的生物学特性及综合防治技术 [J]. 现代农业科技，2020（06）：116-117.

[28] 张承胤，李福芝，许跃东，等. 北京平谷地区柿树主要病虫害的发生规律与防治措施 [J]. 落叶果树，2012，44（05）：38-39.

[29] 熊安华，熊瑛. 柿星尺蠖与柿毛虫的发生及防治 [J]. 现代农村科技，2011（22）：23.

[30] 靳秀芳，刘怡，李莉玲，等. 柿斑叶蝉的危害与雌雄成虫鉴别 [J]. 黑龙江农业科学，2015（3）：177-178.

[31] 王文仕，裴丽华. 柿斑叶蝉的发生与防治技术 [J]. 河北果树，2000（2）：58.

[32] 黎彦. 柿树病虫害防治 [J]. 果农之友，2017（10）：27-28，41.

[33] 张克莉. 草履蚧的生态习性和防治方法 [J]. 江西农业，2019（20）：27,30.

[34] 梁杰，张海波，焦景杰，等. 林木草履蚧的危害与防治 [J]. 现代农业科技，2019（14）：117，121.

[35] 陈松. 柿树主要病虫害及其防治方法 [J]. 现代农业科技，2006（06）：57-58.

[36] 杨照渠，王允镁，夏鋆彬. 浙江台州柿树刺蛾的发生规律与综合防治 [J]. 中国南方果树，2007（05）：76-77.

[37] 周彤，洪创彬，周卫农. 黄刺蛾的发生与防治 [J]. 现代农业科技，2012（02）：174，178.

第五章　柿贮运保鲜技术

第一节　柿采收前的农业生产管理

植株的生长发育以及结果离不开各种有机物和无机物养分，但光靠土壤中的养分还不足以使植株生长发育达到最佳的状态，结出来的果实也没有丰富的营养和耐贮藏性，人工采收前植株生长期施肥能够提供充足的养分，改善果实的营养和耐贮藏性，郜笃隽等研究表明，施用肥料能够增加"红阳"猕猴桃果实的单重，并对果实的品质有明显的影响[1]。

采前管理包括施肥、浇水等。一般施肥均能增产，但施肥不当时果实会在贮藏期出现严重的生理性和寄生性病害。钙和磷都对细胞磷酸脂膜稳定性和完整性有保护作用，若樱桃果实缺钙或栽培土壤缺磷，在贮藏过程中将致使果实呼吸强度增强，加速其褐变直至腐烂变质。采前处理保鲜技术是指在果蔬采摘前使用的各种保鲜技术的总称，一般从坐果开始到采摘前夕，主要是使用喷涂手段将一些化学试剂、生物制剂（天然动植物、微生物制剂提取物和代谢产物等）喷施涂布于果蔬上，或使用物理方法对果蔬进行处理，能提高果蔬采后耐贮性的保鲜技术。采前处理保鲜技术应用于蓝莓、葡萄、莴苣、香菇、草莓、樱桃、哈密瓜、杏果等果蔬取得了较好的保鲜效果，在不同程度上抑制了其采后腐烂、提高了贮藏品质并有效延长了保鲜期。

一、喷钙处理

钙是植物细胞壁和细胞膜的结构物质，在保持细胞壁结构、维持细胞膜功能方面意义重大，钙可以保护细胞膜结构不易被破坏，缺钙易引起细胞质膜解体，致使耐贮性降低。钙是细胞分裂和果实生长发育的重要营养元素，不仅参与细胞壁和许多细胞器的合成，而且在信号传导和生理生化反应等方面具有重要作用[2]。钙在信号传导过程中充当信使，钙离子通过氢离子/钙离子反向转运体被线粒体吸收，钙离子可以结合生物膜上的蛋白质和脂肪来维持细胞壁和质膜的稳定，降低细胞膜的流动性和通透性，也通过抑制多聚半乳糖醛酸酶的活性、增加果实中原果胶含量等因素来提高果实硬度，减轻果实贮藏期腐烂，控制生理性病害的发生[3]。钙对糖和芳香物质等的形成也起着直接或间接作用，在钙充足的条件下，果实的含糖量、香味和风味也会提高，且钙对果实品质的影响远超过镁、钾、氮、磷等元素[4]。钙在果树中的营养状况也影响着树体的生长发育，最终关系到果实的品质和产量。如今钙处理作为一种行之有效的保鲜技术，被公认为是绿色环保型保鲜处理手段，并且因其操作简单，可行性高，成本低，具有很好的研究价值和应用意义。目前，我国可用于浆果等水果保鲜及加工的常见含钙制剂有乳酸钙、抗坏血酸钙等。

通常土壤中有足够的钙供植物吸收，但果实仍然普遍存在缺钙的现象，其主要原因可以归结为以下几个方面：一是土壤中钙的流失以及可利用钙含量低。尽管土壤中含钙量较高，但由于风化和酸性淋溶作用，再加上雨水多，容易造成钙大量流失；同时，土壤中的钙有些是难溶性的钙，果树根系难以吸收利用，所以也容易导致果实缺钙。二是钙的移动性比较差。由于钙在植物体内长距离运输的主要途径是韧皮部，主要动力为蒸腾拉力。钙由根系吸收后主要通过蒸腾液流由木质部将钙运输到旺盛生长的枝梢、幼叶、花、果及顶端分生组织。钙到达这些组织与器官后，多数变得十分稳定[5]。而在干旱条件下，蒸腾拉力不足，叶片与果实可竞争蒸腾水分。同时，钙在韧皮部的运输速度很慢。因此，干旱抑制了钙向果实的分配。由于钙是一种难移动的元素，而果树的幼嫩部位及果实的蒸腾作用较弱，蒸腾拉力小，所以果树的幼嫩部位及果实容易缺钙。三是营养的不平衡。一般认为氮/钙比过大或钙/镁比过低或钾/钙比过低都会导致果实缺钙现象的发生[6]。四是草酸钙的形成。苹果果梗中含有较多的草酸，草酸容易与钙离子结合形成草酸钙沉淀阻止钙进入果实。在果实生长发育过程中缺钙容易导致果实产生各种生理病害，如苹果的苦痘病、水心病、裂果，鸭梨的黑心病等，在园艺作物中由于缺钙引起的失调症近40多种，使作物的商品价值明显降低，给农业生产带来巨大的损失。苹果苦痘病主要是由于果实缺钙引起的一种生理病害，尤其是实行套袋栽培以后发病日益严重，严重的果园发病率可高达50%以上[7]。苦痘病严重影响苹果果实的商品价值，给果农带来极大的经济损失。此外，番茄缺钙容易诱发脐腐病。由于钙经过运输到达植物组织和器官后，多数变得相当稳定，几乎不发生再分配与再运输，因此，用叶分析法来预测果实生理失调变得毫无意义[8]。研究发现，测定采前苹果果实钙含量可以有效预测贮藏过程果实的生理病害发生率。当果实钙含量高于3毫克/100克时，基本无病害发生；当钙含量低于1.5毫克/100克时，则发病率在15%以上[9]。

果树对钙的吸收主要通过根、叶和果皮3种途径，在实际应用中，采前钙处理常分为喷钙和施加钙肥2种主要途径。适当的采前钙处理可有效提高浆果品质，延长货架期，对浆果的保鲜具有重要意义。采前喷钙多指对生长期果实、叶穗、叶面进行喷钙，叶穗、叶面吸收的钙经韧皮部转运到果实，进而提高果实中的钙积累。Kafle[10]等用氯化钙和硝酸钙对甜樱桃进行采前喷钙处理，以解决成熟期降雨导致的甜樱桃果实裂果问题，研究发现应用适宜浓度的钙喷施甜樱桃果实和叶面，可有效减少甜樱桃的裂果率，而且不会影响果实的品质。其结论与 Erogul[11]对甜樱桃的研究结果一致，Erogul 发现钙处理不仅显著增加了甜樱桃的果实硬度，而且保护了表皮色泽。木瓜采前经喷施氯化钙处理，增加了采后木瓜果实的含钙量和可滴定酸含量，降低了采后呼吸速率和乙烯合成速率，并减慢了果胶甲酯酶及多聚半乳糖醛酸酶活性上升的速度，结果表明，采前喷钙延缓了采后木瓜的成熟速度，提高了木瓜的品质，进而延长了木瓜的货架期[12]。石榴采前经氯化钙处理的效果与木瓜相似，经采前叶面喷钙的石榴果实直径变大，维生素 C含量增加，推迟了石榴果实成熟期，并起到预防生理性病害发生的作用[13]。但是针对不同品种的石榴所需的适宜钙浓度，以及外界环境对叶面喷钙效果的影响还需进一步研究，以上报道均选用的是无机钙制剂，如氯化钙，近年来氯化钙作为保鲜剂和硬度剂被广泛应用于果蔬和鲜切商品中，但是氯残留的问题仍需继续探究。王瑞[14]等通过对生长期蓝莓叶片和果实喷施有机钙（糖醇螯合钙），有效提高了采后蓝莓果实中钙的含量，并抑制果实的呼吸强度、丙二醛含量及可溶性果胶含量的升高，减缓乙烯释放速率，降低多酚氧化酶和过氧化物酶的酶活性，并降低果实软果率和腐烂率，从而延缓果实的衰老进程。该实验也指出，有机钙制剂的水溶性和吸收性均好于无机钙，因此是更有效的生理活性钙。关于采前钙处理的研究在葡萄[15]、草莓[16]和杨桃[17]等浆果中也有报道。上述研究表明，采前喷钙对采后浆果品质有着重要影响，但需注意以下几点问题：一是采前喷钙受外界环境影响较大，如天气的影响，所以要选择适当的环境和时间进行喷钙处理；二是钙源的种类和钙浓度的选择，如氯化钙和硝酸钙等的无机钙试剂，喷施浓度稍高就会引发药害，导致叶片尤其是叶边缘发生灼烧等现象，严重时甚至会引起早期落叶或树体死亡；三是果皮和果肉中钙的吸收主要依靠生长前期，生长后期会因果柄中草酸钙阻塞韧皮等因素导致果实钙积累困难，且随着果实的成熟与膨大，钙会严重流失，因此采前喷钙应选在果实的生长前期。

采前喷钙在许多园艺产品中应用广泛，但对柿果品质影响的研究报道较少。欧毅等研究发现，甜柿采前以 0.6%钙浓度处理效果较好；加喷吲哚-3-乙酸后则 0.5%左右的钙处理最佳[18]。钙浓度过高，可能会造成浆果果皮组织轻微的盐害，使效果下降或不明显。

二、萘乙酸处理

萘乙酸（1-Naphthaleneacetic acid，NAA），是一种有机化合物，为无色固体。它的结构为萘的 1 号位置被羧甲基取代。它是一种植物激素生长素，对果蔬的保鲜有一定的积极作用。当前，许多研究表明草酸、水杨酸和萘乙酸或其组合能够延缓果实成熟衰老进程，提高果实的抗病性，抑制采后果实病情发展和褐变发生，对采后果蔬的保鲜作用效应极为显著。萘乙酸纯品为无色无味针状结晶，性质稳定，但易潮解，见光变色，应避光保存，萘乙酸分 α 型和 β 型，α 型活力比 β 型强，通常所说的萘乙酸即指 α 型。熔点为 134.5~135.5℃。不溶于水，微溶于热水，易溶于乙醇、乙醚、丙酮、苯、醋酸及氯仿。朱敏嘉等研究表明，萘乙酸在农业上主要被用作植物生长刺激剂，有内源生长素吲哚乙酸的作用特点和生理功能，如能促进细胞分裂与扩大，诱导形成不定根、增加分蘖，提高成穗率，增加坐果、防止落果等[19]。

萘乙酸对各沉默植株侧芽生长有明显的抑制作用，能促进细胞分裂与扩大，促进生根和调节生长，能提高番茄产量和营养成分，维持顶端优势的效应，间接抑制侧芽生长，且不会对顶部幼小叶片扩展产生负面影响。此外，萘乙酸能调节植物对生物和非生物逆境的抗性，影响作物生长，果实发育、产量和品质。并且适宜浓度的萘乙酸钠能促进细胞分裂和扩大，提高开花座果率，促进早熟，延缓衰老。郭允娜等研究表明，萘乙酸能在提高亚适宜温光条件下番茄的根系活体、保护酶活性和光合速率，调控内源激素，促进幼苗生长[20]。张文等研究表明，喷施 5% 的萘乙酸，能降低番茄可溶性总糖和可滴定酸含量，提高了维生素 C 和可溶性固形物含量，一定浓度的萘乙酸能改善番茄食用品质[21]。黄毅等研究表明，根施 6 毫克/株的萘乙酸钠，能提高日光温室黄瓜的根系活力和光合速率，促进黄瓜的生长，提高产量[22]。国内外关于萘乙酸的研究主要是促进植物细胞分裂，引诱不定根的形成，促进植物光合作用和新陈代谢，增加坐果，关于萘乙酸在番茄抑制侧芽的研究不多。

在梨[23]和李子[24]上喷施萘乙酸，前者表明萘乙酸提高坐果率和增加果实品质，后者表明萘乙酸（10~20 毫克/升）显著增加单果质量，增加果实体积和果实可溶性固形物含量。而在蓝莓的研究中表明，萘乙酸处理能降低果实质量[25]，这可能与萘乙酸的处理浓度有关。萘乙酸（200 毫克/升）可以显著降低梨[23]和葡萄[26]的单果质量，萘乙酸（40 毫克/升）处理可以提高荔枝的重量[27]。Sartori Ivar Antonio 等在 Diamante 桃上的研究表明，萘乙酸（30 毫克/升）处理可以延迟收获时间[28]。王西成等在里扎马特葡萄果实始熟期用 50 毫克/升、100 毫克/升和 200 毫克/升 3 种浓度的萘乙酸喷施果实，发现萘乙酸处理可显著抑制成熟时果实中可溶性糖（葡萄糖、果糖和蔗糖）的积累，且以 200 毫克/升处理最为显著，果实中糖的种类没有发生改变[29]。在果实发育的整个过程中，蔗糖代谢的关键基因 SS 和 SPS 表达与对照相比显著减小，被萘乙酸显著抑制。在果实发育的前期和中期阶段，NI 基因的表达被萘乙酸抑制，但是在果实发育的后期，AI 基因的表达量显著高于对照，这个阶段萘乙酸对 AI 的表达起促进作用。

三、钾肥处理

钾是果树生长发育、开花结果过程中必需的营养元素之一。钾与氮、磷等营养元素不同，它不参与果树体内有机物的组成，但却是果树生命活动中不可缺少的元素，它与代谢过程有着密切关系，并为多种酶的活化剂，参与糖和淀粉的合成、运输和转化。一方面促进光合作用，使碳水化合物数量增多，另一方面促进蛋白质的活性，提高树体和果实中蛋白质含量，增加果品产量；促进果实中的淀粉向糖转化，有利于果实中含糖量提高，并提早成熟；钾素能增强原生质体的亲水性，从而可提高树体的抗旱性；还由于能增强树体内糖的储存和细胞渗透压，促进花芽饱满、枝条充实，从而提高树体的抗寒性；亦由于能有效地提高树体枝干和果实表皮纤维素含量，而有利于提高树体和果实的抗病虫害能力。因此，钾素对果实生长发育、开花结实、增产优质、提高抗逆性和抗病性、促进早熟等方面，均具有良好作用，特别对果实品质的影响十分明显，故钾有"品质元素"之称。在一定范围内，增施钾肥，提高树体钾营养水平，对柑橘果实大小、果皮厚度、果实内含物的积累都有明显的影响。钾能提高苹果果实硬度和果肉密度、降低果实贮藏期间的软化率、减少果实失重、维持良好果肉质地结构[30]。淀粉作为内容物对细胞起着支撑作用，当淀粉被淀粉酶水解后，转化为可溶性糖，从而引起细胞张力下降，导致果实软化。在一定范围内，增施钾肥能提高果实硬度和果肉密度，延长货架寿命。钾能促进淀粉等高分子化合物的形成，有利于植物体内酚含量的提高，而酚含量的高低与作物病害密切相关。钾可使表皮细胞角质增厚，并促进纤维素和木质素的合成，能促进伤口愈合，增强植株的防御性，减轻软腐病。已有报道称高的钾水平可减轻20多种细菌病害、100多种真菌病害和10种病毒及线虫引起的病害。在柠檬上施钾可提高多酚氧化酶活性，提高植物抗病性，减轻果实生理病害[31]。王仁才等在猕猴桃的研究证明，在一定的范围内施钾有利于提高果实硬度，并减缓果实贮藏过程中的硬度下降幅度[32]。但过量施钾会使果肉硬度降低，贮藏过程中硬度下降加快。叶面施钾对果肉硬度影响不大，但对增加好果率具有一定作用。杨玉华[33]报导，成年晚三吉梨树，在施用氮、磷肥基础上，每株增施0.9千克氧化钾，可明显提高叶片中的钾含量，使单果重平均增加57.4克。陆智明[34]报道，8年生京川桃，年喷0.5%硫酸钾水液3次，可使桃果平均增重4.5克。

钙与钾之间的关系复杂，一方面钙有利于维持细胞质膜的完整性，利于钾素的吸收，另一方面钙又可与钾竞争质膜上的吸收部位。高浓度的钙可抑制钾的吸收，而低浓度的钙促进钾素吸收。钾对果实生理的调节作用是与钙紧密相联的。如果组织中钙浓度高，钾的浓度对膜的影响较小。当钙离子浓度下降到临界水平时钾离子取代钙离子后，会增加膜的渗透性，导致果实迅速衰老。郝义等[35]于采收前15天，通过3个浓度硝酸钙与磷酸二氢钾配合对甜樱桃喷布，结果表明，处理的果实品质好于对照，钙离子、钾离子能够抑制果实中过氧化物酶、多酚氧化酶活性，降低丙二醛含量，并且随浓度增加抑制作用增强，钙离子、钾离子处理果实腐烂率比对照降低 1.34%~13.54%，褐变率降低 10%~25.3%。另外，国外的一些研究报道也证实了钾素对果树增产优质的效果。钾素可增加葡萄、柑橘、桃的果实大小，提高产量，减少柑橘皱皮果和苹果苦痘病的发生率，降低柑橘收获时的绿果率和生长时的落果率。钾素还能增加柑橘果实的柠檬酸和维生素 C 含量，而可溶性固形物略有降低，从而使糖酸比降低[36]；葡萄施钾后会使果汁总酸增加[37]。Cummings 的研究显示，桃施钾后，可提高货架期、硬度、着色度，并有效地抗褐变[38]。总之，对大多数水果（尤其是菠萝、柑橘、葡萄）来说，增施钾肥除提高产量外，还能增加果实的糖、酸、维生素 C 含量，提高果实着色度、硬度，从而改善果实的风味。但是有些果类作物施用过量钾肥后，会影响果实的加工品质和生食品质，施肥时应当注意。

钾对果实品质的影响主要体现在钾能提高果实中维生素 C、可溶性糖与可溶性固形物含量，降低果实酸度，提升果实的糖酸比等诸多方面。刘同祥对次郎甜柿园主要矿质营养与产量品质的关系进行研究发现，土壤钾含量与叶片钾含量对果实可溶性固形物、维生素 C 含量和果实硬度均有影响[39]；宋少华等利用通径分析，探讨了阳丰甜柿果实矿质元素与果实品质指标的关系，发现果实钾对可溶性固形物有显著正效应，对可滴定酸有显著负效应[40]；潘海发和徐义流发现喷施钾肥可提高砀山酥梨叶片钾素含量，果实可溶性固形物、可溶性糖、维生素 C 含量以及果肉硬度均有所提高，叶面积、百叶重及叶片叶绿素含量也有所增加[41]。不同施钾量对果实品质的影响也有所不同，刘亚男等发现随着施钾量的增加，菠萝果实可溶性糖含量也随之增加，但维生素 C、可滴定酸含量和糖酸比保持稳定[42]。不同钾肥种类因其特性和作用原理的不同，对果树树体生长和品质形成的影响也有所不同。谌琛等人通过果实硬度、单果重、果形指数及果实横径来评价氯化钾和硫酸钾对苹果果实外在品质的影响，结果表明，施钾后果实硬度均呈降低趋势，但与不施钾相比差异不显著；单果重表现为氯化钾>硫酸钾>对照，但 2 种钾肥处理间无显著差异，果形指数、果实可溶性固形物的含量无显著差异；可溶性糖含量表现出氯化钾>硫酸钾>对照的规律，且氯化钾处理的可溶性糖含量显著高于对照；氯化钾处理维生素 C 含量均最高，且显著高于其他处理；不同年份 2 种钾肥对可滴定酸的影响不同，其中 2012 年，氯化钾和硫酸钾处理的果实可滴定酸含量均显著高于对照，2013 年氯化钾处理的可滴定酸含量最高，而硫酸钾处理的可滴定酸含量与对照无显著差异[43]。刘冬碧比较了氯化钾与硫酸钾对幼年早熟温州蜜柑挂果数及产量的影响，结果表明在氧化钾用量相同的情况下，氯化钾处理的产量明显高于硫酸钾处理[44]。

果实内在品质是影响果实风味的重要指标，其决定因素主要包括糖、酸的含量和糖酸比。因此，设法增加果实中糖的含量，同时降低酸的含量已经成为提高果实品质的主要方向。有观点认为，钾会影响细胞膨压，而细胞压力势与果实糖含量和硬度呈正相关。钾还会影响糖积累及其代谢相关酶活性，促进蔗糖、淀粉等的合成，使之在贮存器官中得以积累。前人对施钾和果实糖酸代谢的关系进行过大量研究，发现增施钾肥能够提高果实总酸、果糖、葡萄糖和总糖的含量，降低果实糖酸比和蔗糖的含量；施钾可促进甜瓜中蔗糖、果糖、葡萄糖的积累；增施钾肥可显著提高油桃果实可溶性糖含量，并且降低果实酸度，糖酸比显著增加[45]。除根施钾肥外，根外追施钾肥对果实糖酸代谢也有影响，沙守峰等以早金酥梨为试材，发现叶面喷施钾肥以后，果实总糖含量极显著增加，总酸含量极显著降低，糖酸比明显增加，提升果实品质效果明显[46]。缺钾胁迫时，果实糖积累量减少，此现象并不是光合作用受限引起的，而是由糖分运出叶片受阻所造成的。并非钾肥施用量越高对果实糖含量提高和酸含量降低的效果越佳，杜振宇等发现随着施钾量的增加，冬枣的可溶性糖、可溶性固形物和糖酸比表现出先上升后下降的趋势，而可滴定酸含量表现出先降低后升高的趋势[47]，前人研究认为造成此现象的原因可能是：①高钾产生离子毒害，造成体内代谢紊乱；②钾含量过高抑制了钙、镁等营养元素在果实和叶片中的积累，而果实品质的形成是多种营养元素共同调控的结果；③钾含量对有机酸代谢的影响因植物品种的差异而有所不同。

第二节　柿采收方法和入贮前管理

通常晚熟品种比早熟品种耐贮藏，同一品种迟采收的比早采收的耐贮藏。广东、福建的元宵柿可贮至第二年元宵节。陕西乾县的木娃柿，河北赞皇等地的绵羊柿，晋、冀、鲁、豫等省的大磨盘柿，陕西三原等地的鸡心黄柿等品种耐贮藏，可贮 5~6 个月；而陕西的燥柿、江西于都的盆柿等品种不耐贮藏。硬果期的长短也因品种而异，而且在软化后，果实的贮藏性也不同。陕西的火罐柿、河北等地的镜面柿等均是耐贮性较好的优良品种，甜柿中的富有、次郎等品种贮藏性较好。

一、适期采收

采收食用柿，宜在果实已达应有的大小、皮色转黄、种子呈褐色时进行。作为软柿食用的时候，最好在树上黄色减退，充分转为红色即完熟后再采。甜柿一般多作脆柿供应鲜果市场，多数品种的果实在树上已经自然脱涩，采收后即可食用。一般情况下，在果皮完全转为黄色时即可采收。在果实变红的初期肉质未软化时采收最佳。果实用作制饼时宜晚采，一般在霜降前后，果实含糖最高，削皮容易，果皮颜色由橙转红时采收。

柿果采收时期根据用途而定，一般分为 3 种用途：一是作脆柿（脆食）用，当果实达固有大小，皮色变黄而未转红时采收。二是作软柿（烘柿）用，应在完全转为红色时采收，此时含糖量最高。三是制柿饼用，应在果皮黄色减退，而稍呈红色时采收，过早品质不良，过晚果实变软，不易剥皮。

采收宜选晴天，久雨后不可立即采收，否则果肉味淡运输中容易腐烂；如作为制干柿用，则干制时间加长，且成品色泽不佳。柿外皮受伤后，常分泌单宁，使受伤部分变黑色，不但有损外观，且易引起腐烂，故宜慎重采收，减少损伤。而且也要根据柿树的品种来选择合适的采收方法。对结果母枝抽生结果枝力低以及果枝成花力低的品种，应该采用摘果法，尽可能减少花枝浪费，保证产量。对于那些结果母枝结果枝力强的，果枝成花力强的品种，应采用折枝法，这样可以使花枝比例稳定。

二、采收方法

采收的方法在果树的第一层及第二层，由于成熟的果树下垂都可够得着，用手将当年生的枝果同时折下，折时注意不能伤及大枝及 2 年以上的挂果枝。够不着的可用高枝剪，全长 2 米二段式，用时可将第二节抽出，剪子将果枝夹住，剪断后剪头下落地面，手把一松柿果可落地。此方法采果快，而且能保持不伤柿果。

折枝法即用手将柿果连同果枝上、中部一同折下，其缺点是常把果枝顶部花芽摘去，影响翌年的产量，但折枝可促发新枝，使枝组达到回缩更新。摘果法是用手或采果器将果逐个摘下，此法既不破坏果枝顶部花芽，也不影响翌年产量，但是采摘较慢，用工量较大。柿采收宜用采果剪自果梗部剪取，但因柿树本年的结果枝至明年所抽生的枝都是不结果的枝，采果时可将结果枝留下部 1~2 芽或留基部副芽，连枝剪取，则采果兼行修剪，一举两得。这样采下的果如供制干柿用，可将果留枝一段剪下，以便串绳于所留的枝上缚住，进行日晒。直接供生食则宜自果梗近蒂部剪下，所留果梗越短越好，以免在包装运输中相互刺伤。

三、入库前的准备

果实入库前应对库房进行清洗和消毒，做好设施维修检查和贮藏用物品准备，如保鲜袋、保鲜剂及地面托盘、棉门帘等，并将空库提前降温。果实入库之前，要将库房清扫干净，每立方米库容用 40%甲醛溶液 10 毫升与高锰酸钾 5 克混合，点燃密闭两昼夜后再换入新鲜空气。用于贮藏的容器和用具也要用 0.05%~0.10%漂白粉溶液浸泡消毒。果实入库前要进行产品预冷，以除去田间余热，降低呼吸强度，减少生理病害发生，减轻制冷系统热负荷。果实预冷措施有自然冷却、水冷却、冰冷却、强制通风冷却、真空冷却等多种，假如用容积较大的冷藏库，也可将贮藏产品直接入库，在库内以逐渐降温的形式预冷。果实预冷的温度接近冷藏库贮藏所要求的温度即可。

　　果实在入库前要进行挑选和整理，挑选工作要仔细的逐个进行，其目的是把带有机械伤、虫伤或成熟度不同的果实分别剔除。因为果实中含有大量的水分和营养物质，是微生物生活的良好培养基。微生物侵入果实体内的途径都是在果实的机械伤或虫伤的伤口处，被微生物污染的果实很快就会全部腐烂变质。不同成熟度的果实也不宜混在一起保藏。因为较成熟的果实，再经过一段时间保藏后会形成过熟现象，其特点是果体变软，并即将开始腐烂。果实经过挑选后，质量好的、可以长期冷藏的应逐个用纸包裹，并装箱或装筐。包裹果实用的纸，不要过硬或过薄，最好是用经过对果实无任何不良作用的化学药品处理过的纸。有柄的水果在装箱（筐）时，要特别注意勿将果柄压在周围的果体上，以免把别的水果果皮碰破。在整个挑选整理过程中，都要特别注意轻拿轻放，以防止因工作不慎而使果体受伤。

四、脱涩处理

　　即使到了涩柿的最佳采摘时期，由于柿果中可溶性单宁的含量超过了涩味阈值，所以吃起来有很强的收敛性涩味。因此，柿果实成熟后，经过脱涩处理，可以鲜食或加工。常用的脱涩的方法有以下几种。

1. 混果脱涩

　　将涩柿与成熟的其他种水果混放于密闭室内，在室温下放置约1周即可实现脱涩的目的。这是因为成熟的果实释放出乙烯等气体能刺激柿的软化和成熟，从而达到脱涩的目的。

2. 温水脱涩

　　温水脱涩的原理是当水温在40℃左右时，丙酮酸脱羧酶（PDC）和乙醇脱氢酶（ADH）的活性最高，此时柿果实生成的乙醛含量最多，大大缩短了脱涩所需的时间。将柿果放在稍大的容器中内，不要用铁质容器，加水，用东西压实，使水淹没柿果。将容器放置在恒温箱保持水温在35~40℃，经16~18小时即能脱涩。此法处理的果实肉质较脆硬，但是如果脱涩温度过高或者脱涩时间过长，柿果皮容易发生胀裂，而且柿果的风味会变得寡淡。林菲[48]以福建永定红柿为实验材料，将柿果实置于35~40℃的温水中，维持水温恒定，浸泡16~18小时后，柿果实即可脱涩。结果表明，温水脱涩方式能够较好地保持果肉的硬度。张霁红等[49]研究表明，温水脱涩处理方式的脱涩速度较石灰水脱涩、酒精脱涩、二氧化碳脱涩速度快，使用温水脱涩法可使柿果实的可溶性单宁含量在48小时内迅速降低至涩味阈值，且可溶性固形物含量变化小。温水脱涩技术虽成本低、操作简单，但脱涩时应注意水温的控制，且脱涩时间过长或者温度过高，都会导致果皮胀裂，且柿果风味变淡，降低了果实商品价值。

3. 二氧化碳脱涩

二氧化碳脱涩的机制是使柿果实进行无氧呼吸，从而产生乙醇，再经乙醇脱氢酶催化生成乙醛，从而促使可溶性单宁变为不溶性单宁，达到去除柿果实涩味的目的。目前多采用高浓度二氧化碳处理柿果，将柿果置于密闭容器内，注入二氧化碳气体，室温下2~3天即可脱涩，果实脆而不软。此方法的缺点是二氧化碳浓度不好控制，而且当脱涩时二氧化碳浓度过高，柿果果肉容易发生褐变。冷平[50]等人对磨盘柿进行了二氧化碳脱涩技术研究，发现50%二氧化碳处理不足以使磨盘柿完全脱涩。日本有学者采用恒温短时的脱涩方法，密封容器中充入98%二氧化碳，脱涩27小时后取出，常温放置3天，即可食用。程青[51]以磨盘柿为实验材料，对柿果进行二氧化碳处理和二氧化碳+0.5微升/升1-甲基环丙烯组合处理，研究结果表明，二氧化碳+0.5微升/升1-甲基环丙烯处理组不但使柿果实涩味消失，还减少了果实硬度的下降速率，同时降低了乙烯生成速率，降低了呼吸强度，延缓了柿果实的衰老软化，从而延长了果实货架期。目前，国外应用二氧化碳去除柿果涩味的研究较多，且二氧化碳已经广泛应用于柿果涩味的去除。由于二氧化碳浓度不便于控制，脱涩过程中若二氧化碳浓度过高或柿果脱涩时间过长，果肉都会产生褐变[52]，从而影响商品价值，因此在柿果实脱涩过程中通常将1-甲基环丙烯与二氧化碳结合使用。

4. 乙醇脱涩

乙醇脱涩技术是指将乙醇渗入柿果细胞内，在乙醇脱氢酶的作用下，乙醇转变为乙醛，促使可溶性单宁转变为不溶性单宁，从而达到脱涩的目的。目前乙醇脱涩，多采用以下2种方法。一种方法是装柿果时每装一层，就喷少量的乙醇，密封保温，9天左右可脱涩。另一种方法是将柿果浸泡在一定浓度的乙醇溶液里面，取出后密封保温。乙醇脱涩时间长，而且脱涩完全后，即为软柿。乙醇用量过多或者浓度过大时，果皮表面会发生皱缩。金光等[53]研究发现：室温条件下，30%乙醇处理、40%乙醇处理可在4天内使柿果可溶性单宁含量降到阈值之下，且乙醇处理较二氧化碳处理更有效。刘佳等[54]以红柿为实验材料，研究将乙醇脱涩与二氧化碳脱涩相结合的最佳条件，结果表明，当乙醇体积分数为31%，二氧化碳的体积分数为81%时，脱涩61小时后的柿果实涩味消失，且较好地保持了果实硬度。马君岭等[55]的研究表明，将柿果放于容器中，均匀地喷洒一定量的乙醇（75%），在18~20℃环境下，密闭保存柿果3~8天即可使涩味消失。乙醇脱涩法虽经常用于大批量涩柿的脱涩，但脱涩时间长，果实易软化，导致果肉品质降低，因此乙醇脱涩技术经常与其他脱涩技术相结合，这样在脱涩的同时还保证了果实的品质。

5. 乙烯利脱涩

乙烯利是一种植物生长调节剂，进入植物体内能释放出植物激素乙烯，从而促进果实脱涩。乙烯利脱涩处理跟乙醇脱涩方法相近，目前采用的方法也是喷洒和浸泡。可以将乙烯利溶液喷至柿果表面，也可以将柿果浸泡在乙烯利溶液中，然后密封。脱涩速度的快慢与柿自身因素和乙烯利的浓度、处理时间和外界温度有关系。这种脱涩方法较简单，脱涩后风味较好，适合大量生产，但是处理后的果实稍软，不便于运输。郭发定[56]研究表明，用250~500毫克/千克的乙烯利处理柿果实后，在温度为18~25℃、湿度为85%的环境中贮存，柿果实2~3天即可脱涩。张家年等[57]以磨盘柿为试验材料，用浓度为50毫克/千克、100毫克/千克、250毫克/千克的乙烯利水溶液在室温下浸泡柿果实10分钟，然后置于敞口纸箱中于室温19~23℃下脱涩处理24小时、48小时、72小时，结果显示当乙烯利浓度为100~250毫克/千克，脱涩时间为24~48小时时，柿果实可以较好地脱涩，品质也较高。该法简单方便、高效经济。对猕猴桃进行脱涩处理时也会用到该法[58]，但脱涩后的果实极易发生软化腐烂等现象。同时，值得注意的是，乙烯利的浓度不能过高，否则会导致果实的污染，从而降低商品的价值，因此目前较少使用乙烯利来处理柿果实。

第三节 柿采后商品化处理技术

鲜活农产品采后处理也称采后商品化处理，包括采收后的挑选、分级、修整、清洗、预冷、愈伤、药物处理、涂蜡抛光、催熟和包装等技术环节。柿采后处理的关键几个步骤包括分级、预冷、脱涩、分选、包装。

一、清洗

要把柿洗干净，最好用自来水不断冲洗，流动的水可避免农药渗入果实中。洗干净的柿也不要马上吃，最好再用残洁清浸泡5分钟。残洁清可以杀灭柿表面残留的有害微生物。残洁清水呈碱性，可促进呈酸性的农药降解。洗柿时，千万注意不要把柿蒂摘掉，去蒂的柿若放在水中浸泡，残留的农药会随水进入果实内部，造成更严重的污染。另外，也不要用洗涤灵等清洁剂浸泡柿，这些物质很难清洗干净，容易残留在果实中，造成二次污染。

二、分级

我国是水果生产第一大国，水果采收后处理分级有利于销售时按级定价，方便贮运，通过检测剔除虫害果和机械损伤果，减轻了病虫害的传播和降低残次品处理成本，对于提高我国果品品质，增强国际市场竞争力有着重要的意义。当前柿的采后分级方法主要为以下 2 种。

1. 人工分级

工人利用选果板进行分级，选果板上有相同形状但直径大小不同的孔，根据果实横纵径的不同进行分级。这样分级后的柿果大小统一，但需人工再挑出有机械损伤及病害的坏果。

2. 机械分级

柿果在全自动的传送带上通过由小逐渐变大的选果孔，小的先分选出来，大的最后出来分选，这种分级方法能够有效降低人工成本。但机械分级所需的选果机价格昂贵，且机械分级会对柿果造成一定的机械损伤。人工分级和机械分级的依据只是水果的外观，对水果内部损伤和内部质量指标无法进行识别，近年来基于近红外光谱等技术的果品无伤检测技术日渐成熟。相关研究表明，近红外光谱结合多变量分析技术可有效检测柿果涩味水平[59]，这项技术在未来柿果的无损检测分级上有良好的应用前景。

果蔬产品收获后，按照不同市场所要求的分级标准进行大小分级和品质选择，把产品分成不同等级。分级后，大小基本一致，规格统一，包装方便快捷，提高了商品价值，降低了贮藏运输过程中的损耗，提高产品经济效益。分级标准因产品种类及品种不同而异。甜柿综合品质分级是基于以上 3 个单项分级，即重量分级、表面颜色分级、缺陷识别。结合国标与企业标准制定了适用于甜柿出口的综合品质分级标准，共分为以下4 个等级（表 5-1）。

表 5-1　柿主要品种等级要求　（单位：克）

类型	代表品种	等级		
		特级	一级	二级
特大果	磨盘柿、高安方柿、安溪油神、斤柿、鲁山牛心柿	>300	250~300	2 000~250
大型果	于都盒柿、灵台水柿、鲁山牛心柿、眉县牛心柿、富平尖柿、诏安元宵柿、干帽盔、费阳盘柿、富有、次郎、阳丰、恭城水柿、文县馍馍柿	>200	170~200	150~170

（续表）

类型	代表品种	等级		
		特级	一级	二级
中型果	四村早生、孝义牛心柿、荷泽镜面肺、摘家烘、新红柿、广东大红特、南通小方柿、托柿、博爱八月黄、金瓶柿、邢台台柿、千岛无核柿、西昌方柿	>120	100～120	80～100
小型果	火晶、橘蜜柿、暑黄柿、小绵柿	>90	70～90	50～70
特小型果	火火罐、胎里红	>55	45～55	35～45

三、风干

脱涩后新鲜柿的脱水干制过程是水分逐渐下降而可溶性固形物逐渐上升的过程，阻碍柿在贮藏过程中微生物繁殖和抑制酶活性，延长保存期。目前柿干制终产品主要是柿饼，而柿饼干制方式主要是晾晒，受天气因素影响较大，且微生物污染较严重，产品品质参差不齐。近年来，人们发现热泵干燥在干燥工业生产上是一种理想的干燥方式。热泵干燥对比直接电干燥方式更加节能；控制干燥温度和空气湿度能力较强，应用范围广；由于主要能量少和释放气体及烟雾较少所以具有环保的特点[60-61]。虽然有许多学者也在研究热风干燥、真空干燥和冷冻干燥的干燥产品质量的提升[62]，但是这些干燥方式都要消耗大量的能量。对干燥过程中控制条件的优化是节能的最有效方法之一，同时产品质量也是需要考虑的另外一个重要的方面。干燥是一个传热传质的复杂过程，大多数情况下会导致产品的性能发生变化。在不同干燥条件下，物料也许会发生不同程度的褐变、皱缩、营养流失等。干燥过程中产品的脱水过程也是营养物质浓缩的过程，物料单位重量所含的蛋白质、脂肪和碳水化合物的含量在干燥后都会大大增加。因此，在高温的干燥条件下可能会发生不同程度的变性导致食物产品品质下降，故找到合适的干燥温度对于干燥过程十分重要。

据统计，我国柿树种植及柿产量居世界第一位，但我国的柿制品加工比例不足10%，产品单一、种类少且90%以上为涩柿制品，产品技术含量低。10%的加工产品中大部分以柿饼加工为主，其他与柿有关的产品较少。目前，国内较为知名的柿饼三大品牌有恭城月柿、富平柿饼以及青州柿饼，其中恭城月柿年产量为20 000吨，而富平只有1 000～1 500吨。月柿采收周期长、产地多、成熟度以及柿果大小差异大且月柿属于高水分的农产品（含水量在78%～82%），新陈代谢旺盛，为呼吸跃变型水果，采后不及时加工易导致柿果软化、腐败现象。据调查发现，我国果蔬采摘后平均损失为15%～

20%，而发达国家只有 1.7%~5%。我国的柿饼加工主要以个体散户自然晾晒为主，柿饼加工原料没有统一标准，加工过程易受天气、微生物的影响，产品常出现涩味、硫含量超标等食品安全问题。人工干燥柿饼主要将自然干燥工艺转化为人工干燥工艺，缺乏理论依据。柿饼的干制是一个物理、化学共同变化的复杂过程，包括脱水、脱涩以及软化，而柿饼脱涩影响因素鲜有研究。人工干燥的机制柿饼虽然缩短了柿饼干燥时间，解决了天气与微生物的影响，但是柿饼加工原料选择粗放没有规范，产品品质不易保证，常出现涩味残留等问题。柿饼流通通常只能通过感官进行涩味评价，且具有破坏性，难以满足市场上大批量样本快速无损检测的需求。我国柿饼产业主要矛盾在于加工技术和装备的落后与现实中加工现代化的要求，柿种植业快速发展与柿饼精深加工严重不足。因此，积极探索和改进柿饼加工工艺，不断提高柿饼卫生质量指标，增强柿饼加工研发力度，提高产品附加值迫在眉睫。

四、预冷

果蔬贮运保鲜除了要求适宜的低温贮藏环境和运输环境外，还要求在采后用尽可能短的时间除去果蔬的田间热，快速降低果蔬的代谢强度，这就需要果蔬冷链中的第一个重要环节——预冷。预冷是果蔬采后商品化处理的关键环节，它可以快速地去除果蔬采后自身携带的田间热，抑制果蔬呼吸作用，从而延缓果蔬成熟衰老的速度。预冷可以增强果蔬的耐储性，使果蔬更快适应低温贮藏，减少果蔬冷害的发生；预冷还可以降低运输和贮藏时的制冷能耗，节约成本。研究表明，蔬菜在冷链流通时，若不经过预冷，损失率为 25%~30%，而经过预冷处理的蔬菜损失率仅为 5%~10%[63]。预冷时要控制的主要因素有温度、时间和湿度。预冷温度越低，果蔬达到贮藏温度所需的时间越短。预冷温度直接影响果蔬贮藏时的品质，若预冷温度过高，预冷时间过长，不利于快速去除田间热，抑制呼吸作用；若预冷温度过低，可能造成冷害。

果蔬采后田间热可加速果蔬的呼吸和蒸腾作用，促进水分蒸发和微生物繁殖，加速果蔬老化。预冷是将新鲜采收的果品在运输、贮藏或加工前快速除去田间热的过程。主要的预冷方法有以下几种方式。

1. 自然降温预冷

将采收的果蔬放在背阴，冷凉且通风的场所，让其自然降温，散去田间热。该方法最为简单，成本低，但降温速度慢，且难以达到所需的预冷温度。

2. 水预冷

以水作为热传导介质，将蔬菜浸入冷水中或者将冷水喷洒到蔬菜表面使蔬菜温度降低的一种方法。水预冷效果好，成本低，但果蔬可能会遭受冷水中病原微生物的侵染，需要在水中加入大量防腐剂，而防腐剂本身也会对产品造成污染。

3. 空气预冷

又叫冷库预冷，是以空气作为热传导介质，通过制冷机组将库内的热量传到库外，从而降低冷库内果蔬的温度。冷库预冷适应性强，能够对大部分果蔬进行预冷，而且能够将多种类蔬菜混合冷却，操作简单，但是冷却时间较长，易产生冷却不均的现象。

4. 真空预冷

真空预冷是利用蔬菜在低压环境下水分的蒸发，快速吸收果蔬自身存在的田间热量，同时不断去除产生的水蒸气，使蔬菜温度得到快速降低的一种方法。

传统柿果的预冷方式主要为自然降温预冷，随着柿产业的不断扩大，由于冷库能够快速的对大批量柿果进行精准的控温，使得冷库预冷已逐渐取代自然降温预冷。柿果的冰点为-2.5℃，如果温度降到-2℃以下，即会造成柿果褐变率增加，为使柿果逐渐适应这一贮藏温度，在柿果采收后应立即预冷，使果温降到5℃，然后逐渐降到0℃。如果采收后立即放入0℃贮藏，因氧吸收受到抑制，会造成柿果中心部氧气不足，进而发生无氧呼吸，不利于长期贮藏[64]。

五、涂膜

果蔬的涂膜保鲜主要是将涂膜剂通过包裹以及喷涂的模式，在食物表层涂一层很薄、均匀并且具备有通透和阻断特性的薄膜，其能够有效减少果蔬表面跟空气的接触范围，并能够减少外界环境对于食品的污染和损坏，减少果蔬失水、吸潮以及呼吸强度，借此来达到良好的果蔬保鲜效果。通过在涂膜中添加一些防腐剂的模式，还能够对微生物起到良好的抑制和灭杀效果，借此获得抗氧保鲜的效果。

涂膜剂主要指的是能够覆盖在食品表面，进行保质、保鲜以及防止水分蒸发的物质，涂膜剂的种类非常多，其中虫胶以及蜂蜡等大多数涂膜剂都是天然形成的，并且具备价格低廉、原料简便以及应用简单的优势。在食品保鲜过程中进行涂膜剂的选择时，要求涂膜剂能够形成连续均匀的膜，并且能够在提升果蔬保险性能的基础上，有着良好的外观水平。此外，涂膜剂还需要无毒无异味，并不与食物结合生成有毒物质，借此来保障果蔬的使用性能。目前常用的涂膜剂有食用蜡、单甘脂、蛋白质沉淀剂以及油脂类等诸多类型，可在结合果蔬实际需求的基础上进行涂膜剂的合理选择。

1. 涂蜡

果蜡主要分为天然蜡和人工蜡2种，其中天然蜡在食用之后会直接进入到人体内形成碳水化合物、脂类以及有机酸，并会被人体吸收和消化。人工蜡主要指的是一种通过高脂肪和高脂肪酸合成的脂肪类化合物，其不会被人体所吸收，在食用过多之后还会威胁到人体的身体健康。在通过果蜡进行果蔬的打蜡处理之后，虽然能够起到良好的保鲜效果，但也可以导致果实内部出现乙醇和乙醛含量的堆积，从而出现果蔬异味。

用于果蔬的蜡质涂膜材料主要有基于蜡质和石蜡的薄膜及涂料、乙酰甘油薄膜和涂料以及紫胶树脂基薄膜及涂料。以豌豆淀粉和乳清蛋白分离物为基材，与巴西棕榈蜡（1∶1∶1）复合对核桃涂膜，可显著改善核桃的鲜嫩度和口感，但是如果将此比例调整为1∶1∶2则会导致核桃变黄、无法接受[65]。用1%巴西棕榈蜡或0.5%蜂蜡分别对金柑进行涂膜，可有效降低贮藏过程中的失重率[66]。

2. 可食用膜

可食用膜是将天然可食性大分子物质作为基材的一种保鲜膜，其能够直接被人体吸收，在食品行业中有着非常重要的应用价值，目前我国采用的可食用膜主要包含以下几种类型。

（1）淀粉膜

淀粉膜是以用稀碱溶液改性后的淀粉作为基材，然后添加一定量甘油所形成的果蔬保鲜膜，其材料来源广泛，制作技术低下，价格也比较低廉，因此在目前的果蔬保鲜行业获得了良好的应用效果。在进行淀粉膜材料的选择过程中，豌豆淀粉膜具备更加优越的阻油性，能够发挥出更好的果蔬保鲜效果。

（2）蛋白质膜

该类型保鲜膜主要是将动植物的分离蛋白作为原材料，具备阻油性、可食用以及可生物降解等应用优势，因此具备非常高的应用价值。常见的蛋白质膜包含有大豆保鲜膜、小麦蛋白膜以及乳清蛋白膜等。通过大豆来进行蛋白质保鲜膜的制作时，发现在干燥温度50℃条件下、大豆的分离蛋白质质量分数达到2%、凝胶多糖的质量分数保持在1.2%、甘油质量分数保持在1%以下时，该保鲜膜的抗拉强度以及阻湿性能会得到一定程度的提升。

（3）纤维素膜

纤维素膜主要是在改性后的纤维素中加入果胶、脂肪酸、甘油以及蛋白质等诸多成分来进行制备的。其能够有效抑制果蔬在存储过程中出现发霉以及变质的问题，从而有效避免果蔬浪费等情况的出现。就苹果的存储为例，通过纤维素膜的应用，能够让苹果的衰老速度以及质量损失率得到有效降低，还能够避免有机酸以及细菌对于苹果的侵蚀，从而使得苹果的货架期得到大幅度提升。

3. 壳聚糖

涂膜保鲜是通过浸染、喷涂和刷涂等方式在食品表面涂覆一层均匀的薄膜，以达到对空气中二氧化碳、氧气、水分等的阻隔效果，同时抑制呼吸起到很好的保鲜作用。壳聚糖是甲壳素脱乙酰基的降解产物，因自由氨基与羟基的大量存在，其在各种稀的无机或有机酸溶液中溶解性和化学反应活性大大改善，广泛用于食品的防腐保鲜和水的净化等。除了来源广泛以外，壳聚糖还具有抗菌性、环保性、成膜性和通透性等优良特性。壳聚糖涂膜因其无污染问题，并在果实表面形成一层薄薄的保护层，通过控制湿度和气体比例，能有效控制果实在采摘后的衰老软化。此外，壳聚糖溶液可以部分取代化学药，通过自身的抑菌特性控制果实采后的病害，调节果实采后生理生化代谢，成为一种很有前途的果蔬短期贮藏措施。壳聚糖的成膜性能好，机械强度较高，对水蒸气有良好的阻隔性，尤其是壳聚糖可在果蔬表面形成半透膜，使果蔬内部形成一个低氧气、高二氧化碳的微环境，影响果实的生长过程，抑制果实呼吸作用、膜脂过氧化和乙烯产生等需氧的生理生化过程，在一定程度上能够延缓果实衰老，使成熟较慢，有效地减少果实腐烂，提高果蔬的贮藏品质，延长果蔬贮藏寿命。而且，壳聚糖及其衍生物具有防腐抗菌作用，又可诱导果实产生自身抗性。壳聚糖作为一种新型的生物源果蔬保鲜剂，在杨梅、葡萄和黄瓜等果蔬的采后贮藏运输中均表现出良好的保鲜效果。使用壳聚糖涂膜后，柿果在室温下的保存期有所延长。1.0%壳聚糖溶液黏度相对较小，果实浸渍后易晾干成膜；2.0%壳聚糖溶液黏度相对较大，果实浸渍后不易晾干，果实表面的果粉会造成成膜不匀，但成膜强度较大。综合果实保存期间指标的变化，1.0%～2.0%壳聚糖溶液对柿果的采后变化有一定抑制作用，短期保存可用较高浓度，较长时间保存可用较低浓度[67]。

壳聚糖是唯一的碱性天然多糖，具有多种独特的生物活性和功能，并且具有良好的成膜性、保湿性和分散性，在医学、食品、化工、环保等方面具有广泛的用途。大量研究证明，壳聚糖在抗菌方面效果显著，近年来其作为一种天然的抗菌剂备受关注，在很多农业领域应用广泛。壳聚糖保鲜主要是利用壳聚糖的抑菌性和成膜性，在果蔬表面形成一层选择性半透膜，从而抑制果蔬的呼吸强度，调节果蔬采后生理代谢，对许多微生物产生抑制作用，防止果蔬腐烂变质，达到果蔬保鲜的目的。壳聚糖的生物活性和抗菌能力随脱乙酰度的增高而升高，这是由于游离氨基含量增加的结果。研究不同浓度壳聚糖溶液对杏果贮藏保鲜的试验中发现，壳聚糖处理显著提高了果实中总酚含量和抗氧化活性。杨娟侠等对金太阳杏的研究指出，1%和2%壳聚糖处理能延长金太阳杏的贮藏期[68]。江英等采用0.75克/升壳聚糖处理梅杏果实发现，壳聚糖处理抑制了果实硬度的下降、降低了腐烂率的发生，同时保持了较高的可溶性固形物含量[69]。脱乙酰度是表征壳聚糖的重要参数，随着脱乙酰度的增高，游离氨基含量增加，其抑菌作用增加。在壳聚糖衍生物中，羧甲基化壳聚糖最容易溶于水，对藻类、真菌和细菌等微生物都有抑制作用，取代度在0.4左右时，具有最佳的抗菌效果。壳聚糖还可与其他防腐剂混合使用。刘青梅等[70]用15毫克/克壳聚糖+5毫克/克苯甲酸钠涂被冬笋，在7℃左右的室温下可保鲜30天，其色泽基本保持不变，好笋率达到85%；以甲壳素为原料制备的氨基葡萄糖盐酸盐，作为番茄保鲜剂具有较好的保鲜效果；用20毫克/克的壳聚糖对番茄涂膜保藏15天后，测得其总酸度、总糖度、维生素C均与原来采摘时的番茄接近。钱倚剑等[71]以甲壳素为基本组分，研制出适用于热带果蔬在海南湿热气候条件下常温保鲜的CH-I喷涂型保鲜剂，该制剂对葡萄、苹果、黄瓜、番茄等无绿叶果蔬一般都起到明显的保鲜作用。加拿大研制成的NOCC即N,O-羧甲基脱乙酰壳多糖保鲜剂，可以将NOCC溶液喷洒在果蔬表面或用其浸渍水果，就可以在水果表皮形成一层薄膜，且薄膜能一直包裹在水果表面，既阻止了氧气进入，又防止了二氧化碳排出，延缓水果成熟老化，达到保鲜的目的，可保鲜至90天以上。除此之外，还有文献记载，壳聚糖涂膜可延长桃、日本梨、猕猴桃、黄瓜、辣椒、草莓和西红柿的保存期和降低腐烂率。这是由于用壳聚糖涂膜降低了呼吸率，抑制了真菌生长和由于乙烯减少、二氧化碳形成而延迟成熟所致[72]。壳聚糖涂膜对鲜切胡萝卜具有明显的保鲜效果。而在不同浓度的壳聚糖中，1%壳聚糖>1.5%壳聚糖>0.5%壳聚糖>无（空白组），1%壳聚糖的鲜切胡萝卜保鲜效果最好，1.5%壳聚糖次之[73]。

与传统的塑料薄膜相比，壳聚糖涂膜安全无毒，易于生物降解，对几种真菌显示出抗真菌活性，其涂膜能够延长果蔬的贮存时间，防止过早腐烂，因此壳聚糖涂膜有逐渐取代塑料薄膜的趋势，具有非常好的应用前景。壳聚糖涂膜使用时浓度一般为0.5%~2%，使用前，先将壳聚糖用稀酸溶解，然后用氢氧化钠将溶液的pH值调整至5.2~5.8，即可得到无色透明的溶液，最后对果蔬进行涂膜[74]。

六、催熟

果实成熟是果实生长发育的一个阶段，果实发生转色、产生特有果香味和质地的改变等一系列生理生化变化，从而达到可食状态。这些变化决定着果实的品质和商品价值，与生产中果实的采收、运输、贮存保鲜和加工销售密切相关。乙烯对果实的成熟起着重要作用。因此，关于乙烯对果实成熟的关系方面的研究一直为人们所关注。Kidd等通过对成熟苹果释放的气体研究分析，首先发现果实本身能合成乙烯，获得植物可以产生乙烯的化学证据[75]。自此开始，果实成熟与乙烯的关系被人们关注，乙烯可以促进果实成熟，是一种果实成熟激素，从而确认乙烯是植物成熟激素。在呼吸跃变型果实中，果实成熟时有一个乙烯含量"高峰"与"呼吸高峰"相伴。Burg等对香蕉果实进行研究时发现，香蕉果实在成熟过程中乙烯释放会出现一个"乙烯峰"，且"乙烯峰"出现时间先于"呼吸跃变峰"[76]。

催熟是利用人工加速作物生长，让作物果实成熟的技术。一般当作物在自然条件下不能正常成熟，或需要使之提早成熟，或要求将已收获而未成熟的果实在短期内达到成熟标准时采用。催熟手段目前以乙烯及乙烯利应用最广。如柿及香蕉用 500～1 000 毫克/千克乙烯利喷在果面上，经 3～5 天即可成熟；柑橘、苹果、桃、杏等也可用乙烯利催熟；棉花在枯霜前或拔秆前 20 天左右喷 800 毫克/千克左右的乙烯利，可促进棉铃开裂。少量的香蕉催熟，传统上用炭火或熏香法，而少量柿的脱涩，则常用 35～40℃温水浸果 16～18 小时的方法。常见的催熟方法有以下几种。

1. 水果催熟

这是最常用的一种方法，将采摘的生柿与成熟的苹果、梨等水果放在一起，1 周左右就能食用，但果实较软。因为成熟的水果中含有大量的乙烯，释放的乙烯就能催熟涩柿，用塑料袋将柿和成熟水果放在一起，扎紧袋口成熟更快。

2. 温水浸泡

将柿洗净，用 40℃的温水浸泡涩柿，保持水温在 35～40℃，密封盖好，1～2 天就能脱涩食用，这样催熟的柿肉质较脆硬。

3. 果肉浸泡

将一些小果、残果（也可以用好果，只是比较浪费）捣烂后放在容器里，加水搅拌，倒入要催熟的柿，加水至完全浸没柿，并将柿轻轻搅动浸泡 2～3 天就能食用。这样催熟的柿，味美爽口，保有原味，不易腐烂。

4. 石灰水浸泡

配制澄清的石灰水，柿与石灰水的比例大概 10：1 左右，倒入缸内，放入柿，加水浸没柿，3～4 天即可脱涩食用，这样催熟的柿偏脆。

5. 乙醇催熟

在柿表面喷洒少量 75%乙醇或者平时食用的白酒，要层层喷洒，装好后密封保温存放，经 9 天左右可脱涩，所用时间较长，效果不是很显著。

第四节　柿贮藏保鲜技术

一、常温贮藏

室内堆藏是在阴凉干燥且通风良好的室内或窖洞的地面，铺 15～20 厘米的稻草或秸秆，将选好的柿在草上堆 3~4 层。也可装箱（筐）贮藏。室内堆藏柿果的保硬期仅 1 个月左右。有研究表明，用以钙为主的保鲜剂处理火罐柿，常温下贮藏 105 天，硬果率达 66.7%，而对照已全部软化。传统贮藏是民间广泛流传的土方法，通常利用通风阴凉的环境对柿果进行贮藏，不需要大型的贮藏设备，具有简单、快捷、投资少等优点，包括室内堆藏、露天架藏、自然冻藏、液体贮藏等方式。但传统贮藏效果不佳、效益低下，也不便于大规模商业应用，尤其是我国加入 WTO 后，更不利于柿果的商品流通、国际竞争及产业化发展。露天架藏是利用竹竿、木板、铁杆等材料在通风阴凉处搭架，一般架高 60~120 厘米，过低湿度较大，果实易发霉变质，过高则不易操作。架上铺麦秸、谷草等软物后平铺摆放果实，并在架子正上方搭建雨棚防止曝晒和降水。此方法简易方便，在北方地区通常能将柿果保存至翌年 2 月初。

二、冷藏

冷藏是果蔬采后最有效的贮藏方法之一。低温可降低柿果采后的呼吸作用，降低乙烯的生成量和释放量，抑制致病微生物的滋生，避免褐变腐烂，延缓果实衰老，从而达到延长贮藏期的目的。柿的低温贮藏效果较好，但需大量冷库，技术设备复杂，投资较高，一般分为冷藏和速冻贮藏 2 种。Fumuro 等[77]将日本柿品种先用高浓度（95%）二氧化碳脱涩，再于 0℃贮藏，保鲜期达 4 个月。在日本柿品种 Tonewase、Denkuro、Tri-umph 等上都进行了类似的研究[78,79]。不同品种对冷害敏感性不同，Suruga 甜柿 1℃冷藏 35 天，后熟期间出现冷害[80]。富有柿 0℃贮藏 6 周后，在后熟时冷害现象十分严重[81]。大量研究表明，甜柿的长期贮藏应采用 0~4℃的低温，贮前热处理、提高环境湿度、增加二氧化碳浓度、降低氧气浓度等方法均可以减少冷害[82]。

柿果实采后自身的呼吸与新陈代谢仍在进行，温度是影响果实呼吸的主要因素，低温贮藏能有效地抑制果实的呼吸作用，降低乙烯生成量与释放量，并且能够抑制病原微生物的生长，减轻褐变腐烂。然而，低温贮藏并不能长期保持柿果实的硬度，随着贮藏时间的延长，柿果实极易发生褐变及软化。杨绍艳等[83]对磨盘柿果实进行了冷藏保鲜效果试验，结果是低温 0℃±0.5℃条件下贮藏 90 天的柿果实硬果率降低到 35%，且有 8.3%的软烂，说明低温条件下磨盘柿果实的保脆完好贮藏期较短。

De Souza 等[84]认为，柿果实冷藏后软化的主要原因是由于其果肉结构遭受破坏，使其变成凝胶果。导致这种破坏的原因可能与细胞骨架组织及内质网膜系统遭受破坏而改变柿果内蛋白质与其他代谢物的合成与转运有关，致使其不完全成熟。为验证这种假设，De Souza 等[84]对采后的富有甜柿果实进行了 3 种贮藏处理：①对照处理，即将采后的柿果实保持在室温 23℃±3℃的温度条件下存放；②处理 1，将采后的柿果实置于低温 1℃±1℃的条件下冷藏 30 天后放入室温保存 2 天；③处理 2，将采后的柿果实在常温下放置（驯化）2 天，然后置于低温 1℃±1℃ 的温度下冷藏 30 天。试验结果表明，对照的柿果实硬度降低，而可溶性固形物及抗坏血酸含量增加，且果实中内源-1，4-β-葡聚糖酶、果胶甲酯酶、多聚半乳糖醛酸酶以及 β-半乳糖苷酶活性增强；处理 2 柿果实变成凝胶果，果实硬度降低，而各种酶活性未发生改变，推测可能是由于其细胞骨架遭受物理损伤所致。此外，在对照及处理 2，与苹果菌素相关的蛋白质含量持续增加，表明这些条件确实有利于与细胞壁溶解相关蛋白质的合成与转运。柿果内质网膜细胞器中与热激蛋白（HSPs）相关基因转录产物富集，表明这些基因参与保护柿果实在低温条件下免受冻害。该试验验证了低温贮藏前常温驯化有利于热激蛋白的表达及细胞壁溶解相关蛋白质的合成与转运，这些基因的表达和作用使得柿果实正常成熟，延缓了低温冷藏条件下柿果实的软化时间，同样证实了乙烯产生的发展过程。低温贮藏能在一定程度上延缓果实的成熟及软化，但若要进一步延长柿果实贮藏期还需要在低温的基础上配合采用气调或其他贮藏措施。

三、冻藏

生产中的冻藏方法分为自然冻藏和机械冷冻 2 种。自然冻藏即寒冷的北方地区常将柿果置于 0℃ 以下的寒冷之处，使其自然冻结，可贮到春暖化冻时节。机械冻藏即将柿果置于 -20℃ 冷库中 24~48 小时，待柿完全冻硬后放入 -10℃ 冷库中贮藏。这样柿果的色泽、风味变化甚少，可以周年供应。但解冻后果实已软化流汁，必须及时食用。冷冻贮藏也是低温贮藏的一种。将脱涩后的柿果放在 -25℃ 以下低温冻结 24~48 小时，待其果肉部分冻结后，放在 -18℃ 条件下冻藏或直接放到 -18℃ 环境下冻藏，均能较好地保持柿果的色泽与风味，并可以较长时期保持品质不变。食用时将冷冻的果实浸入水中慢慢解冻即可，这种方法能较好地保持维生素 C 含量。

冰温保鲜技术是指将果蔬贮藏在 0℃ 以下至各自的冻结点范围内，使果蔬内部组织液未发生冻结的同时，果蔬细胞不受破坏仍处于活体的状态，这样可有效抑制微生物的活动，起到保鲜的作用。周拥军等[85] 以方山柿为试材，比较研究了普通贮藏（1~2℃）与冰温冷藏（-2~-1℃）两种冷藏方式对柿果细胞壁物质代谢的影响，结果发现冰温贮藏比普通冷藏更好地保持了果实的硬度，且在贮藏 90 天时，冰温贮藏的硬度是普通冷藏硬度的 1.66 倍。魏宝东等[86] 研究了磨盘柿在普通冷藏（-0.5~0.5℃）、冰温贮藏（-0.2~-0.5℃）和冰温结合 1-甲基环丙烯贮藏的情况下，柿果实品质变化情况。结果表明，冰温结合 1-甲基环丙烯贮藏品质>冰温贮藏品质>普通冷藏品质，冰温结合 1-甲基环丙烯贮藏方法对柿果实的硬度及衰老软化相关的酶活性具有最好的抑制效果。冰温贮藏技术可以较好的保证果蔬品质，近年来备受研究人员关注，现该技术已应用于大量果蔬贮藏保鲜，但需要注意的是冰温保鲜库内流场波动小，控制精度高。

四、气调贮藏

气调贮藏一词译自英文 Controlled atmosphere storage（简称 CA Storage）。其原理是把果蔬放在一个相对密闭的贮藏环境中，同时改变、调节贮藏环境中的氧气、二氧化碳和氮气等气体的比例，并把它们稳定在一定浓度范围内的一种果蔬贮藏保鲜方法。它能够保持果蔬采摘时的新鲜度，减少损失，且保鲜期长，延缓果蔬后熟，抑制老化，延迟或减轻败坏，无毒无害，对环境无污染。气调贮藏是在冷藏的基础上，加上气体成分的调节，是果蔬贮藏保鲜技术的发展和创新。它包含着冷藏和气调的双重作用，是目前国际上使用最普遍、效果最好、最先进的贮藏保鲜技术之一。

目前，气调贮藏已成为工业发达国家果蔬保鲜的重要手段，特别是果蔬贮藏已逐渐由单一冷藏向气调冷藏发展，并开展了一系列研究，为实际生产提供技术参数和理论指导。如 Bertolini P 等[87]研究表明，气调冷藏抑制梨果实表面病斑，果心褐变及维持果实的品质和食用特性的最佳气体成分为 1.5%氧气和 1%二氧化碳；DíazGA 等[88]研究表明，猕猴桃在 5%氧气和 5%二氧化碳或 5%氧气和 2%二氧化碳中可以贮藏 6 个月，但货架期仅有 15 天；Botondir 等[89]研究表明，低氧（1%或 2%）对早期采收的杏果实没有作用。气调贮藏能够改善果蔬相关酚的特性，近几年来，美国气调贮藏苹果已占冷藏总数的 80%，新建的果品冷库几乎都是气调库，英国气调库总库容量达 22 万吨，其他国家如法国、意大利等也大力发展气调冷藏保鲜技术，气调贮藏苹果均达到冷藏苹果总数的 50%~70%以上，而且形成从采收、入库到销售环环相扣的冷藏链，从而使果蔬质量得到有效保证。

研究表明，柿果长期贮藏最佳氧气浓度为 3%~5%，二氧化碳为 3%~8%。气调贮藏可贮藏 3~4 个月，柿果保持脆、硬而不变褐。惠伟等[90]研究认为，柿果能够忍受较高浓度的二氧化碳，但同时要相对的提高氧气浓度，不能低于 3%。在 0℃、8%二氧化碳和 3%~5%氧气的条件下，富有甜柿品种可贮藏 3 个月；涩柿品种果实在 3%二氧化碳中贮藏品质很好。柿果硬度的变化与气体成分组合有关，氧气浓度越高，硬度下降越快；但当气体中含有 3%二氧化碳时，氧气浓度的高低对硬度变化无影响，目前我国大规模气调贮藏较少。

五、自发气调贮藏

气调贮藏分为机械气调贮藏（Controlled atmosphere storage）和自发气调贮藏（Modified storage）。机械气调贮藏是人为利用气调设备适当降低贮藏环境氧气分压，提高二氧化碳分压，达到抑制果蔬和微生物代谢活动，延缓其后熟的一种贮藏方式。果蔬的人工气调贮藏往往有严格的气体浓度标准，以达到最优的贮藏效果。自发气调贮藏又叫薄膜包装贮藏，用薄膜袋、帐、箱形成的一次性的控制氧气和二氧化碳浓度的贮藏方法，其贮藏没有严格的气体浓度标准，完全靠果蔬的呼吸作用自发进行贮藏环境内气体比例的调节。我国柿气调贮藏的相关研究开展较晚，但近年来国内柿自发气调贮藏的研究逐渐增多，柿的采后贮藏体系也日臻完善。

自发气调贮藏是依靠农产品自身呼吸代谢降低氧气和提高二氧化碳，又反过来自发地调节、抑制自身呼吸代谢，利用低氧气与高二氧化碳的协同作用拮抗乙烯等衰老激素的催熟作用，减少自身养分消耗，延长贮藏寿命的一种贮藏方法。由于其简易、节能和实用，在我国农产品保鲜领域中占有比较重要的地位。利用自发气调贮藏技术已成功贮藏了枣、青椒、柿果、甜樱桃和蜜桃等。研究发现，利用自发气调贮藏可抑制桑果呼吸强度和乙烯释放量，自发气调贮藏桑果的纤维素酶、果胶甲酯酶和多聚半乳糖醛酸酶等细胞壁水解酶活性和水溶性果胶含量显著低于对照，而果实的纤维素和原果胶含量显著高于对照，从而延缓桑果的软化[91]。自发气调贮藏包装的良好贮藏效果，一是气密性，在塑膜袋内形成了低氧气、高二氧化碳的气体环境，抑制了呼吸和叶绿素的分解。此环境也抑制微生物生长，防止引起腐烂；二是因为塑膜袋的透湿性小，创造了袋内适宜的高温环境。由于薄膜袋内的水汽处于近饱和状态，阻止了果蔬因失水而干瘪枯萎，减少氨基酸和电解质的渗透损失。自发气调贮藏是气调贮藏的一种简易形式，无需控制气体成分的昂贵设备，主要通过果蔬自身的呼吸和包装膜的透气性来自发调节其生理活动，该方法成本低、节能、使用方便，且可用于冷藏后的运输，因而逐渐成为国内外使用较为广泛的气调贮藏方法之一。低温与自发气调贮藏结合保鲜剂的长期保鲜措施，是近年来国内外研究较多的柿果贮藏保鲜方法，也称为"冷库+自发气调贮藏"法，就是把柿果放入薄膜包装袋中，加入脱涩保鲜剂、氧吸收剂、二氧化碳释放剂、乙烯吸收剂，利用柿果的呼吸和包装材料的透气性，在0℃±1℃的恒温条件下，使柿果在低氧气、高二氧化碳的环境中延长贮藏期并达到低温脱涩的效果。采用保鲜膜或有孔塑料袋对鲜柿进行包装处理，有效抑制了果实失水，延长了保鲜期。该包膜处理尤其对反季节栽培的柿果延长货架期效果明显。

六、减压贮藏

减压贮藏被称为保鲜技术史上的第三次革命。它的基本原理是在低压条件下，抑制果蔬的呼吸作用，促进果蔬组织内二氧化碳、乙烯、乙醛、乙醇等挥发性代谢产物向外排出，因而延缓果蔬的成熟和衰老。减压贮藏也是气调贮藏的一种形式，就是通过降低气压，排除产品的内源乙烯及其他挥发性物质，从而抑制果品的后熟衰老。减压贮藏能够降低果蔬呼吸强度，并抑制乙烯的生物合成；而且可减缓淀粉的水解、糖的增加和酸的消耗过程。Burg等最先将此技术在番茄、香蕉上进行试验，并取得了很好的效果[76]。

西北农林科技大学黄森等[92]利用减压贮藏的原理，提出了减压处理低乙烯自发气调贮藏技术，并用此对陕西优良柿品种火罐柿进行了室温条件下的贮藏研究。结果表明，减压处理低乙烯自发气调贮藏技术能显著地抑制火罐柿硬度的下降，延长果实贮藏期。黄森等研究发现减压处理显著地抑制了柿果实的软化衰老，降低了果胶甲酯酶、多聚半乳糖醛酸酶的活性和乙烯释放速率。减压贮藏显著地抑制了红柿果实总酸含量、硬度、可溶性固形物、维生素 C 含量的下降；在抑制多酚氧化酶、过氧化物酶活性升高等方面效果显著[93]。与普通冷藏相比，减压冷藏对磨盘柿硬度的保持效果明显，并能保持较高的可滴定酸含量，对可溶性固形物（去除单宁后）、膜相对透性和贮藏后期丙二醛含量的增加也有抑制作用；减压冷藏还能有效抑制柿果多酚氧化酶活性的上升和超氧化物歧化酶活性的下降，从而减少柿果在贮藏后期的褐变，提高贮藏品质[94]。以上研究表明，减压贮藏可以延缓柿果实的成熟、衰老，且该法操作灵活方便、贮量大、效率高，但也存在着问题，减压贮藏库的建造费用高、产品易失水、研究范围窄、技术研究单一。

七、1-甲基环丙烯处理

1-甲基环丙烯是一种乙烯受体抑制剂，由于 1-甲基环丙烯更易与乙烯受体发生不可逆结合，使乙烯失去与其受体结合的能力，乙烯所诱导的信号转导和表达受阻，从而延缓果实后熟衰老过程，有助于保持果实品质和延长贮藏期，且其无毒、高效、无气味，被广泛应用于果实商品化贮藏中。同时也有研究表明，1-甲基环丙烯可以提高果实抗冷性，有效缓解采后果实贮藏中的冷害发生程度。1-甲基环丙烯对南果梨、枇杷、李子、鸭梨、甜柿、桃等果实冷害发展存在缓解作用。在上述研究中，1-甲基环丙烯可以不同程度的延缓果实硬度的下降，还可以维持细胞抗氧化酶活性，并提高谷胱甘肽等抗氧化剂的含量，减少细胞中活性氧的积累，从而增强组织抗氧化能力，抑制膜脂过氧化产物丙二醛的生成，防止细胞膜损伤，进而降低酚类物质的酶促反应，缓解果实褐变。此外，1-甲基环丙烯处理还可通过增加三磷酸腺苷酶和基因表达水平来促进能量代谢，导致三磷酸腺苷含量和可溶性盐浓度水平升高，这对维持果实细胞正常的生理代谢至关重要。但也有部分研究表明，1-甲基环丙烯会加重果实冷害发生，对果实品质造成不利影响，例如 1-甲基环丙烯处理会加重梨[95]和柑橘类水果的表皮损伤[96]；促进猕猴桃果心木质化，加重贮藏后期冷害发生率[97]。

柿果实贮藏期间果肉硬度呈下降趋势，1-甲基环丙烯处理明显延缓了柿果实的软化进程，在不同柿品种上已得到证实。多聚半乳糖醛酸酶、果胶甲酯酶、纤维素酶和 β-半乳糖苷酶等与果实软化相关。罗自生研究表明，1-甲基环丙烯处理不仅抑制果实硬度的下降，还延缓了柿果实多聚半乳糖醛酸酶、果胶甲酯酶和 β-半乳糖苷酶酶活性的增加，从而延缓原果胶降解以及水溶性果胶含量的增加，保持果肉硬度，延长约 10 天的贮藏寿命，有效延长了柿果实的货架期和贮藏期，保持了柿果实的鲜食品质与风味。田长河[98]的研究表明，1-甲基环丙烯能够延缓果实硬度的下降以及可溶性固形物含量的降低，显著延长果实的贮藏期和货架期，提高果实的贮藏质量。单宁是影响柿风味的成分之一，当可溶性单宁转变为不溶性单宁后涩味消失。1-甲基环丙烯处理延缓柿果实成熟，也伴随可溶性单宁转化的相应推迟，但在果实完全成熟时，可溶性单宁含量与正常成熟果实无显著差别。

1-甲基环丙烯对柿果实具有明显的保硬、保脆作用，却无脱涩效果。研究表明，采用 1-甲基环丙烯处理并结合薄膜真空包装可同时达到柿果实保硬保脆并脱涩保鲜的效果，真空包装通过去除柿果实贮藏小环境中的氧气，增加果实无氧呼吸来达到既脱涩又保鲜的目的。张鹏等[99]对不同浓度 1-甲基环丙烯处理的磨盘柿果实采用 PVC 袋自发气调包装和真空包装 2 种方式，对室温条件下果实的生理变化规律及脱涩保脆效果进行了研究。结果表明，1-甲基环丙烯结合单果真空包装处理有效抑制了柿果实硬度的下降、乙烯生成量和呼吸强度的增强、果实丙二醛（MDA）和果皮组织相对电导率的升高，可防止贮藏期间果实水分的散失，促进果实可溶性单宁向不可溶性单宁的转化，并使得磨盘柿常温货架寿命延长 14 天。

八、臭氧处理

臭氧保鲜技术是指果蔬在入库前通过臭氧气体或臭氧水的强氧化性杀灭微生物，抑制果蔬病害的发生，延长果蔬的生命周期，达到保鲜的作用。臭氧是一种具有强氧化性和高抑菌作用的化学保鲜剂。不仅可以杀死有害微生物，还能够氧化分解乙烯，延缓果实的软化成熟，延长贮藏期。臭氧是一种健康环保的杀菌气体，余世望等[100]研究表明，臭氧处理葡萄，对延长其贮藏期和保持品质有积极的作用。高瑞霞等[101]用臭氧处理苹果后，好果率、商品率得到提高；臭氧还可氧化分解果品衰老产生的乙醇和乙醛。因此，臭氧作为一种氧化性极强的化学保鲜剂，由于其无残留、高渗透性、高抑菌作用而被公认为是一种安全健康的保鲜剂，在水果蔬菜保鲜方面有成功应用。杨绍艳[102]采用低温结合臭氧处理磨盘柿，研究发现，处理后能够有效地抑制磨盘柿维生素 C 含量下降、酶活性升高和硬度下降，延缓软化进程。乔勇进[103]研究发现，柿果实在贮藏期间，采用 88.6~134 毫克/米³ 的臭氧处理可维持较高的硬度，减缓营养物质的流失，保持较好的口感、风味和含水量，延长柿果的贮藏时间，贮藏保鲜时间达到 40 天。虽然臭氧的保鲜效果较好，但是臭氧不稳定，其作用效果容易受环境因素的影响，而且使用浓度过大容易腐蚀设备和对人体造成危害。

九、二氧化氯处理

二氧化氯（ClO_2）具有很强的氧化作用，是一种性能优良、应用领域十分广泛的多用途杀菌保鲜消毒剂。二氧化氯还具有良好的防霉保鲜作用，可以用作水果、蔬菜等农产品的防霉保鲜剂。二氧化氯产品除上述稳定态溶液外，国外还开发了大量的以二氧化氯为主体的其他形式的保鲜、除臭剂，这些产品大多是以固体吸附二氧化氯的方法制成。产品主要用于果蔬的保鲜，冷库、冰箱的除臭、灭菌等。日本甚至用这种产品对蔬菜大棚内正在生长的蔬菜（例如草莓）进行消毒灭菌。二氧化氯的应用受到人们高度重视是因为它具有的独特性能优势：①有效杀死微生物、无气味残留，被处理果蔬原有风味不变。二氧化氯有很强的杀菌作用，在 pH 值为 7 的水中，不到 0.1 毫克/升的剂量，5 分钟内能杀灭一般肠道细菌；在 pH 值为 8.5 的水中二氧化氯的杀菌速度是氯的20 多倍。②杀菌过程不产生有害物质，对无公害食品的保鲜具有重要意义。二氧化氯不与富马酸、马来酸等不饱和脂肪酸、脂肪族胺类及多糖类物质反应，因而不造成对食品、果蔬的损害。作用不受环境 pH 的影响，适用范围广，杀菌性能不受影响。③阻止蛋氨酸生成乙烯，破坏已生成的乙烯，延缓果蔬衰老与腐烂。果蔬贮运中，由于蛋氨酸等代谢作用而氧化分解为乙烯、二氧化碳等造成果蔬成熟衰老的物质，二氧化氯可以迅速有效地阻止蛋氨酸的分解、消除乙烯等物质并杀灭腐败菌，起到长期保鲜的作用。④对动植物机体不产生毒效。二氧化氯对病毒、细菌具有较强的杀灭作用，但它对动植物机体却不产生毒效。原因在于细菌的细胞结构与高等动植物截然不同，细菌是原核细胞生物，而动物及人类是真核细胞生物。原核生物细胞中绝大多数酶系统分布于细胞膜近表面，易受到攻击，而真核细胞生物的酶系统深入到细胞里面，不易受到二氧化氯的攻击，二氧化氯不会对其造成伤害。

在贮运过程中，由于果蔬细胞中的代谢活动，蛋氨酸被氧化生成乙烯和二氧化碳，促进果蔬的成熟和衰老。二氧化氯能阻止蛋氨酸分解产生乙烯，并且能破坏已经生成的乙烯，延缓果蔬的成熟、衰老。同时，二氧化氯可以抑制腐败菌的生长，不与脂肪酸反应，不影响食品的品质。二氧化氯能释放原子态氧和次氯酸分子，具有强烈的氧化性，在与微生物接触时，能迅速通过细胞膜。二氧化氯与半胱氨酸、色氨酸、酪氨酸等特定氨基酸反应，改变 6-磷酸葡萄糖脱氢酶的活性，使得磷酸戊糖途径受阻，微生物无法正常进行糖类的代谢，继而死亡。近年来，研究表明二氧化氯对质粒 DNA 有实质性的损伤作用。二氧化氯使脱氧核糖核苷三磷酸混合物（dNTPs）的 OD260 下降 54.23% 以上，推测二氧化氯破坏了嘧啶碱和嘌呤碱的共轭双键。DNA 结构发生变化导致细菌不能进行正常的 DNA 表达，无法通过 DNA 转录翻译合成生命必须的蛋白质，最终死亡。控制腐败菌的生长。适量的二氧化氯处理可以抑制果实的呼吸强度，减少贮藏期间的营养消耗。抑制多酚氧化酶和过氧化物酶的活性，减轻酶促褐变反应的程度。因此，将二氧化氯用于蔬果保鲜，可有效延长果蔬的运输和贮存时间，保持良好风味和口感。稳定态二氧化氯对 MP（Minimal Process）芒果具有较显著的杀菌效果，可延长其保存时间，并可减轻其褐变的程度[104]。采用 50 毫克/升二氧化氯结合 0.1%氯化钙溶液对采后的蘑菇浸泡清洗 1 分钟，能有效地提高双孢菇的商品外观品质，在 14℃下能保藏 4 天，2℃下能保藏 6 天以上[105]。用二氧化氯作为板栗保鲜剂进行保鲜试验，在 23℃的条件下保鲜 56 天，保鲜率达 95%，而且保鲜前后板栗的营养成分含量和口味无明显变化[106]。将二氧化氯用分子筛吸附，连同果蔬置于密封袋中，可达到良好的保鲜贮藏效果。利用 7.8 毫克/升的二氧化氯保鲜马铃薯，处理 10 分钟可以显著减少马铃薯的腐败，而且没有任何化学物质残留，不破坏马铃薯的表皮颜色[107]。Hodges 使用 5 毫克/升的二氧化氯保鲜菠菜，可使之在 10℃下保存 16 天以上，叶绿素的损失较小[108]。Nora 利用二氧化氯保存马铃薯，可以有效杀灭镰刀霉，防止马铃薯软腐病、干腐病和晚期枯萎病，延长贮藏期[109]。

　　二氧化氯溶液喷洒采前的红富士苹果，可以明显去除苹果表面的菌落，保持冷藏期间苹果的硬度，有效延缓可滴定酸含量的减少，并且抑制呼吸强度，降低乙烯含量，从而降低苹果在冷藏期间的腐烂程度，降低冷藏期间的质量损失，可有效延长贮存期。张方艳等人研究二氧化氯联合羧甲基纤维素（CMC）对中华猕猴桃的保鲜效果，发现 25 天后，对照组的好果率为 14%，80 毫克/升的二氧化氯、80 毫克/升二氧化氯+20 毫克/升羧甲基纤维素处理后好果率相对于对照组分别提升 157%和 271%[110]。该方法中二氧化氯能杀灭猕猴桃表面的腐败菌，而羧甲基纤维素则能在猕猴桃表面形成一层微氧环境，降低呼吸作用，减少水分蒸发和二氧化碳的损失，能够有效的降低果实的失重萎缩。集贤[111]等人研究表明二氧化氯溶液浸渍对葡萄采后灰霉菌的生长有较好的抑制作用。60 毫克/升二氧化氯溶液对培养 7 天的菌丝和 8 小时的孢子的抑制效果最好，抑制率分别达到 98.89%和 73.38%。活体有伤接种实验结果表明，60 毫克/升和 80 毫克/升的二氧化氯溶液对葡萄采摘后灰霉菌引起的霉烂有较好的抑制效果。钟梅[112]用二氧化氯气体处理葡萄，发现二氧化氯能降低葡萄果实腐烂率、脱粒率、延缓果梗褐变干枯、减少可滴定酸、维生素 C 和可溶性固形物的消耗。荔枝在贮藏期间易被微生物感染而引起果皮褐变和果实腐烂，用不同浓度二氧化氯溶液对荔枝进行浸泡 3 分钟处理，发现二氧化氯对荔枝炭疽孢子的灭活效果随浓度增加而加强，20 毫克/升时，孢子被全部灭活，有效抑制荔枝果皮因感染真菌而导致的褐变、腐烂。80 毫克/升、120 毫克/升的二氧化氯可分别抑制住多酚氧化酶、过氧化物酶活性，减缓总可溶性固形物和可滴定酸的降低。同时，二氧化氯也可抑制果实呼吸强度、降低乙烯释放量，延缓果实成熟。

十、二氧化硫处理

硫处理在果蔬贮藏与加工领域内可用作杀菌剂、贮藏剂、护色剂等，具有许多优势：不需冷藏处理就可抑菌和杀菌，达到长期保鲜的目的；能显著改善贮藏和加工制品的色泽、营养和保藏性；用量少，价格低廉，使用简便。二氧化硫易挥发，残留量低，常用的硫处理方法有熏硫法、浸硫法及二氧化硫缓慢释放法。熏硫法可以采用燃烧硫黄熏蒸，也可以用钢瓶盛液态二氧化硫直接缓慢通入。浸硫法是用一定浓度的亚硫酸盐溶液浸泡保存果实。二氧化硫缓慢释放法即用重亚硫酸盐与硅胶或木屑等混合（混合物包成小包或压成小片），放在贮藏库的果蔬保鲜袋中（包装袋要扎有透眼以利释放二氧化硫气体），当这种混合物遇到水蒸气时就会缓慢释放出二氧化硫，常见的葡萄保鲜片即是此种原理。

由于二氧化硫在食品中的使用会导致产品二氧化硫残留，可能对人体健康造成危害，因此人们一直在努力寻找一种天然的无残留的二氧化硫替代品，但就葡萄保鲜而言，到目前为止，仍没有综合性能超越二氧化硫的防腐保鲜剂。在我国最新发布的《食品安全国家标准食品添加剂使用标准》（GB 2760—2014）中，规定了各类食品二氧化硫的残留限量。其中，经表面硫处理的新鲜水果的二氧化硫残留限量为 0.05 克/千克。据王世军对多年葡萄保鲜实测数据的了解，使用二氧化硫保鲜葡萄时，果实的二氧化硫残留量均在 0.01 克/千克以下，不仅符合我国新鲜水果的二氧化硫残留限量要求，而且也符合美国 FDA 标准规定的限量（0.01 克/千克）。在葡萄采后贮运保鲜过程中，只要按相关标准或规程使用二氧化硫类葡萄保鲜剂，就无需担心食品安全性问题。

单质硫燃烧产生具有强还原性的二氧化硫，以合适的浓度熏蒸果蔬干、罐头等食品及葡萄、荔枝等园艺产品，不需冷藏即可抑制微生物的生长，防褐防腐，保持产品的色泽、营养和新鲜度，从而达到长期贮藏的目的。熏硫使荔枝果皮中多酚氧化酶的活性受到抑制，从而延缓荔枝的褐变，延长保鲜期，可满足远洋运输的目的。在龙眼和葡萄等其他水果上也有类似发现，二氧化硫通过降低石硖龙眼果皮细胞质的 pH 值、抑制多酚氧化酶活性、保持游离酚和总酚含量、保护还原型抗坏血酸等作用抑制龙眼果实贮藏期间的褐变[113]；熏硫不仅可抑制葡萄果皮多酚氧化酶的活性，同时还抑制丙二醛含量的上升[114]。由于其具有用量少、价格低廉、使用简便、易挥发等优点，熏硫处理成为荔枝果实出口远销最常用的保鲜方法。然而，熏硫后荔枝果实易出现外观品质下降和硫残超标的问题。荔枝硫残的主要形式亚硫酸盐（SO_3^{2-}）对细胞具有毒害作用，会导致蛋白质二硫键的断裂或水解[115]，含量超标会危害人体健康，国际贸易中对荔枝的硫残有严格限制。因此，荔枝熏硫后通常会进行适度的脱硫处理，恢复着色和降低硫残，同时基本保留熏硫的杀菌保鲜效果。

十一、辐照处理

辐射保鲜是利用放射性同位素发出的 β 射线、γ 射线、Χ 射线、紫外线及其他电离射线或电子束辐照园艺产品，抑制采后呼吸，延迟园艺产品的后熟，最大限度地减少害虫滋生和抑制微生物导致的产品腐烂，从而延长园艺产品的贮藏寿命。辐射保鲜基本原理在于适宜剂量和剂量率的辐射能提高园艺产品体内防御系统的功能，削弱酶的活性，从而抑制产品的呼吸强度和内源乙烯的发生，减缓衰老过程，减少有机体内糖等营养物质的消耗，增强抗逆能力。此外，辐射产生的自由基能杀死机体内细菌和幼虫，从而达到保鲜的目的。赵永富等认为辐射减少了呼吸代谢和水分蒸发，延长其贮藏保鲜期。照射剂量在 10 千戈瑞以上定为高剂量。高剂量能达到完全杀菌，得到无菌食品，使食品长期保存；1~10 千戈瑞之间定为中剂量，中剂量应用于减少食品微生物数目，延长食品使用期；1 千戈瑞以下为低剂量，应用于害虫防治，延缓物品的成熟，并抑制其发芽。

赵永富等用 3 千戈瑞 ^{60}Co-γ 射线照射草莓，在低温下冷藏，15 天内腐烂指数与同期相比降低 70%，草莓果实上细菌总数降低 4 个数量级，真菌总数降低 1 个数量级，酵母菌总数降低 2 个数量级。吴兴源发现，紫外线辐射柑橘后，果实中过氧化物酶活性降低，使柑橘电学频率特性等保持贮藏初期的特点，延缓柑橘内部结构和所含成分的变化，从而起到保鲜作用。叶慧等的研究表明，辐照主要是通过抑制膜过氧化过程，保持膜结构的完整性，增强膜稳定性、膜的致密程度和其流动性，延缓衰老，从而起到保鲜作用。板栗由于虫害和霉烂造成的损失有时高达 70%，刘昭采用 γ 射线辐射处理，可以有效地杀死栗实象鼻虫和栗实蛾等害虫，并且还可以抑制板栗发芽，从而能够延长其贮藏期。石建新等初步研究了 ^{60}Co γ 辐照对五月鲜桃和白花桃果实贮藏效果的影响和机制。结果表明，低于 0.2 千戈瑞剂量的辐照能有效地延长两种桃果实在 2℃ 下的贮藏寿命；0.5 千戈瑞以上的剂量辐照使桃果实产生了辐射损伤。果实的呼吸强度和果肉组织电导率的变化因品种和辐照剂量而异，辐照对果实的养分无明显影响。傅俊杰等研究了猕猴桃辐照保鲜效果，结果表明，辐照对果实硬度、色泽有显著影响，对可溶性固形物、总糖和总酸没有明显影响。0.3~1.5 千戈瑞的辐照剂量处理可使猕猴桃在室温条件下（20℃±2℃）贮藏保鲜期比对照延长。射线辐照对园艺产品的品质基本上没有影响，但对有的物种，辐射也会对品质产生负面影响，如草莓经电子束照射后，硬度随剂量的增加而降低。刘书城等研究表明，辐照影响硬度的原因主要表现在间接作用和直接作用 2 个方面。前者主要是影响果胶酸的活性而改变硬度，后者主要是破坏细胞结构，造成辐射损伤，从而导致水果软化。

陶烨等利用 ^{60}Co-γ 射线辐照处理蓝莓果实时发现辐照处理能较好地杀灭和抑制蓝莓

果实表面的微生物且有效减缓果实硬度的下降，确定辐照保鲜蓝莓的最低有效剂量为 1 千戈瑞，最高耐受剂量为 2.5 千戈瑞，贮藏时间通过辐照处理能延长到 63~71 天，且腐烂率低于 10%[116]。Al-Bachir 研究发现，利用剂量为 0.5~1 千戈瑞的 ^{60}Co-γ 射线辐照 Helwani 品种的葡萄与利用 1.5~2 千戈瑞剂量辐照 Baladi 品种葡萄，能使两个品种葡萄的货架期都延长 50%[117]。纪韦韦研究发现，150 戈瑞辐射处理对香蕉具有显著的保鲜作用，可延长香蕉的货架期，对保持香蕉果皮的颜色、质地，减缓淀粉、可滴定酸的降解和抑制多酚氧化酶活性等方面具有一定的效果[118]。金宇东等通过定期观察和测定辐照处理后水蜜桃的感官品质及卫生指标得出，1.0 千戈瑞辐照处理后的水蜜桃贮藏好果率高于对照组，高于 1 千戈瑞辐照水蜜桃会使果实发生褐变，辐照处理对 4℃ 低温贮藏的水蜜桃感官品质有较好的保持效果[119]。孔秋莲在比较电子加速器及钴源辐照对进口甜樱桃果实品质的影响时发现，在维持果实硬度、维生素 C 含量、延长货架期及降低果实腐烂率方面，钴源辐照均有较好的效果，250 戈瑞辐照处理后的甜樱桃置于 25℃±3℃ 条件下存放 5 天，果实腐烂率较未辐照处理组低 8.34%[120]。Serapian T 等研究发现 Lassen 品种的草莓在 3 千戈瑞辐照剂量下其硬度显著下降，Marquee 和 Amado 品种草莓在 400 戈瑞辐照剂量下就会发生软化现象[121]。A. Jain 等在研究 150 戈瑞和 1 千戈瑞辐照处理两种柚子时发现，在冷藏 3 周期间不会影响两种柚子中果汁、有机酸和糖的含量，而会使其中挥发物浓度增加，且 Chandler 品种果实硬度下降，而对 Sarawak 品种柚子的硬度无影响[122]。目前，辐照保鲜的方式在柿果实上还没有相关报道。

参考文献

[1] 郗笃隽，沈国正，刘辉，等. 施肥量对红阳猕猴桃生长及果实品质的影响 [J]. 浙江农业科学，2014（8）：1182-1183，1186.

[2] BUTS K, HERTOG M L A T M, HO Q T, et al. Influence of preharvest calcium, potassium and triazole application on the proteome of apple at harvest [J]. Journal of the Science of Food & Agriculture, 2016, 96 (15)：4984-4993.

[3] 陈晓亚，薛红卫. 植物生理与分子生物学 [M]. 第 4 版. 北京：科学出版社，2012.

[4] BRAMLAGE W J, DRAKE M, WEIS S A. Comparisons of calcium chloride, calcium phosphate, and a calcium chelate as foliar sprays for 'McIntosh' apple trees [J]. Science, 1994, 263 (5147)：602-602.

[5] 谢玉明，易干军，张秋明. 钙在果树生理代谢中的作用 [J]. 果树学报，2003

（05）：369-373.

[6]　贾晓辉，王文辉，王荣华，等.秋锦苹果苦痘病与果实矿质元素含量和品质相关性的研究［J］.北方园艺，2010（20）：39-41.

[7]　张新生，赵玉华，王召元，等.苹果苦痘病研究进展［J］.河北农业科学，2009，13（03）：30-32，36.

[8]　张承林.果实品质与钙素营养［J］.果树科学，1996（02）：119-123.

[9]　彭玉基，韩秀梅，赵艳，等.钙肥在苹果生产中应用技术研究进展［J］.江西农业学报，2010，22（08）：35-38.

[10]　KAFLE G K，KHOT L R，ZHOU J，et al. Towards precision spray applications to prevent rain-induced sweet cherry cracking：Understanding calcium washout due to rain and fruit cracking susceptibility［J］. Scientia Horticulturae，2016，203：152-157.

[11]　EROGUL D. Effect of preharvest calcium treatments on sweet cherry fruit quality.［J］. Notulae Botanicae Horti Agrobotanici Cluj-Napoca，2014，42（1）：150-153.

[12]　MADANI B，MOHAMED M T M，WATKINS C B，et al. Preharvest calcium chloride sprays affect ripening of Eksotika II'papaya fruits during cold storage［J］. Scientia Horticulturae，2014，171：6-13.

[13]　RAMEZANIAN A，RAHEMI M，VAZIFEHSHENAS M R. Effects of foliar application of calcium chloride and urea on quantitative and qualitative characteristics of pomegranate fruits［J］. Scientia Horticulturae，2009，121（2）：171-175.

[14]　王瑞，胡旭林，谢国芳，等.生长期喷施有机钙对蓝莓鲜果的保鲜作用研究［J］.现代食品科技，2015（6）：211-218.

[15]　CHERVIN C，LAVIGNE D，WESTERCAMP P. Reduction of gray mold development in table grapes by preharvest sprays with ethanol and calcium chloride［J］. Postharvest Biology and Technology，2009，54（2）：115-117.

[16]　SINGH R，SHARMA R R，TYAGI S K. Pre-harvest foliar application of calcium and boron influences physiological disorders，fruit yield and quality of strawberry（Fragaria×ananassa，Duch.）［J］. Scientia Horticulturae，2007，112（2）：215-220.

[17]　黄虹心，杨昌鹏，刘柳姣.采前喷钙对杨桃果实贮藏品质及相关酶活的影响［J］.湖北农业科学，2012，51（12）：2546-2548.

[18]　欧毅，陶利春，王银合，等.采前喷钙和IAA对甜柿细胞质膜相对透性及果

实品质的影响 [J]. 西南园艺, 2003 (03): 1-3.

[19] 朱敏嘉, 栾彩霞, 韩普, 等. 萘乙酸与乙草胺混用对谷子叶绿素含量及保护酶活性的影响 [J]. 山西农业科学, 2014, 42 (02): 129-131.

[20] 郭允娜. 亚适宜温光下萘乙酸钠对番茄生长、生理特性和产量的影响 [D]. 北京: 中国农业科学院, 2015.

[21] 张文, 韩昕炜, 张静, 等. 萘乙酸对番茄品质的影响及其在番茄中的残留检测 [J]. 辽宁化工, 2015 (4): 375-378.

[21] 黄毅, 刘杰, 李衍素, 等. 萘乙酸钠根施对日光温室春茬黄瓜生长、产量及品质的影响 [J]. 中国蔬菜, 2017 (1): 36-40.

[23] Walid Fediala Abd El-Gleel Mosa, Nagwa A. Abd EL-Megeed, M. A. M. Aly, et al. The Influence of NAA, GA3 and Calcium Nitrate on Growth, Yield and Fruit Quality of " Le Conte" Pear Trees. 2015, 9 (4): 1-9.

[24] Gupta M, Kaur H. Effect of synthetic auxins on plum cv. Saltuj purple [J]. India. J. hort. , 2007, 64 (3): 378-281.

[25] 孙莹, 侯智霞, 苏淑钗, 等. ABA、GA_ 3 和 NAA 对蓝莓生长发育和花青苷积累的影响 [J]. 华南农业大学学报, 2013, 34 (01): 6-11.

[26] 周莉, 王军. NAA 和 ABA 处理对 "京优" 葡萄花色苷生物合成相关基因表达的影响 [J]. 中国农业大学学报, 2011, 16 (04): 30-37.

[27] 李建国, 黄旭明, 黄辉白. NAA 增大荔枝果实及原因分析 [J]. 华南农业大学学报, 2004 (02): 10-12.

[28] Sartori Ivar Antonio, Marodin Gilmar Arduino Bettio. Aplicação de auxinas eincisão anelar de ramos em pessegueiros cv. Diamante [J]. Revista Brasileira de Fruticultura, 2003, 25 (1): 247-253.

[29] 王西成, 吴伟民, 赵密珍, 等. NAA 对葡萄果实中糖酸含量及相关基因表达的影响 [J]. 园艺学报, 2015, 42 (03): 425-434.

[30] 邱家海. 不同钾肥施用量对烟台富士苹果品质的影响 [D]. 烟台: 烟台大学, 2018.

[31] 魏胜林, 秦煊南. 氮钾水平与多酚氧化酶活性对柠檬流胶病抗性的影响 [J]. 西南农业大学学报, 1996 (01): 6-9.

[32] 王仁才, 夏利红, 熊兴耀, 等. 钾对猕猴桃果实品质与贮藏的影响 [J]. 果树学报, 2006 (02): 200-204.

[33] 杨玉华, 吴应荣, 陈宇晖, 等. 施钾对梨叶片含钾量及单果重的影响 [J]. 湖北农业科学, 1996 (04): 43-45.

［34］ 陆智明，黄麦平，陈德富，等.钾对桃产量品质的影响研究［J］.西南农业大学学报，1995（03）：206.

［35］ 郝义，纪淑娟，韩英群，等.采前钙钾处理对甜樱桃果实品质和贮藏效果的影响［J］.北方果树，2007（06）：4-6.

［36］ 孙朝辉.钾肥对柑橘果实品质及产量影响的研究［J］.云南农业科技，2009（06）：8-9.

［37］ 李青军，胡伟，张炎，等.几种钾肥在新疆葡萄上的应用效果研究［J］.新疆农业科学，2010，47（11）：2162-2166.

［38］ Cummings H. S. Xie, G. A. Effect of soil pH and nitrogen source on nutrient status in peach：I. Macronutrients［J］. Journal of Plant Nutrition，1995，18（3）：541-551.

［39］ 刘同祥，龚榜初，徐阳，等."次郎"甜柿土壤养分、叶片养分与果实品质的多元分析及优化方案［J］.林业科学研究，2017，30（05）：812-822.

［40］ 宋少华，刘勤，李曼，等.甜柿果实矿质元素与品质指标的相关性及通径分析［J］.果树学报，2016，33（02）：202-209.

［41］ 潘海发，徐义流.叶面喷施钾肥对砀山酥梨叶片钾素含量和果实品质的影响［J］.中国农学通报，2008（03）：270-273.

［42］ 刘亚男，马海洋，冼皑敏，等.施钾对菠萝产量和果实品质的影响［J］.中国果树，2015（05）：55-58.

［43］ 谌琛，同延安，路永莉，等.不同钾肥种类对苹果产量、品质及耐贮性的影响［J］.植物营养与肥料学报，2016，22（01）：216-224.

［44］ 刘冬碧，陈防，鲁剑巍，等.施钾水平与钾肥品种对幼年早熟温州蜜柑挂果数及产量的影响［J］.中国南方果树，2002（03）：13-15.

［45］ 杨颖，火建福.不同施钾量对油桃果实品质的影响［J］.安徽农业科学，2015，43（26）：84-85，107.

［46］ 沙守峰，李俊才，王家珍，等.叶面喷施钙肥和锌肥对"早金酥"梨果实糖酸含量的影响［J］.果树学报，2018，35（S1）：109-113.

［47］ 杜振宇，宋永贵，许元峰，等.钾对冬枣品质与产量的影响［J］.中国土壤与肥料，2018（01）：32-36.

［48］ 林菲.柿保鲜及脱涩技术研究［D］.福州：福建农林大学，2013.

［49］ 张霁红，郑娅，康三江，等.不同脱涩处理方法对磨盘柿品质的影响［J］.食品工业科技，2015，36（22）：125-128.

［50］ 冷平，李宝，张文，等.磨盘柿的二氧化碳脱涩技术研究［J］.中国农业科

学，2003，36（11）：1333-1336.

[51]　程青，梁平卓，李莹，等. 1-甲基环丙烯和 CO_2 组合处理抑制柿果实脱涩软化的效应及其细胞壁成分的变化［J］. 中国农业大学学报，2015，20（4）：92-99.

[52]　NOVILLO P，SALVADOR A，LLORCA E，et al. Effect of CO2 Deastringency Treatment on Flesh Disorders Induced by Mechanical Damage in Persimmon. Biochemical and Microstructural Studies［J］. Food Chemistry，2014，145（4）：454-463.

[53]　金光，周平，廖汝玉. 不同脱涩处理对红柿果实可溶性单宁含量及 ADH 和 PPO 酶活性的影响［J］. 西南大学学报，2010，32（12）：32-36.

[54]　刘佳，李喜宏，张姣姣，等. 响应面法优化红柿协同脱涩工艺研究［J］. 食品工业，2016（12）：112-117.

[55]　马君岭，王春明，王立第. 柿脱涩技术［J］. 果农之友，2009（11）：35.

[56]　郭发定. 柿人工脱涩法［J］. 小康生活，2004（10）：36.

[57]　张家年，刘冬. 柿饼加工过程中乙烯利对脱涩和干燥的影响［J］. 中国果树，1997（4）：24-25.

[58]　王雅，霍佩钰，郭涛，等. 猕猴桃落果脱涩开发应用初探［J］. 中国食品工业，2014（12）：52-53.

[59]　Victoria Cortés，Alejandro Rodríguez，José Blasco，Beatriz Rey，Cristina Besada，Sergio Cubero，Alejandra Salvador，Pau Talens，Nuria Aleixos. Prediction of the level of astringency in persimmon using visible and near-infrared spectroscopy［J］. Journal of Food Engineering，2017（7）：27-37.

[60]　Colak N，Hepbasli A. A review of heat-pump drying（HPD）：Part 2-Applications and performance assessments. Energy Conversion & Management，2009，50（9）：2187-2199.

[61]　Prasertsan S，Saen-Saby P. Heat pump drying of agricultural materials. Drying Technology，1998，16（1-2）：235-250.

[62]　Krokida M K，Kiranoudis C T，Maroulis Z B，et al. Drying related properties of apple. Drying Technology，2000，18（6）：1251-1267.

[63]　王强，刘晓东. 实施蔬菜产地预冷，完善低温冷藏链［J］. 制冷，2001（01）：40-44.

[64]　王华瑞. 柿长期保鲜技术研究［D］. 北京：中国农业大学，2003.

[65]　Mehyar G. F.，Ismail K. A.，Han J. H.，et al. Characterization of edible coat-

ings consistingof pea starch, whey protein isolate, and carnauba wax and their effects on oil rancidityand sensory properties of walnuts and pine nuts [J]. Journal of Food Science, 2012, 77 (2): 52-59.

[66] Khorram, F., Ramezanian, A., Hosseini, S. M. H.. Effect of different edible coatings on postharvest quality of 'kinnow' mandarin [J]. Journal of Food Measurement and Characterization, 2017 (11): 1827-1833.

[67] 夏红，曹卫华，张志兰. 壳聚糖在柿果保鲜中的应用研究 [J]. 上海农业科技，2005 (04): 12-13.

[68] 杨娟侠，鲁墨森. 壳聚糖在贮藏保鲜金太阳杏中的应用 [J]. 落叶果树，2007 (05): 19-20.

[69] 江英，胡小松，刘琦，等. 壳聚糖处理对采后梅杏贮藏品质的影响 [J]. 农业工程学报，2010, 26 (S1): 343-349.

[70] 刘青梅，柴建林. 冬笋常温保鲜试验初报 [J]. 浙江万里学院学报，2000 (02): 23-25.

[71] 钱倚剑，林昭华，于文霞，等. 热带果蔬常温化学保鲜剂的研究 [J]. 海南大学学报，1997 (3): 93-95.

[72] 宋清华，陈晓军. 壳聚糖/甲壳素及其衍生物的食品应用 [J]. 中国食品添加剂，2001 (2): 37-41.

[73] 董红兵，朱蝶. 不同浓度的壳聚糖对鲜切胡萝卜的保鲜效果 [J]. 武汉商学院学报，2018, 32 (04): 93-96.

[74] 周春华，韦军，王莉. 壳聚糖在果品贮藏中的应用 [J]. 保鲜与加工，2003 (02): 6-9.

[75] Franklin Kidd, Cyril West. Respiratory Activity and Duration of Life of Apples Gathered at Different Stages of Development and Subsequently Maintained at a Constant Temperature [J]. Plant physiol. 1945, 20 (4): 467-504.

[76] Stanley P. Burg, Ellen A. Burg. Relationship between Ethylene Production and Ripening in Bananas [J]. International Journal of plant Sciences. 1965, 126 (3): 200-204.

[77] Fumuro M, Gamo H. Effects of cod storage on CO_2 treated Japanese persimmon (*Diospyros kaki* Thunb.) 'Hiratanenashi' packed in polyethylene bags of diffent thickness [J]. Japan Soc Hort Sci, 2002, 71 (2): 300-302.

[78] Harima S, Nakano R, Yamauchi S, et al. Inhibition of fruit softening in forcing-cultured 'tonewase' Japanese persimmon by packaging in perforated and nonper-

forated polyethylene bags [J]. J Japan Soc Hort Sci, 2002, 71 (2): 284-291.

[79] Taira S, Itamura H, Abe K, et al. Comparison of the characteristics of removal of astringency in two Japanese persimmon cultivars, Denkuro and Hiratanenashi [J]. J Japan Soc Hort Sci, 1989, 58: 319-335.

[80] R. J. Collins, J. S. Tisdell. The influence of storage time and temperature on chilling injury in Fuyu and Suruga persimmon (*Diospyros kaki* L.) grown in subtropical Australia. 1995, 6 (1): 149-157.

[81] Allan B Woolf, Sarah Ball, Karen J Spooner, et al. Reduction of chilling injury in the sweet persimmon 'Fuyu' during storage by dry air heat treatments. 1997, 11 (3): 155-164.

[82] L. Arnal, M. A. Río. Removing Astringency by Carbon Dioxide and Nitrogen - Enriched Atmospheres in Persimmon Fruit cv. ' *Rojo brillante*' [J]. Journal of Food Science. 2003, 68 (4): 1516-1518.

[83] 杨绍艳, 王文生, 董成虎. 冷藏处理对磨盘柿保鲜效果的影响 [J]. 保鲜与加工, 2007, 7 (5): 22-24.

[84] DE SOUZA E L, DE SOUZA A L K, TIECHER A, et al. Changes in enzymatic activity, accumulation of proteins and softening of persimmon (*Diospyros kaki* Thunb.) flesh as a function of precooling acclimatization [J]. Scientia Horticulturae, 2011, 127 (3): 242-248.

[85] 周拥军, 郜海燕, 张慜, 等. 冰温贮藏对柿果细胞壁物质代谢的影响 [J]. 中国食品学报, 2011, 11 (4): 134-138.

[86] 魏宝东, 梁冰, 张鹏, 等. 1-MCP 处理结合冰温贮藏对磨盘柿果实软化衰老的影响 [J]. 食品科学, 2014, 35 (10): 236-240.

[87] S. R. DRAKE, R. D. GIX. Quality of 'anjou' pears from variable oxygen and high carbon dioxide controlled atmosphere storage [J]. Journal of Food Quality, 2002, 25 (2): 155-164.

[88] Díaz G A, Latorre B A, Jara S, et al. First Report of Diaporthe novem Causing Postharvest Rot of Kiwifruit During Controlled Atmosphere Storage in Chile. [J]. Plant disease, 2014, 98 (9): 1274.

[89] Botondi, Crisà, Massantini, Mencarelli. Effects of low oxygen short-term exposure at 15℃ on postharvest physiology and quality of apricots harvested at two ripening stages [J]. The Journal of Horticultural Science and Biotechnology, 2000, 75 (2): 202-208.

［90］ 惠伟，顾茹英. 柿的气调贮藏技术研究初报［J］. 天津农业科学，1993（02）：20-21，24.

［91］ 罗自生. MA 贮藏对桑果细胞壁组分和水解酶活性的影响［J］. 果树学报，2003，21（03）：43-46.

［92］ 黄森，张继澍，李维平. 减压处理对采后柿果实软化生理效应的影响［J］. 西北农林科技大学学报（自然科学版），2003（05）：57-60.

［93］ 翟莉艳，张平，孟宪军，等. 减压贮藏对柿果实采后生理生化的影响［J］. 山西食品工业，2005（04）：7-10.

［94］ 李江阔，张鹏，张平. 减压贮藏对磨盘柿贮藏品质及生理生化的影响［J］. 保鲜与加工，2010，10（05）：8-11.

［95］ Saquet A，Almeida D. Internal disorders of 'Rocha' pear affected by oxygen partial pressure and inhibition of ethylene action. Postharvest Biology and Technology［J］. 2017，128：54-62.

［96］ Estables-Ortiz B，Romero P，Ballester A R，Gonzalez-Candelas L，Lafuente M T. Inhibiting ethylene perception with 1-methylcyclopropene triggers molecular responses aimed to cope with cell toxicity and increased respiration in citrus fruits［J］. Plant Physiology and Biochemistry，2016，103：154-166.

［97］ 索江涛. 猕猴桃采后冷害木质化特点及其果实抗冷机制研究［D］. 杨凌：西北农林科技大学，2018.

［98］ 田长河，饶景萍，冯炜. 1-MCP 处理对柿果实采后生理效应的影响［J］. 干旱地区农业研究，2005（05）：122-126.

［99］ 张鹏，李江阔，孟宪军，等. 1-MCP 和薄膜包装对磨盘柿采后生理及品质的影响［J］. 农业机械学报，2011，42（2）：130-133.

［100］ 余世望，叶保平. 水果的臭氧保鲜试验［J］. 食品科学，1994（09）：65-66.

［101］ 高瑞霞，张平，吴震，等. 臭氧处理果蔬提高贮效的初步试验［J］. 辽宁农业科学，1993（05）：38-40，22.

［102］ 杨绍艳. 臭氧保鲜梨和柿的应用技术及作用机理研究［D］. 天津：天津科技大学，2008.

［103］ 乔勇进，雷天慧，卢慧玲. 臭氧对柿采后保鲜效果的研究［J］. 农产品加工（上），2018（5）：16-19.

［104］ 潘永贵，植丽华，黄德凯. 稳定态二氧化氯杀菌剂在 MP 芒果上应用研究［J］. 食品科学，2003（02）：142-144.

［105］ 郭倩，凌霞芬，周昌艳，等. 利用稳定态二氧化氯进行双孢蘑菇保鲜研究 ［J］. 食用菌，1999（03）：36-37.

［106］ 袁道强，舒友琴，赵立魁. 二氧化氯板栗保鲜剂的应用研究 ［J］. 山西果树，2001（03）：4-5.

［107］ Tsai, L. S. Huxsoll, C. C. Robertson, G. Prevention of potato spoilage during storage by chlorine dioxide ［J］. Journal of Food Science. Apr 2001. v. 66 (3) p. 472-477.

［108］ Hodges, D. M. Forney, C. F. Wismer, W. Processing line effects on storage attributes of fresh-cut spinach leaves ［J］. Hortscience：a Publication of the American Society for Horticultural Science, 2000, 35 (7)：1308-1311.

［109］ Nora L Olsen, Gale E Kleinkopf, Lynn K Woodell. Efficacy of Chlorine Dioxide for Disease Control on Stored Potatoes ［J］. American Journal of Potato Research, 2003, 80 (6)：387.

［110］ 张方艳，朱桂兰，郭娜，等. 二氧化氯和羧甲基纤维素联合处理对中华猕猴桃保鲜效果的影响 ［J］. 食品与发酵工业，2019，45（15）：196-201.

［111］ 集贤，张平，商佳胤，等. 二氧化氯对葡萄采后灰霉菌的抑制作用研究 ［J］. 保鲜与加工，2017，17（06）：6-12.

［112］ 钟梅，吴斌，王吉德，等. 二氧化氯气体对红提与巨峰葡萄采后呼吸速率、品质及货架期的影响 ［J］. 食品科技，2009，34（03）：64-67.

［113］ 韩冬梅，吴振先，季作梁，等. SO_2 对龙眼果实的氧化作用与衰老的影响 ［J］. 果树科学，1999，16（1）：24-29.

［114］ LU S L, YANG X Z, LI X H, et al. Effect of sulfur dioxide treatmenton storage quality and SO 2 residue of Victoria grape ［J］. AdvancedMaterials Research，2013，798/799：1033-1036.

［115］ HEBER U，HÜVE K. Action of SO2 on plants and metabolic detoxification of SO2 ［J］. International Review of Cytology，1997，177：255-286.

［116］ 陶烨，王琛，高雅，等. 不同剂量^{60}Coγ辐照对蓝莓果实贮藏品质的影响 ［J］. 食品安全质量检测学报，2017，8（07）：2779-2786.

［117］ M. Al-Bachir. Effect of gamma irradiation on storability of two cultivars of Syrian grapes（Vitis vinifera） ［J］. Radiation Physics and Chemistry，1999，55 (1)：81-85.

［118］ 纪韦韦，朱雅君，宋青. 辐照检疫处理对香蕉货架品质的影响 ［J］. 江苏农业科学，2014，42（12）：309-310，341.

［119］ 金宇东，汪昌保，单国尧，等.辐照处理对水蜜桃感官品质的影响［J］.江苏农业科学，2014，42（07）：271-273.

［120］ 孔秋莲，陈庆隆，戚文元，等.不同辐照检疫处理对进口甜樱桃货架品质的影响［J］.上海农业学报，2010，26（04）：48-52.

［121］ Tamar Serapian, Anuradha Prakash. Comparative evaluation of the effect of methyl bromide fumigation and phytosanitary irradiation on the quality of fresh strawberries［J］. Scientia Horticulturae, 2016, 201：109-117.

［122］ A. Jain, J. J. Ornelas-Paz, D. Obenland, K. Rodriguez (Friscia), A. Prakash. Effect of phytosanitary irradiation on the quality of two varieties of pummelos［Citrus maxima（Burm.）Merr.］［J］. Scientia Horticulturae, 2017, 217：36-47.

第六章　柿精深加工与综合利用技术

目前，我国年产鲜柿接近 400 万吨，约有 300 多种。联合国粮农组织调查报告显示，2017 年我国柿的种植面积为全球种植面积的 91.34%，产量为全球总产量的 73.28%[1]。2005—2019 年，我国在柿栽培面积和产量方面均呈现逐年递增的趋势。虽然我国的柿产量近年来一直位居世界第一位，但是我国柿的国际贸易金额却不足全球柿贸易金额的 3%，用于深加工的柿不到总产量的 10%，柿加工品处在诸多水果之末，产量很大的柿除了加工柿饼以外，其他柿加工品在国内外市场寥寥无几。由于多数柿在采收后容易变软，造成加工困难，又由于柿采收期集中，山区运输困难，不少柿运送不到消费地区就烂耗掉了，造成资源浪费和经济损失，十分可惜。常见的柿深加工产品主要有柿饼、柿酒、柿醋、柿果酱以及柿粉等，其中柿饼是最常见的柿深加工产品[2~4]。

第一节　柿饼加工技术

关于柿饼的记录，最早出现在 1500 多年前。明代李时珍在《本草纲目》中记载：“白柿，即干柿生霜者。其法用大柿去皮捻扁，日晒夜露至干，内瓮中，待生白霜乃取出。今人谓之柿饼，亦曰柿花。其霜谓之柿霜。”柿饼营养丰富，含有大量的磷、钙、碘、蛋白质和各种维生素，有益于人体健康。柿饼有通鼻气、治肠胃不足、解酒毒、压胃热、止口干等功效；柿霜具有生津止渴、清热润肺、止血宁嗽等功效，对口舌生疮、喉疼咽干、肺热咳痰、劳嗽咳血等症疗效显著。

柿饼作为我国有名的特产，具有广阔的市场空间。我国主要的柿饼品牌按地区划分主要有月柿饼、合儿饼、富平吊饼、孝义湾柿饼、临朐柿饼、曹州柿饼以及仰韶柿饼[5]。柿鲜果脆硬多汁，涩味浓，含有大量的水分、单宁、原果胶、碳水化合物等物质，欲制成柔软、细腻冰甜的柿饼，必须经过 4 个变化：一是脱除大量的水分，使内含物浓缩，柿饼易于保存；二是碳水化合物分解为单糖，增加柿饼甜度，促进柿霜的形成；三是原果胶水解为果胶，使柿饼变软；四是可溶性单宁转化为不溶性单宁，使柿饼脱涩[6]。

一、柿饼加工工艺

1. 传统柿饼

（1）工艺流程

传统柿饼加工主要是指自然晾晒。

"合儿饼"等柿饼的加工工艺过程可以分为12步[7]，即采摘→折挂钩→刮皮→架挂→头遍捏心→二遍捏块→三遍揉捏→回串子→下架出水→掰果梗→合饼→装坛潮霜。

（2）操作要点

①采摘、折挂钩：柿的采摘季节为霜降后，采摘时需要将柿连同果枝一起采摘，并裁剪出果梗上下1厘米的丁字果枝，即折挂钩。

②刮皮：传统加工工艺中多采用人工削皮，削皮时需要注意力度和方向，做到不伤果肉，不留残皮。

③架挂：将细麻绳挂在架子上，并将削好皮的果子依次吊在细麻绳上。

④头遍捏心：一般晾晒3~5天，待果肉表面发白后进行头遍捏心，第一次揉捏主要是为了促进果肉软化、脱涩，并加快水分向外扩散的速率。

⑤二遍捏块：当观察到果肉表面起皱时，加大揉捏力度，将果肉中的硬块充分揉碎，这次揉捏的目的主要是为了果肉干燥均匀，色泽一致。

⑥三遍揉捏：第三次揉捏需要捏断果心，并将果顶轻推至脐洼形，为柿饼成型打基础。

⑦回串子：将晾晒揉捏后的柿折回倒悬，再次晾晒数日，以便使柿各部位均受到晾晒。

⑧下架出水：当柿晾晒至柔软时将柿从架子上依次取下，露天堆放，旨在使柿回潮。

⑨掰果梗、合饼：待柿表面现水后去除顶端柿果枝，并将柿逐个横向压成磨盘型，最后将2个柿相对一合，形成"合儿饼"。

⑩装坛潮霜：将"合儿饼"放入干净的容器中，与干燥的柿皮成层堆放，待柿表面形成一层雪白的柿霜即完成"合儿饼"的加工。

吊柿饼与"合儿饼"的加工工艺流程基本一致，区别在于后期不进行合饼工序，直接晾晒至水分在35%以下，将揉捏后的柿放入容器中，直至产生柿霜即完成吊柿的加工。

（3）成品质量标准[8]

①感官指标：削皮彻底，柿蒂周围不留或留不超过1厘米宽果皮，其余全部削净，

不能留顶皮、花皮，不损伤果。有霜饼：表面有颗粒状白色霜，果肉呈棕红色或红褐色，色泽基本一致，果实完整，呈软固体态。无霜饼：果面呈棕红色或红褐色，色泽基本一致，果实完整，呈软固体态。

②理化指标：水分≤35克/100克；总酸（以柠檬酸计）≤6克/100克；总糖（以还原糖计）≥45克/100克；50毫克/100克≤钙、磷≤70毫克/100克；铁0.8~1.5毫克/100克；总砷（以砷计）≤0.5毫克/100克；铅（以铅计）≤1毫克/100克；二氧化硫残留量≤0.1克/100克。

③微生物指标：菌落总数≤10 000cfu/毫升；大肠菌数≤3MPN/毫升；致病菌（沙门氏菌、志贺氏菌、金黄色葡萄球菌）不得检出。

（4）传统柿饼加工工艺存在的问题

虽然传统柿饼加工工艺已经进行了部分改良，例如人工削皮改为机械削皮，提高了效率；绳挂3果改为单果，通风更好，加快失水，减少相互挤压，破饼少，霉变少；挂绳上增加不同类型的挂架；场地的卫生条件改善；露天晒干改为阴棚风干等[9]。但是传统柿饼加工工艺仍然存在一些问题，一是人工去皮不能有效去除萼片，导致柿饼中残留有碎屑；二是晾晒过程依靠自然温度、湿度，不可控因素多，易导致霉变；三是传统柿饼加工主要是作坊式的家庭加工，生产环境差，柿易被蚊虫侵害，产生各种病虫害，例如柿绵蚧[10,11]；四是传统柿饼加工工艺的加工周期较长，加工能力低下，产品品质不一，这也是制约柿饼市场快速发展的重要原因[12]。

2. 现代机械工业化柿饼加工工艺

由于传统柿饼家庭作坊式加工方式的局限性，致使柿饼加工未达到现代食品安全加工要求，制约着柿饼深加工产品的市场发展。随着现代机械及果蔬加工工艺的革新，逐渐发展形成了工业化、机械化的柿饼加工生产线[13]。在现代机械工业化柿饼加工生产线中，从原果的上料至终端产品的包装均采用特有的果蔬加工机械。

（1）生产工艺流程

鲜柿→清洗、分级→去皮→脱涩→摆盘→上架→烘制→出房→整形→出霜→成品。

（2）操作要点

①清洗、分级：采用倒框机将运入加工车间的整筐原果缓慢有序的输送至第一道清洗设备中，经过洗果槽的鼓浪式清洗后，进入鼓风干燥设备风干原料表面的水分，然后进入光电分选设备，按照柿原料的质量、直径、色泽以及糖度等分为若干等级。

②去皮：分级后的柿原料进入不同等级的输送带，在输送带两端分布着自动去蒂去皮一体机。

③脱涩：将去蒂去皮后的柿有序排布在烘车上，并进入熏蒸设备中进行护色、脱涩处理。

④烘制：熏蒸处理后的原料进入智能烘干设备，通过自动控温控湿程序快速将原料水分烘干至35%以下，一般烘制时间为72~80小时，主要是根据原料的大小决定，烘干温度范围为35~45℃。

⑤整形：烘干完成后原料进入自动揉捏设备。

⑥出霜：揉捏完成后将产品存放在阴凉干燥处，使干制柿产霜。

⑦包装：出霜至一定量后的柿饼进入洁净包装车间，由自动计量包装生产线完成产品的包装。

（3）成品质量标准[8]

①感官指标：削皮彻底，柿蒂周围不留或留不超过1厘米宽果皮，其余全部削净，不能留顶皮、花皮，不损伤果。有霜饼：表面有颗粒状白色霜，果肉呈棕红色或红褐色，色泽基本一致，果实完整，呈软固体态。无霜饼：果面呈棕红色或红褐色，色泽基本一致，果实完整，呈软固体态。

②理化指标：水分≤35克/100克；总酸（以柠檬酸计≤6克/100克；总糖（以还原糖计）≥45克/100克；50毫克/100克≤钙、磷≤70毫克/100克；铁0.8~1.5毫克/100克；总砷（以砷计）≤0.5毫克/千克；铅（以铅计）≤1.0毫克/千克；二氧化硫残留量≤0.1克/千克。

③微生物指标：菌落总数≤10 000cfu/毫升；大肠菌数≤3MPN/毫升；致病菌（沙门氏菌、志贺氏菌、金黄色葡萄球菌）不得检出。

（4）现代机械工业化柿饼加工工艺的特点

在现代机械工业化柿饼加工生产线中，采用机械上料，降低了人工劳动强度；通过光电分选设备对柿精准分级，从而使后期加工批次产品的品质保持一致，实现了产品的标准化；自动柿去蒂去皮一体机能够一次性完成柿的去蒂去皮工序，并且去蒂效果好，杜绝了传统加工过程中由于去蒂效果差产生的碎屑现象；熏蒸设备可自动调节熏蒸剂用量和熏蒸温度，有效控制熏蒸效果，废气处理系统可将设备排出的废气有效降解回收，不会对环境产生污染；智能烘干设备作为整条生产线中的核心设备，可以通过特殊的风道布局，控制整个烘室的温度分布，保证风室各处温度差异为±0.5℃，这是产品品质均一的必要条件。整条生产线中人员需求少，机械化程度高，生产周期大幅度缩短，且产品品质均一、卫生安全[14,15]。

二、柿饼的工业化发展前景

未来柿饼加工的工业化发展趋势主要是形成标准化的加工全过程控制，可分为产前、产中、产后标准化三部分[16-18]。产前的标准化主要是指从品种的筛选开始，实现品系的纯化及区域化，筛选最优柿饼品系，新建园嫁接最优品系，并且对果树的种植管理技术提质增效，例如降低树冠，简化修剪，动态密度，风光通透，平衡施肥，防病治虫，实现现代农业果树种植管理。产中的标准化是指加工过程中要有标准可遵循，制定相应的国家标准及地方标准，实现生产过程有规范、产品有标准。产后标准是对产品的包装模式及材料要求等制定可遵循的标准。其次，为了满足消费者多样化的消费需求，根据现代市场经济的发展情况，开展品牌化的营销战略，树立、打造、提升及保护品牌，充分发挥品牌效应。最后，开拓全球化的贸易思维，积极利用互联网加电商、全网多渠道、线上线下一体化销售模式，并利用社交软件发展微商社群。另外，开发多样化产品，如"柿饼加"模式——柿饼加枣、柿饼加核桃，迎合大众多样化的口味，也是促进柿饼加工产业发展的有力措施。

第二节　柿脆片加工技术[19]

一、工艺流程

柿→清洗去皮、去蒂→均质→柿浆、面粉、起酥油→混合→揉制→切条→冷藏→切片→焙烤→冷却→包装。

二、操作要点

1. 原料选择

选取柿皮为青色略带红色、黄色，优选为6~7成熟的果品，剔除有虫病害柿果。

2. 清洗去皮、去蒂

先用清水洗净，再以0.02%二氧化氯溶液浸洗5~10分钟，去蒂，剥去褐变或未洗净部位的柿皮，备用。

3. 均质

5 000转/分钟进行均质3分钟，制成柿浆备用。

4. 混合、揉制

分别称取一定量的面粉和起酥油，加入和面机中将两者充分混合，继续加入一定量的柿浆，选择面团揉制程序，待到面团呈现光泽、无颗粒、均匀。

5. 切条

将揉制好的面团揉制成直径约4厘米的条状，放入冰箱冷鲜层初步定型，待定型后

加工成厚度约为 3 毫米的薄片。

6. 焙烤

温度过低，导致柿脆片色泽过浅、风味不佳、质地过硬、外形一般，温度持续过高，美拉德反应过于明显，导致外形扭曲，丧失疏松的结构，色泽加重，导致柿脆片的外形和口感产生令人不愉快的感觉。研究表明，最佳焙烤温度为 110℃，最适焙烤时间为 14 分钟。

三、成品质量标准

1. 感官指标

形态完整，厚度均匀，无变形现象，色泽均匀，呈淡黄色，颜色适中，滋味协调，有柿清爽香气，质地均一、颗粒小且均匀，口感细腻，酥松，可口，易咀嚼。

2. 理化指标

重金属指标：砷≤0.5 毫克/千克，铅≤1.0 毫克/千克，铜≤10 毫克/千克。食品添加剂的使用符合 GB 2760—1996 规定。

3. 微生物指标

菌落总数 ≤10 000cfu/毫升；大肠菌数≤3MPN/毫升；致病菌（沙门氏菌、志贺氏菌、金黄色葡萄球菌）不得检出。

第三节　柿果酱加工技术

果酱具有适口的甜、酸综合性风味，气味芬芳，色泽柔和，且含有多种人体所必需的维生素和矿物质，使其成为深受人们欢迎的调味品之一。将柿制成果酱，不仅能有效地延长保质期，而且能较好地保持柿的风味和营养价值，适用于食品厂、糕点房、宾馆、家庭、酒吧等直接使用，具有较高的经济价值。

一、柿果酱的加工工艺

1. 工艺流程[20]

①选果→清洗、消毒→漂烫→配料；②配制糖浆→配料；③配制食品添加剂溶液→配料。

①+②+③→打浆、过筛→精磨→真空浓缩→灌装容器消毒后灌装、封盖→杀菌→冷却→检验→成品。

2. 操作要点

（1）原料选择

选择橙红色、成熟、味甜不涩、无虫害、无霉变、无损伤的新鲜柿。

（2）清洗、消毒、修整

先用清水洗净，再以 0.02%二氧化氯溶液浸洗 5~10 分钟，去蒂，剥去褐变或未洗净部位的柿皮，备用。

（3）烫漂

将柿倒入沸水烫漂 1 分钟，起到抑制酶促褐变、杀菌以及软化组织以利打浆的作用。

（4）溶液配制

将白砂糖和木糖醇加水煮沸溶化（注意不断搅拌以防焦煳），配成质量分数为 70%的糖浆，经 100 目筛网过滤，备用；柠檬酸、D-异抗坏血酸钠配成质量浓度为 0.1 克/毫升的溶液，乙二胺四乙酸二钠（EDTA-2Na）配成质量浓度为 0.01 克/毫升的溶液，备用。

（5）配料、打浆、精磨

将柿、糖浆、柠檬酸、D-异抗坏血酸钠、乙二胺四乙酸二钠按一定比例加入打浆机，打浆后经 50 目筛网过滤以除去未破碎的皮和果肉粗纤维，然后用胶体磨进行精磨。

（6）真空浓缩

设置旋转蒸发仪水浴温度为 50~70℃，控制真空泵使真空度为 0.08~0.09 兆帕，当蒸发出的水达到总料液浓缩前质量的 20%时（经测定，此时果酱可溶性固形物为 45%~47%）关闭真空泵，破除真空，继续搅拌，迅速将果酱加热到 88~90℃，立即进行热灌装。

（7）灌装、封盖、杀菌、冷却

玻璃罐及盖子需经清洗、消毒（沸水加热 10 分钟），果酱装罐量为 170 克（顶隙 0.5 厘米左右），要趁热迅速装罐，封口温度不低于 80℃；采用 92~95℃水浴杀菌 10 分钟，然后分别置于 70℃、50℃、30℃的水中，分三段迅速冷却至罐温 40℃以下[21]。

3. 成品质量标准[20]

（1）感官指标

有光泽、颜色均匀一致，酱体均匀细腻，无聚集和结块现象，黏稠适度，有浓郁的柿煮熟香气，无焦煳及其他不正常气味，酸甜适中，风味纯正，无涩味，正常视力下无可见杂质及霉变。

（2）理化指标

可溶性固形物≥25%；总糖≤65 克/100 克；pH 值≤4.6；游离矿酸不得检出；总砷（以砷计）≤0.5 毫克/升；铅（以铅计）≤1 毫克/升；黄曲霉毒素 B_1≤5 微克/升。

（3）微生物指标

菌落总数 ≤10 000cfu/毫升；大肠菌数≤3MPN/毫升；致病菌（沙门氏菌、志贺氏菌、金黄色葡萄球菌）不得检出。

二、复合柿果酱的加工工艺[22]

1. 工艺流程

柿→挑选→清洗→打浆。

调配→浓缩→密封→杀菌→成品。

胡萝卜→挑选→清洗→切片→蒸煮→打浆。

2. 操作要点

（1）原料选择

选择橙红色、成熟、味甜不涩、无虫害、无霉变、无损伤的新鲜柿；选择无病虫害、洁净的新鲜胡萝卜。

（2）制浆

柿经多次清洗去除表面泥沙，沥干水分，去除果皮、果蒂及果芯，4 000转/分钟均质 3 分钟，制成细腻均匀的柿浆；胡萝卜切薄片，厚度大约 1 厘米，将胡萝卜薄片蒸煮 15 分钟，冷却后按料水比（w/v）1∶1 混合，同上述条件下均质 3 分钟，制成细腻均匀的胡萝卜浆。

（3）调配

称取定量明胶，加入适量蒸馏水，在恒温水浴锅进行溶解，明胶溶液呈均匀、透明状态，备用。称取一定量的柿浆、胡萝卜浆和白砂糖，持续搅拌至三者混合均匀，在 120℃条件下浓缩至果酱呈橙红色。柠檬酸和明胶溶液随后加入，搅拌均匀后可制得新鲜果酱。

（4）灌装、封盖、杀菌、冷却

为防止果酱保存过程中有害菌滋生，将玻璃瓶和瓶盖彻底灭菌后进行无菌灌装，且要求罐中心温度不低于 80℃，快速分装。在 85℃的恒温水浴锅中进行复合柿果酱灭菌，待冷却后，常温保存。

3. 成品质量标准

（1）感官指标

有光泽、颜色均匀一致，酱体均匀细腻，无聚集和结块现象，黏稠适度，有浓郁的柿煮熟香气，无焦煳及其他不正常气味，酸甜适中，风味纯正，无涩味，正常视力下无可见杂质及霉变。

（2）理化指标

可溶性固形物≥25%；总糖≤65克/100克；pH值≤4.6；游离矿酸不得检出；总砷（以砷计）≤0.5毫克/升；铅（以铅计）≤1毫克/升；黄曲霉毒素B_1≤5毫克/升。

（3）微生物指标

菌落总数≤10 000cfu/毫升；大肠菌数≤3MPN/毫升；致病菌（沙门氏菌、志贺氏菌、金黄色葡萄球菌）不得检出。

第四节　柿饮料加工技术

柿果多为鲜食或加工成柿饼、柿果脯。由于其高纤维含量、高鞣酸含量等特性，在精深加工方面主要研究开发的产品有柿果酒、柿醋等，但这些产品不能更好地保留柿果的营养成分及其活性功能，所以柿最好的高值化利用就是加工成柿汁饮料，其营养成分更全面，活性功能更充分。柿制成的饮料在市场上还很鲜见，因此作为当今追求营养饮食的消费者来说，柿饮料是一个很有研究和发展前途的产品。

一、柿饮料的加工工艺

1. 工艺流程[23]

柿果选择→预处理→护色→打浆→热处理→过滤→调配→脱气→过胶体磨→灭菌→灌装→二次灭菌→冷却→检验。

2. 操作要点

（1）原料选择

选用柿外表全部黄色，肉质坚硬而略带黄色，在柿基本成熟，颜色变黄时采收，约八成熟，过熟或未熟柿均不宜选用。同时，应剔除受虫害和机械损伤的柿。

（2）脱涩

将柿放置在充满高浓度二氧化碳的密封容器或空间中若干小时，生产量过大时，可采用石灰水浸泡的方法进行脱涩处理，具体参数根据柿的品种和成熟度而定。

（3）漂洗

将柿全果经清水浸泡后采用喷淋或流水清洗，去除表皮灰尘、杂质，可通过加入脂肪系清洗剂、低浓度高锰酸钾溶液等浸泡果实，去除农残及表面微生物。

（4）去皮、切分

将柿清洗干净后，进行去皮、切分工艺。

（5）护色

切分好柿后，喷洒 0.2% 柠檬酸和维生素 C 混合护色剂。

（6）打浆

将柿果放入打浆机进行组织破碎，然后用 10~20 目筛网过滤，去除籽、残留的皮渣、果梗等杂物。

（7）热处理

将打好的果浆进行加热处理，待煮沸后保持一段时间，以钝化多酚氧化酶活性，防止果浆氧化变色。

（8）调配

根据柿果浆的糖度、pH，结合口感、色泽、稳定性，调整糖酸比、加入稳定剂等。由于品种、成熟度等因素都会影响柿果汁的糖度和纤维含量，因此调配组分的具体用量要根据实际生产的要求而定。在调配过程中可通入适量二氧化碳，既可防止氧化变色，又可以进一步脱涩。

（9）脱气

将调配好的果浆打入真空脱气设备中进行脱气处理，除去果浆中的残余气体，防止果汁进一步氧化变色，同时也能增加产品的稳定性。

排气方法有：一是抗氧化剂法。在果汁装罐时加入抗坏血酸或需氧的酶类，即可起到脱氧的作用。二是真空排气法。即将果汁在 25~45℃ 温度下，在 9~10 千帕真空度下进行排气。设备由真空泵、脱气罐和螺杆泵组成。三是氮交换法。每升柿汁充入 0.7~0.9 升氮气，氧气含量可降低到饱和值的 5%~10%。

（10）过胶体磨

果浆经过处理后，在打入胶体磨中，循环回流 1~2 分钟，进一步破碎果浆中的纤维素类物质，增加柿饮料产品的稳定性。

（11）灭菌

果汁的杀菌工艺是关系到产品保藏性和产品质量的关键步骤。柿果实中存在各种微生物（细菌、真菌和酵母菌等）会使产品腐败变质，由于存在各种酶还会使产品色泽、风味发生变化。常用的杀菌方法有以下两种。

①高温或巴氏杀菌：将脱气后的柿汁，灌入巴氏杀菌器中，杀菌的温度控制在85~92℃，杀菌时间在30~50秒钟。

②高温瞬时杀菌：一般采用93℃±2℃保持15~30秒；酸性较低的制品可在120℃以上进行3~10秒杀菌。高温瞬时杀菌，对果汁风味和色泽保持较好，特别对维生素C保存效率高[26]。

（12）灌装密封和冷却

杀菌后的柿汁应立即进行灌装密封，灌装的容器具应事先消毒灭菌，需符合卫生标准的要求。还可采取无菌灌装法进行灌装。

①无菌灌装[27]：将柿汁高温短时杀菌，已保持营养成分和色泽、风味。pH值<4.5的果汁，采用85~95℃下10~15秒，pH值>4.5的果汁则采用135~150℃、2~3秒的处理。

②无菌包装容器及杀菌：所用容器有复合纸容器、塑料容器（先制成容器或同时成形杀菌灌装）、复合塑料薄膜袋、金属罐（马口铁、铝易开罐）、玻璃瓶等。包装容器可采用过氧化氢、醇、乙烯化氧、紫外线、超声波、加热法等进行杀菌，杀菌过程需对周围环境进行无菌处理。

成品密封后应立即进行冷却，冷却越快果汁中营养成分破坏越少。冷却可用喷淋或浸没方式，玻璃瓶装须采用分段降温法，以防瓶子炸裂。温度先由80℃降至50℃，再从50℃降至30℃。

3. 成品质量标准[23]

（1）感官指标

柿果浆应具有与成熟鲜柿近似的颜色，无明显变色的现象；无杂质，无明显沉淀，具有柿的香气和滋味，无异味。

（2）理化指标

重金属指标：砷≤0.5毫克/千克，铅≤1.0毫克/千克，铜≤10毫克/千克。

食品添加剂的使用符合GB 2760—1996规定。

（3）卫生指标

细菌总数≤100cfu/毫升，大肠菌群≤6cfu/毫升，致病菌不得检出。

二、柿饮料加工过程中存在的问题及解决途径

果汁及饮料在工业发达国家是食品工业的重要组成部分，随着我国市场经济的迅猛发展，我国果汁、饮料行业也逐步成为一个朝气蓬勃、发展迅猛的产业。

果汁饮料的生产如果加工工艺控制不好，即会使之在之后的贮藏、运输、销售过程中出现一些质量问题。传统的柿加工工艺中往往存在着许多问题。在生产过程中，对生

产原料的选择，对各段工艺操作的选择和控制，都可影响柿汁饮料的产品质量。

在柿饮料加工过程中常见的质量问题：一是由于柿汁中含有果胶、可溶性淀粉、蛋白质及微小颗粒等物质，采用传统的压榨工艺难以得到澄清度高的柿汁，这些物质将造成果汁浑浊或沉淀。二是柿中含有大量的单宁物质，单宁与黏膜或唾液中的蛋白质生成了沉淀或聚合物引起涩味，严重影响产品的口感。三是柿汁生产中因采用柿种类不同，柿汁的贮藏温度、杀菌处理的不同，而导致柿汁褐变，营养成分和功效成分流失，严重影响产品外观品质。四是在传统的柿加工工艺中，由于不当的选择加热条件而造成柿汁的色素不稳定，颜色变为淡黄色，最终导致产品颜色暗淡不能保证柿本身所有的天然柿的色泽。柿汁加工工艺是影响柿汁品质的直接因素，因此需针对这些生产中存在的问题制定正确的柿汁加工工艺，选择适当的操作参数，建立规范的操作规程，以保证柿果汁优质的产品质量。

1. 沉淀浑浊

果汁的沉淀浑浊因种类而异。苹果汁的浑浊主要是厌氧微生物生长所引起的，葡萄汁的浑浊沉淀大多是色素的分解产物；采用传统的压榨工艺难以得到澄清度高的柿汁，柿汁中含有细小的果肉微粒、胶态或分子状态和离子状态的溶解物质，其中的主要成分是蛋白质、果胶等物质，是造成果汁浑浊的主要原因之一。果汁加工中的澄清工艺是解决果汁浑浊的关键工艺。因此，选择正确适当的澄清方法，确定有效的操作参数，是解决柿汁浑浊的有效途径。

常见的澄清方法有自然澄清法、果胶酶法、壳聚糖澄清法，明胶-单宁澄清法、瞬间加热或冷冻澄清法等。

（1）果胶酶法

果胶酶可以将果汁中的胶体物质水解成水溶性的半乳糖醛酸和其他产物，失去胶凝作用，而果汁中的悬浮颗粒一旦失去果胶胶体的保护，果汁中的非可溶性悬浮颗粒会聚集在一起，导致果汁形成一种可见的絮状物，易沉降。果胶酶可直接加入到新鲜榨出的果汁中，也可在果汁加热杀菌后加入。果胶酶澄清柿汁的工艺参数为：果胶酶添加量为0.07%，反应时间为2小时，酶解温度为45℃。反应的最佳pH因果胶酶的种类不同而异，一般在弱酸性条件下进行，控制pH值为3.5～5.5。根据以上澄清工艺参数制得的柿汁的透光率可达98%。

（2）壳聚糖澄清法

壳聚糖是自然界中存在的唯一丰富的碱性多糖，其分子链上具有氨基、羟基官能团，比其他高分子更适合在食品工业中应用。美国食品与医药卫生管理局（FDA）已批准其作为食品添加剂。壳聚糖的澄清原理：果胶、蛋白质、可溶性淀粉及微小颗粒等物质，在果汁中都带有负电荷，壳聚糖溶解于稀酸成盐后，其糖上的氨基与质子结合而带上正电荷，所以壳聚糖是天然的阳离子型絮凝剂。当将壳聚糖加入果汁中时，由于正负电荷的相互吸引，壳聚糖就会与带负电荷的果胶、蛋白质及微小颗粒等物质等结合，形成絮凝物而沉淀[28]。经过滤，即可达到澄清的目的。

将粗滤的果汁均匀地加入壳聚糖溶液，溶液浓度为 0.02%~0.03%，pH 值控制在3.0 左右，避光静置时间为 1~4 小时，再进行离心过滤。

（3）明胶-单宁澄清法

明胶是果汁加工中使用广泛的澄清剂，将明胶加入到果汁中，明胶即能与果汁中的单宁、果胶和其他成分反应生成明胶单宁酸盐络合物。随着络合物的凝聚和沉降，果汁中的悬浮颗粒亦被缠绕而随之沉降。另外，果胶、纤维素、单宁及多聚戊糖等胶体粒子带负电荷，酸介质、明胶带正电荷，这样正负电荷相互作用，促使胶体物质不稳定而沉降，使果汁澄清。

明胶和单宁在果汁中的用量取决于果汁的种类、品种成熟度和明胶的质量。柿的果皮和果肉中含有大量的单宁，果汁压榨过程中，由于果皮去除不完全或不能去除，很容易使其中的单宁进入果汁中。

一般明胶添加量为 0.05%，单宁添加量为 0.04%，使用时需预先实验，以加入明胶单宁后产生大量片状凝絮，2 小时内可发生沉降，摇匀后过滤容易，滤液透明澄清为好。在 4℃下静置絮凝时间为 4 小时，离心后加入 0.5 克/升硅藻土进行精滤。

2. 脱涩

单宁具有很大的横截面，易与蛋白质发生疏水结合，同时还含有许多能转变为醌式结构的苯酚基，也能与蛋白质发生交联作用，而这些结合产物都会产生涩感。

根据单宁的结构与水解反应，可以把单宁分为水解性单宁（Hydrolyzable tannins，简称 HT）和缩合性单宁（Condensed tannins，简称 CT）。水解性单宁可以用无水甲醇提取，纸色谱层析可以迁移，它们是单宁的单体或低聚体，这类单宁与舌黏膜蛋白凝固，使人感到涩味，而且结合的能力与单宁分子的大小有关。随着植物生长成熟，单宁与蛋白质结合的活性部位变少，单宁分子越来越大，以至于无法与蛋白质发生定向交连，使得蛋白质的结合能力降低，涩味减少。柿果脱涩（Deastringency of persimmon）是将柿果中可溶性单宁物质转化为不溶性的技术。关于脱涩的机制，目前一般认为是可溶性单宁与厌氧条件下积累的乙醛发生凝聚反应，生成树脂状的单宁络合物的结果。

（1）常规脱涩方法

农家自古沿用至今的有温水脱涩法、碱法脱涩、土窑烟烘法、石灰水法、盐矾法等。现在又发展了乙醇脱涩法、二氧化碳法、乙烯利法、冻结法、脱氧剂法、放射线法等。柿果脱涩的难易与品种有关，如涩柿单宁细胞的多少、大小及成熟度（采收期）等。脱涩处理过程中，脱涩方法的选择、脱涩剂量（或浓度）、调节气体的组分、

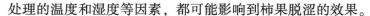

处理的温度和湿度等因素，都可能影响到柿果脱涩的效果。

（2）二氧化碳脱涩法

工业上的脱涩方法一般选用乙醇或二氧化碳脱涩。二氧化碳脱涩法能保持柿的硬度，适宜于大量处理。常见的是用塑料袋把柿果罩起来，四周完全密封，在60%～70%的二氧化碳、10℃以上保持3～4天即可脱涩。还可用干冰代替二氧化碳气体。另外，在恒温条件下（23～25℃），用高浓度的二氧化碳气体对涩柿进行短时处理，是目前大规模脱涩的较先进的方法，即所谓的CTSD脱涩法。

但在实际应用过程中，二氧化碳法也存在一些不足，其中最突出的问题就是柿果的果肉褐变。二氧化碳伤害在各种水果的贮藏中非常普遍，例如桃和柿的许多病害都与之相关。气体脱涩法普遍存在一种显著相关作用：乙醛积累量越大，脱涩越快，果肉褐变的机率也越大。乙醛作为呼吸的中间产物，脱涩气体的成分和浓度都会影响到其在果实内部的转化量。高浓度二氧化碳处理柿果，是脱涩的快捷途径，但长期使用，乙醛积累过量，必然引起乙醛伤害，表现出果肉褐变等不良现象，影响了产品的品质。可采用乙醇与二氧化碳联合法脱涩可抑制二氧化碳脱涩过程中出现的气体伤害问题。将平核无涩柿品种，置于20升的干燥器中，采用乙醇与二氧化碳联合处理。结果发现柿果不仅果实转色加快，硬度保持较好，而且褐变发生机率大大减少。

（3）乙醇脱涩

乙醇处理广泛用于柿的脱涩。乙醇脱涩法是把涩柿密封在倒出酒以后的空桶内1周左右，也可在密封容器底铺上棉花，将柿排列成层，把35%的乙醇对鲜柿逐层喷洒，装满容器，密封后，20℃下普通品种5～6天、难脱涩品种8～10天即可脱涩。对容器的材料、形状等无要求，因此可在运输期间进行。乙醇处理树上的果实质量比二氧化碳和乙醇处理采后果实的质量好。乙醇处理能促进果实中乙烯释放，加速脱涩，但因增加了呼吸基质的消耗，果实容易发生转白与软化现象。若在乙醇处理后，注入高浓度的二氧化碳，就会抑制果实中乙烯的形成，延缓果实的氧化作用，使转色与软化的可能性大大降低，同时抑制了褐变的发生，大大提高了柿的贮藏品质。

（4）冷冻脱涩

冷冻也能起到一定的脱涩作用。涩味及果肉中可溶性单宁含量在冷冻处理中的融化初期都有下降，在缓冻果实中可溶性单宁在解冻过程中迅速下降，融化后的果肉基本无涩。冻结和解冻的果肉中涩味的降低与果胶物质无关，因为无论哪种冻结方式果胶在融化前后变化都很小。显微镜观察脱涩效果的不同在于冷冻过程中细胞壁和原生质膜的受损程度不同。可溶性单宁在解冻过程中从单宁细胞中释放，在与细胞壁碎片和原生质膜接触后变成不溶性单宁。

（5）加工脱涩

加工脱涩也是有效的途径之一。柿汁在发酵过程中单宁会与蛋白质结合沉淀，单宁与蛋白质的作用机制一直为国内外学者所研究。但单宁的化学结构非常复杂，许多机制尚有待于探讨。研究发现，凝结单宁80%可溶于1%盐酸-甲醇溶液，而脱涩后果肉中聚合单宁褐变过程中，可溶解度降至20%。将单宁细胞置于1%盐酸-甲醇溶液中，发现聚合的褐变单宁细胞无变化，而聚合的无色单宁细胞被可溶性单宁膨胀成球形。

3. 变色

变色是果蔬原汁生产中的常见问题，一般变色分为3种类型：一是酶促褐变；二是非酶促褐变；三是本身所含色素的改变。

（1）酶促褐变

酶促褐变主要发生在破碎，取汁，粗滤，输送等加工工序过程中[29]。由于加工的过程使果蔬组织破碎，其中的酶与底物的区域化被打破，在有氧存在的条件下，果蔬中的氧化酶如多酚氧化酶即与酚类物质发生氧化反应，最终生成褐色或黑色的物质。酶促褐变的发生，必须同时满足3个条件，即含有酚酶、多酚类物质和氧气，缺一不可。因此，只要控制其中的一个条件，就可以防止褐变的发生。

由于柿果实中含有丰富的氨基酸、多酚酶和多酚类物质，因此在柿果汁加工过程中，在氧存在的条件下即会发生以上的酶促褐变反应。实际生产过程中经常采取以下措施来控制褐变的发生。

①加热处理，钝化酶的活性：在柿原汁制造过程中可以通过烫漂、预煮及高温瞬时杀菌等处理工序，防止酶促褐变。或将榨出的果汁在100℃沸水中煮沸2分钟。

②调节pH：多酚氧化酶的最适pH值为6.8左右，当pH值降至2.5~2.7时多酚氧化酶失去活性。在柿果汁加工过程中应将pH值控制在4.5以下，通过添加柠檬酸、抗坏血酸等有机酸来降低原料的pH值，抑制酶的活性。

③隔绝或驱除氧气：破碎时充入惰性气体如氮气创造无氧环境，同时可以添加适量的抗氧化剂，如维生素C或异维生素C，消耗果汁中剩余的氧气，还原酚类物质的氧化产物；在后续工艺中应进行脱气处理，同时采用密闭连续化管道生产，减少与氧气的接触；成品包装时，应充分排除容器顶部间隙的空气，防止酶促反应的发生。

④减少原料中的多酚类物质：这就要求选择成熟度较高的新鲜果蔬原料。另外，原料可用适量的氯化钠溶液浸泡，使多酚类衍生物盐析出来，浸泡后应用清水充分漂洗，除去多余的NaCl。

（2）非酶促褐变

即在没有酶参与下发生化学反应而引起的褐变，主要包括抗坏血酸的氧化及焦糖作用和美拉德反应。在果蔬汁加工特别是浓缩汁加工贮藏过程中这类褐变更为严重[30]。

以美拉德反应和抗坏血酸的氧化为主的非酶促褐变，在生产过程中可通过以下措施来防止。

将柿原汁的 pH 值控制在 3.5~4.5，不仅可有效控制美拉德反应和抗坏血酸的氧化，同时还使口味柔和。浓缩时避免过度的热处理，防止甲基糠醛（HMF）的形成。阻止黑褐色物质形成；加工过程中避免使用金属工具和容器，应使用玻璃及不锈钢等材料制成的工具和容器；调配时选用合适的甜味剂，应选用蔗糖，不宜使用还原性糖类；在低温或冷冻条件下贮藏。

4. 内源色素的改变

果蔬本身都含有丰富的叶绿素、类胡萝卜素、多酚类色素等天然色素，它们构成了果汁的颜色，这些色素都不太稳定，在加工贮藏过程中经常会发生褪色和变色的现象。

柿果实中含有丰富的氨基酸、多酚酶和多酚类物质，因此在柿果汁加工过程中，在氧存在且柿汁 pH 值较高的条件下，柿汁中的多酚类物质被多酚氧化酶氧化成醌类物质，又聚合成深褐色的物质，极易发生酶促褐变反应。另外，柿果汁中的还原性羰基物质与胺基化合物中的游离氨基作用发生美拉德反应，此反应在中性和碱性条件下发生较快，这是由于在 pH 升高时氨基酸中的氨基被游离出来，增加了反应物质，从而加快了褐变的速率。

花色苷是柿汁的主要功能成分之一，且柿果中含有较多酚类色素，包括花青素、花黄素和单宁类物质，花青素类是极不稳定色素，在水溶液中极易受到水分子的亲核进攻而水解，温度、pH 值的改变、氧化剂、光照、高温、金属离子的存在均可使其颜色改变。铁离子的存在会影响花黄素的颜色。

内源色素改变的控制：柿汁中含色素类化合物很多，其中黄酮类色素等对光、热、pH 值十分敏感。在加工储运过程中容易发生颜色变化。如黄酮类色素与金属离子生成深色色素，且不受 pH 值的影响。富含黄酮类色素的果汁在光照下会很快变成褐色或褪色。黄酮类色素在空气中易被氧化成褐色沉淀。解决这一问题的方法有[31]：在生产中通常采用烫漂、调节 pH 值等措施来防止褪色和变化，同时应该避免与锌、铜、铝、铁等金属离子接触，采用低温、避光、隔氧贮藏。

三、柿汁产业的发展前景

果蔬汁饮料的生产在果蔬加工中历史较短，但发展迅速，已成为现代食品工业的重要组成部分。果蔬汁的发展朝着营养、方便、新鲜、安全、经济的趋势发展，已成为食品消费的主流，未来的果蔬汁市场将以浓缩汁、浑浊汁、非还原果汁（指 NFC 果蔬汁，取汁后直接杀菌灌装）、复合果蔬汁、浆果类果汁等方向发展。

近几年，复合果汁饮料以其营养保健、口味独特等特点深受消费者的青睐。在果汁加工过程中澄清、过滤、均质、杀菌等工艺技术是关键技术，对保证果汁稳定性、抑制褐变、延长贮藏期、提高果汁感官品质等具有重要作用。目前，许多高新技术已应用在果汁加工过程中，以保证果汁加工的产品质量。

目前已在市场流通的以柿为原料的深加工产品类型不多，而我国的柿资源十分丰富，柿中含有的多种营养成分对人体健康有着重要的作用，随着食品工业的发展，柿综合开发的力度正在加大。加强技术水平及配套设备的提高，研制新型复合柿汁饮料，以及以柿汁为原料拓展新型产品类型，不仅提高了柿的附加值，同时还符合消费者的保健需求，并满足了食品消费市场的健康和创新需求。

第五节　柿酒的加工技术

果酒是将水果作为原料经打碎破裂、挤压出汁或带皮酿造，后经过调配等处理酿造的低度饮料酒。该酒营养丰富，除了酒精，还含有丰富的维生素和酚类物质，能促进胃液的分泌和蛋白质的消化和吸收，具有帮助消化、促进新陈代谢的功能。果酒中的不饱和脂肪酸可以提高高密度脂蛋白浓度，从而控制体内胆固醇含量，防止血管硬化。果酒多酚不仅能降低心血管疾病的发病率，也可抑制人体脂肪的堆积。因此，适度的饮用果酒有益人体健康，会使人产生舒适和愉悦感。柿果酒里面富含维生素和生命机体所需的矿物质，更重要的是果酒中氨基酸的种类达17种以上，有7种是人体必需氨基酸。柿果酒的酿造除了拥有较高的营养功能，还能带动经济发展。近年来，随着果树栽培面积大幅增长，大部分地区水果不易卖出。柿果实季节性强，成熟后的柿难以贮存保鲜，在运输和贮存的过程中极易霉变腐烂或发生变色，导致风味变差，更难售出。若将柿果开发为果酒，不仅提高了农民种植柿树的积极性，而且也能充分利用柿资源，增加农民收入，促进我国山区柿产业的发展[32]。

一、柿酒的加工工艺

1. 干型柿酒

（1）工艺流程[33]

成熟的柿果→压榨、去皮、出浆→热力作用→柿汁→浓缩升糖→加入60毫克/千克二氧化硫→加酵母进行主发酵→取上清液陈酿→调配→柿果酒。

（2）操作要点

①柿原料处理：

原料选择：分选，去皮。酿酒的原料应选择成熟期的柿果，经分选，除去带霉斑、腐烂的果实。柿果属于浆果类果实，使用手工分离果皮和果肉，耗费大量的时间和人力资源，柿肉得不到充分的破碎，浆液中混入了较多的柿叶渣和果皮附着物，使果浆卫生安全指标受影响。使用机械压榨制备浆液，不仅省时省力，而且压榨出的浆液细腻，杂质明显少于手工操作产生的杂质，且出浆率高于手工操作。

压榨、去皮、出浆：柿浆液在单独依靠自身重力的情况下，基本不会自流出汁。若外部对其施加作用力，柿浆液出汁量在10%左右，添加果胶酶和加热柿浆液的方法均会有利于汁液流出，且二者的出汁率基本持平。然而添加果胶酶后的汁液呈乳白色，失去了柿应有的颜色。经热力作用后得到的汁液颜色为淡黄色，从出汁的汁液状态和经济适用性考虑，柿浆液经热力作用后进行出汁比较实用。

过滤：没有过滤的柿浆液经加热后超过70℃，会出现返涩现象，而预先过滤去除皮渣的果汁经过加热，加热超过90℃也不发生返涩。

柿果脱涩：二氧化碳脱涩效果最好，不仅完成脱涩所需的时间短，而且柿果变软。35%的乙醇处理柿果，柿果脱涩不完全，自然脱涩所需的时间较长，所以适宜选用二氧化碳进行柿果脱涩处理。

②柿汁脱涩处理：氯化钙对柿汁进行脱涩处理的结果较好，柿果汁中产生絮状沉淀，呈白色胶状，橙黄色，色泽透亮，无明显涩味。

③二氧化硫处理：各种杂菌常随破碎进入果汁，添加二氧化硫可使耐酒精、抗二氧化硫的果酒酵母迅速繁殖成为优势种群，抑制其他各种有害微生物特别是细菌的活动，以便使发酵能顺利进行。研究表明[34]，当添加量大于60~80毫克/千克时，柿汁液表面有分散分布的菌落，液体表面没有菌膜形成。故在柿澄清汁中添加60毫克/千克二氧化硫可达到抑菌效果。

④糖分调节[29]：根据实际生产经验，确定柿压榨汁的糖度为17°，在后期浓缩的过程中糖度升到23°，柿汁液的损失率达到13.8%。即每100千克的柿澄清汁经过浓缩升糖，若直接加糖发酵，糖度由17°上升到23°，则需要的加糖量为0.1千克/升（每升汁液糖度升高1°所需的白砂糖添加量为17克），每100千克的柿澄清汁经过加糖升高糖度，大约需要花费81.6元。单从成本上比较，每升高1°糖度，加糖花费的价值要比浓缩损失的价值高出6.1元/100千克。考虑到若该工艺用于工业化大生产则柿澄清汁成规模性生产，因此使用浓缩方式要比添加白砂糖升高糖度更经济。

⑤主发酵[35,36]：

发酵室与发酵容器：发酵室为发酵与贮存两用，有地面、地下与半地下3种形式。

发酵桶一般由橡木制成上小下大的圆筒形木桶，容量在3 000~4 000升或10 000~20 000升，距桶底15~40厘米的桶壁上安装一阀门，用于放酒，桶底开一排渣阀；桶上部有开口或密封的2种。此种设备现在多由发酵罐所代替。

发酵池是用钢筋混凝土或砖、石砌成。形状有圆形或六边形，大小不受限制，池顶略带锥度，以利气体排出而不留死角，且能密闭。顶上安有发酵栓、进料孔等。池内安有升降温设备及自动翻汁设备。池底稍倾斜，安有放酒阀、废水阀及排渣阀等。池壁及池底用防水粉（硅酸钠）涂敷。为防止果汁（酒）的酸与钙等起作用，影响酒的品质，还需在池壁、池底用石蜡、合成树脂涂料处理或镶嵌玻璃、瓷砖等。

发酵罐是用不锈钢或涂料钢板制成的圆锥体发酵设备。容积小者 10~50 立方米，大者 100~200 立方米。类型各异，如连续发酵罐、旋转发酵罐、自动循环发酵罐等。罐顶端设有进料口、排气阀等，罐内设置有升降温装置，底端有出料、排渣阀。发酵罐是目前世界各国的主体发酵设备。

酵母菌的扩大培养：据试验，活性酵母 1 适合柿酒的发酵，选择其作为发酵酵母，获得的酵母菌种在 10℃ 以下可保存 3 个月。

酒母即为扩大培养后加入发酵汁的酵母菌，生产上需经 3 次扩大后才可加入。分别为一级培养（试管和三角瓶培养）、二级培养、三级培养，最后用酒母桶培养。具体方法如下。

一级培养：在生产前 10 天左右，选择完熟优质的葡萄，压榨取汁。装入经干热灭菌的洁净三角瓶或试管内，试管装 1/4，三角瓶则装 1/2。装后在常压下沸水杀菌 1 小时，或 58.84 千帕下作用 30 分钟。冷却后接入菌种，摇动果汁使之分散，进行培养，发酵旺盛时即可供下级培养。

二级培养：在洁净、干热灭菌的三角瓶内，装 1/2 柿汁，灭菌之后接入上述培养液，进行培养。温度控制在 25~28℃，发酵旺盛时再进行下级培养。

三级培养：用清洁、消毒过的 10 升左右大玻璃瓶，加入柿汁至瓶容积的 70% 左右，用热杀菌或亚硫酸杀菌，用亚硫酸杀菌时每升果汁中含 150 毫克二氧化硫，但亚硫酸杀菌后需放置 1 天后再接种酵母菌。接种前先用 70% 的酒精消毒瓶口。接入二级种的用量为培养液的 2%~5%，在 25~28℃ 培养箱中培养 24~48 小时，发酵旺盛后可供再扩大用，或移入发酵缸、发酵池进行发酵。

酒母桶培养：将酒母桶用二氧化硫消毒后，装入 12~14 克/100 毫升的柿汁，在 28~30℃ 下培养 1~2 天即可作为生产酒母。培养后的酒母可直接加入发酵液中，用量为 2%~10%，一般用 3% 左右。

发酵方式：自然发酵是将制备调整的汁液盛于发酵器中，不需接种人工酵母菌，而是利用葡萄皮上原有酵母菌，将葡萄破碎之后，将其直接混入果汁中，进行发酵酿酒。如果管理得当，效果也可以，但不太安全。

人工发酵是向果汁中加入纯种扩大培养的酒母或人工培养的优良酵母菌种，并采用二氧化硫抑制野酵母的活动，可保证发酵安全迅速，且能酿成优质果酒。

开放式发酵是采用开放式发酵容器，将经破碎、二氧化硫处理、成分调整或不调整的柿果浆，用泵送入开口式发酵容器中，至容器的 4/5，留空位 1/5 预防发酵时皮渣冲出容器外。开放式发酵酵母菌繁殖较快，品温较高，发酵强度较大，但酒精和芳香物质损失较多，也容易感染杂菌。

密闭式发酵是将柿果浆及培养酵母送入密闭式发酵桶（罐）中至约八成满，安置发酵栓，使发酵产生的二氧化碳经过发酵栓逸出。这种方式不易感染杂菌，酒精和芳香物质损失较少，但由于二氧化碳的浓度较大，酵母菌繁殖较慢，发酵速度较慢。

发酵管理：将发酵容器洗净，熏硫消毒。将破碎的果浆倒入发酵容器，数量不要超过发酵容器的 80%，以免在发酵旺盛时，果汁、果渣溢出来。用人工酵母菌发酵时，加入 5%~8% 强壮的人工培养酵母，应将物料和人工酵母液同时加入。使用密闭式发酵方式，发酵容器安装发酵管，使容器内的二氧化碳可以散发出去，外面的杂菌和空气不得进入。

采取控温发酵，发酵罐内品温控制在 25~30℃，每日测定 2~3 次发酵温度、糖度、酒度变化，并详细记录变化状况。主发酵时间为 8~10 天。

发酵初期主要为酵母菌繁殖阶段，时间持续 24~48 小时，液面最初平稳，之后有微弱零星二氧化碳气泡产生，表明酵母已开始繁殖；品温随气温变化，气泡逐渐增多，表示酵母大量繁殖，这段时间温度控制在 25~30℃，一般为 20~24 小时，若品温低，可延迟至 48~72 小时才开始旺盛繁殖。一般温度不宜低于 15℃，并注意通气，促进酵母菌的繁殖。通气方法是将果汁从桶底放出，再用泵喷成细雾状返回桶中，或通入经过滤的空气。

主发酵期为酒精生成阶段。口尝果汁甜味渐减，酒味渐增，温度逐渐升高，产生大量气泡，皮渣上浮，形成"酒帽"，并可听到似蚕吃叶的声音，高潮时有刺鼻熏眼的感觉。品温升至最高，酵母细胞保持一定水平，之后发酵逐渐减弱，表现为二氧化碳放出逐渐减弱至微弱，最后接近平静。品温由最高逐渐下降至接近室温，含糖量降低至 1% 以下，酒精积累接近最高，"酒帽"开始下沉，汁液开始清晰，即为主发酵结束，持续时间为 8~10 天。此期间管理措施主要是控温，应控制品温在 30℃ 以下，高于 30℃ 酒精易挥发，成品品质会下降。高于 35℃，醋酸菌既容易活动使挥发酸增高，发酵作用也受到阻碍。所以在主发酵期中，温暖地区及年份应注意降温。

在主发酵期中，如发现糖分存留较多而发酵中止，要及时查明原因，采取补救措施。产生的原因可能有：温度过高或过低，使酵母菌不适应；二氧化碳积累过多，使酵母菌休眠；醋酸菌大量繁殖，抑制了酵母菌的生长。可针对原因，采取措施，并补加 10% 左右的酵母液，使其继续发酵。

酒帽管理：酒帽中酵母多，接触空气，发酵快温度高，通常杂菌大量繁殖，产生挥发酸，影响酒的质量；酒帽阻碍二氧化碳排除，妨碍酵母菌正常活动。可采用钻孔木板，将酒帽压在液面下 10 厘米左右，压下酒帽可供给下层物料氧气和排出二氧化碳，适当降低发酵液温度，使发酵正常进行，防止有害微生物在酒帽上繁殖，有利于果皮上的芳香物质和色素进入果酒中。

⑥分离取上清：当残糖降至 5 克/升以下，发酵液面只有少量二氧化碳气泡酒渣和酒母下沉，酒醪也较清晰，液面平静，发酵液温度接近室温，且有明显酒香，此时主发酵已结束，一般发酵时间为 8~10 天，即可分离出罐。出罐时将发酵池的出酒管打开，先不加压，将能流出的酒放出，这部分称自流原酒。原酒放净后等二氧化碳逸出后再将剩余的残渣用压榨机压榨，压榨液除酒精度较低外，其余成分较自流原酒高。最初的压榨原酒（占 2/3）可与自流原酒混合，但最后压出的酒，酒体粗糙不宜混合，通过下胶过滤等净化后可单独陈酿。自流原酒和压榨原酒要分别贮藏。常用压榨设备有卧式转筐双压板压榨机、连续压榨机、气囊压榨机等。

⑦后发酵：经主发酵完成后分离出来的原酒还残留有 3~5 克/升的糖分，需进一步发酵降低其含量即称后发酵。由于压榨，放酒转换容器时带入空气，使酵母活力恢复，重新活跃起来，可将残糖继续发酵转变为酒精。

原酒装入容器中进行后发酵，后发酵容器要求相对密闭，但不能完全密闭，因为产生二氧化碳要排出，敞开又怕感染杂菌，因此需要装发酵栓，使二氧化碳能排出，空气杂菌又进不去。在后发酵中，在容器中装入体积95%左右的酒液。后发酵完成时糖分应降至 0.1%左右。

后发酵的管理工作：压榨得到的原酒需补加二氧化硫，补加二氧化硫量（以游离计）为 30~50 毫克/升。发酵的最适温度保持在 16~18℃。隔绝空气，工艺上称隔氧发酵，后发酵一般采用密闭发酵，发酵原酒避免与空气接触。隔氧措施一般是在容器上安装水封，或用酒精封住液面。卫生是后发酵中重要的管理内容。检测后发酵是否正常，经常进行糖度测定，正常的后发酵糖浓度是不断下降的。

⑧陈酿：后发酵结束后倒酒进入陈酿期，时间最少半年，最好 2 年以上。最适品温 16℃±1℃，可在地下室进行陈酿。

陈酿的目的是使果酒清亮透明，醇和可口，有浓郁纯正的酒香。经过后发酵的果酒味仍辛辣，不宜直接饮用。陈酿酒桶都应装发酵栓，防止外界空气进入。陈酿的酒桶一般应放在低温（12~25℃）、相对湿度为85%的地下室或酒窖中贮藏。要注意用同类酒填满容器，用塞子严密封口，随时检查及时填满，防止好气细菌增殖。果酒通过陈酿才能达到成熟，变得清亮透明，醇和芳香。

果酒在陈酿期的变化：果酒中酯类的合成主要通过陈酿和发酵过程中的酯化反应和发酵过程中的生化反应产生。各种有机酸与醇化合，各种高级脂肪酸与高级醇化合生成相应的酯。发生酯化反应。该反应生成的酯类可赋予果酒独特的香味和风格。如醋酸乙酯为清香型，醋酸戊酯为果香型。该反应为可逆反应，主要受温度、浓度、pH、压力等因素影响。陈酿时间越久，酯味越浓，酒的稳定性越高。果酒中的醋酸、醛类经氧化反应减少，果酒通过1~2年或数十年陈酿后芳香物质得以增加，苦涩味会因酚类物质、单宁、糖苷（色素）的氧化聚合沉淀而减轻，有机酸盐、蛋白质、果屑等逐渐下沉，使果酒得到澄清。

　　人工加速陈酿方法：在自然条件下，酯化、氧化反应非常缓慢，故果酒陈酿期越长，风味越好。为加速果酒成熟，缩短陈酿期，可采取冷热交互处理的方法，即先在50~65℃温度处理20~30天，然后在-6℃急速冷却7天。因为热处理可加速酒的酯化反应和氧化反应，提高酒的质量；促使蛋白质凝固，提高酒的稳定性，还能达到消毒的目的。热处理应在密闭容器中进行。冷处理是加速新酒老熟，提高稳定性的有效方法。在冷冻条件下果酒中的酵母菌和其他杂菌基本停止活动而沉淀。酒中的酒石酸盐溶解度降低，结晶析出，酒中单宁、色素、有机胶体物质等经氧化而局部沉淀，从而加速了酒的澄清。热处理是改善酒的品质，冷处理是加速酒的澄清。

　　果酒在陈酿中的管理工作包括以下几方面。

　　添桶：原酒在陈酿过程中，由于挥发和容器的吸收，陈酿中酒的体积缩小，盛酒的容器顶部出现空隙存留空气，根据计算原酒在贮藏的第一年中，要消耗总体积的5.7%~6.6%，第二年为3.5%~4.3%。因为出现空隙会使酒发生过多氧化，且易感染好气性细菌，使果酒变质。因此，出现空隙必须及时添满，应添入同品种、同质量、同酒龄、挥发酸在0.06%以下、无任何杂菌病害、残糖含量在0.02%以下的酒。可在容器上安装满酒表示器。添桶的操作，从第一次换桶时起，第一个月，每周满桶1次，以后减少次数，第二次倒桶后每2周满桶1次。所添酒的质量和贮存年限最好与原酒相同，且应斟酌添加二氧化硫。春、夏季节气温高，酒易膨胀溢出，宜取出少量酒，可安装自动满桶装置。

　　换桶或倒池：陈酿期又有沉淀发生，换桶和倒池是将酒从一个容器换入另一个容器的操作。换桶的第一个目的是为了分离酒液和酒脚，幼龄酒的残渣中含有酵母细胞。细菌细胞和外源有机物质必须分离除去，这样可避免腐败味，减轻酒与酒泥长期接触而吸收硫化氢味，也可在一定程度上防止微生物复合带来的影响。同时，可借助换桶使各种过量的挥发物质蒸发逸出，还可调节二氧化硫的含量，从而溶解适量新鲜空气，使酒和氧气充分接触，促进酵母最终发酵结束。换桶容器使用前需先灭菌处理。

　　澄清处理：果酒除了具有色、香、味的品质外，酒的外观品质须是澄清透明的，即使轻微的浑浊也被认为是不合格产品，且酒的澄清需保持相当长时间。若使酒在相当长时间内保持澄清度稳定，可采用人工的方法加速澄清，常用方法有加胶净化、离心澄清、过滤等方法。

加胶是果酒生产中一项重要的操作，加胶净化即在柿酒中添加一种有机或无机物质，这些物质能与果酒中的某些物质发生作用，产生胶体网状沉淀物，将悬浮在酒中的大部分悬浮物固定在胶体沉淀物上，包括微生物在内，一起凝结下沉到底部。加胶澄清的作用分2个阶段，前一阶段酒中物质与澄清剂发生反应，即酒中的鞣酸与加胶材料聚合产生不溶物；后一阶段是澄清剂的沉淀，从而使原酒在短时间内快速澄清透明，利于陈酿。

常用的加胶材料有蛋清、干酪素、明胶、鱼胶等。加胶时要使加胶材料迅速均匀分散到酒液中，可采用喷水器注入，也可采用高压喷雾器加入，同时要均匀地搅拌翻动酒液。

加胶的目的是沉淀果酒中的悬浮物，使果酒澄清。加胶处理时果酒必须是发酵完全停止没有病害的，而且含有一定量的单宁加胶才有效。过量的加胶反而会使果酒更为浑浊，因此加胶前最好预作小型实验确定加胶量。

成功酿造的柿酒其酒体应澄清透明，无悬浮物、无沉淀等异物和失光现象。刚酿好的柿酒往往比较浑浊，因此可加入澄清剂改善柿酒的透明度，可采用1.5克/升皂土对柿酒进行澄清处理[37]，还可通过过滤和离心来增进酒体的澄清透明。

过滤或离心：离心和过滤目前在柿酒制造中广为使用。离心机可使杂质和微生物细胞在几分钟内沉淀下来。过滤是通过过滤介质来截留微粒与杂质。过滤设备有硅藻土过滤机、棉饼过滤机、膜过滤等，过滤时加入硅藻土、石棉等助滤剂效果更好。过滤和离心方法优于加胶的方法，主要是不至于改变酒的化学成分，同时速度较快、操作简便。有些设备能在操作的同时将沉渣分离出来，进入离心机的浑浊酒液出来时已相当澄清。离心机有多种类型，大致可分为鼓式、自动出渣式和全封闭式等，可根据实际情况进行选择。

⑨柿发酵果酒成品调配，柿原酒经过陈酿期满后过滤：由于柿果汁香味含量低，经发酵后酒香较平淡。为弥补其不足，可用皮渣浸泡柿原酒进行调配，以赋予柿酒独特的风味。且出厂前要按照成品的质量要求，对酒精度、糖度、酸度、色泽等方面进行调配，使柿酒的风味更加协调，更加典型。

成品调配主要包括勾兑和调整两方面，勾兑即原酒的选择与适当比例的混合，调整即根据产品质量标准对勾兑酒的某些成分进行调整。

酒精度的调配：柿原酒的酒精浓度若低于指标，最好用柿蒸馏白兰地或脱臭酒精进行调配提高酒精度，所加酒精量可按下式计算。

$$V_1 = \frac{(b-c)}{(a-b)} \times V_2$$

式中：V_1—柿蒸馏酒或精制酒精加入的升数。

a——柿蒸馏酒或精制酒精的度数。

b——待调配酒欲达到的度数。

c——原酒的度数。

V_2——原酒的升数。

糖度的调配：调配用糖应是洁白纯净的白砂糖，所加糖量可按下式计算。

$$应加糖量（千克）= \frac{柿子酒精（千克）\times（要求的糖度-原果酒糖度）}{（加入糖浆的浓度-要求的糖度）}$$

酸度的调配：酸度不足，可加柠檬酸补足，1 克柠檬酸相当于 0.935 克酒石酸；酸分过高时则用中性酒石酸钾中和。

调色：酒的色泽过浅，可用色泽浓厚的柿酒调配。有时也可用色素进行调配，但最好用天然色素进行调配。

增香：香味不足时必须用同类果品的天然香精进行调香，原汁发酵的柿酒，一般不需增香。

应准确计算调配的各种配料。配酒容器要求有刻度和搅拌器，把计算好的配料输入配酒容器，尽快混合均匀，尽量少接触空气。配酒时先用泵输入酒精，再送入原酒，最后送入糖浆和其他配料，开动搅拌器使之充分混合。调配后的酒有较明显的生酒味，也易产生沉淀，需要再陈酿一段时间，或冷热处理后或再经半年左右贮存，使酒味恢复协调后才可进入下一工序。

⑩过滤澄清：调配合格后的柿果酒还需再经过热处理、冷处理使酒味恢复协调。热处理温度一般为 55℃，48 小时后进行冷却下胶，静置 7 天左右，进行过滤。柿酒加胶可用白明胶 10~12 克/100 升，或用蛋清 2~3 个/100 升。单宁的用量一般是胶剂的 80%。

加鸡蛋清下胶的方法是先将单宁用少量果酒溶解后再慢慢加入大批酒中，搅匀，1 天之后再加蛋清。将蛋黄去掉，将蛋清打成沫状，用少量酒搅匀，然后加入酒中，充分搅匀，静置 2~3 周，沉淀完善后分离。如处理大量果酒可用酒泵进行搅拌。

明胶的添加需采用无色无味的食品级白明胶。在加入白明胶前一天，先在 100 升酒中加入 10~12 克单宁。白明胶用量为 10~15 克/100 升。待加入的白明胶先用水浸泡 10 小时，再用 90~95℃的热水化开，将胶液呈线状加入酒内并不断搅拌，静置 7~15 天任其自然沉淀，再进行过滤。

过滤采用硅藻土过滤法，把硅藻土预涂在带筛孔的空心滤板上，形成 1 毫米左右厚度的过滤层，能吸附和阻挡柿酒中的浑浊粒子。它还可作助滤剂，连续加于酒中，起不断更新滤床的作用。

低温是保持柿酒稳定和改良质量的重要方法。冷处理是将柿酒冷却至接近其冰点温度，并维持一段时间。冷处理可加快柿酒中晶体物质（酒石酸的钾盐和钙盐）和胶体的沉淀，有利于酒液成熟及提高酒的稳定性，改善柿酒的感官质量，酒龄越短效果越明显。冷处理温度一般以高于柿酒冰点温度 $0.5 \sim 1℃$ 为宜。冷处理时，应迅速强烈降温，使酒液迅速达到需要冷处理的温度。为此，需采取快速冷却法，即在短时间内（5~6 小时）达到所要求的温度，使形成的晶体大，形成的时间短，沉淀的效果好。保温期一般5~6 天。处理完毕应在同温度下过滤。在同温下过滤可将不溶物全部滤去，取得较好的处理效果。冷处理过程中应在酒中融入二氧化碳，以防止氧化。

⑪装瓶杀菌：经过冷冻、过滤、贮存、过滤等，装瓶前应进行相关测定，即将果酒装入消毒空瓶中，盛酒一半，塞住瓶口，常温下对光保持 1 周。如不发生浑浊或沉淀便可装瓶。酒瓶应预先经过灭菌处理。酒精浓度在 16% 以下的需杀菌处理。装瓶杀菌温度 $70 \sim 72℃$，保持 20 分钟，冷却至室温。装瓶密封，擦干瓶，贴商标，包装入库。

（3）成品质量标准[38]

①感观指标：色泽为橙黄色，澄清透明，无明显悬浮物，无沉淀；有新鲜愉悦的柿果香及酒香，无异味；酒体完整，醇厚丰满，酸甜适口，回味绵长，具本品典型风格。

②理化指标：柿酒糖度为 10 ~ 12 克/升；酒精度为 10% ~ 12%；总酸度为 4 ~ 7克/升；挥发酸为 1 克/升以下；干浸出物为 15 克/升以上。

2. 低度柿酒

（1）生产工艺流程

柿果→分选、清洗、除蒂→酶处理→破碎→柿浆→加活性干酵母→前发酵→分离取酒→调整成分→酒渣→蒸馏→白兰地→酒渣→后发酵→过滤澄清→调配→灌装→杀菌→成品

（2）操作要点

①原料分选、清洗、除蒂：未熟的柿果含糖量低，风味欠佳，成熟的柿果色、香、味皆好，而过熟的柿果反而会降低香味，且易腐烂变质。剔除生青和腐烂变质的果实，并且用清洁流动的水冲洗果实，去除柿果表面的泥土杂质，保证成品柿酒本身自然风味的纯正。

②酶处理：将原料破碎打浆并将柿果浆加热至 $40 \sim 50℃$，加入已活化的 1% 果胶酶溶液，处理 3~4 小时，利用果胶酶的作用降低果胶含量，减少果肉黏度，利于出汁。为防止柿果汁在发酵过程中受杂菌污染，使耐酒精、抗二氧化硫的果酒酵母迅速繁殖成为优势种群，可在柿汁中调入适量的二氧化硫，静置 12 小时。

二氧化硫的添加有添加气体、液体和固体 3 种方式[39]。气体添加是燃烧硫黄绳、硫黄纸、硫黄块，从而产生二氧化硫气体。此法一般仅用于发酵桶的消毒，使用时需在专门燃烧器具内进行，现在已很少使用。液体添加一般常用亚硫酸试剂，使用浓度为 5% ~

6%。它具有使用方便、添加量准确的优点。固体添加常用偏重亚硫酸钾（$K_2S_2O_5$），加入酒中产生二氧化硫。固体偏重亚硫酸钾中二氧化硫含量约 57.6%，常以 50% 计算。使用时将固体溶于水，配成 10% 溶液（含二氧化硫约 5%）。二氧化硫具有选择性的杀菌效应，能保护基质不被氧化。

添加二氧化硫主要有以下几个作用：一是抑菌作用（选择作用）。二氧化硫是一种抑菌剂，它能抑制各种微生物的活动（繁殖、发酵）。微生物抵抗二氧化硫的能力不一样，细菌最为敏感，其次是野生酵母，而葡萄酒酵母抗二氧化硫能力较强（250毫克/升）。通过适量的二氧化硫加入，能消除细菌和野生酵母对发酵的干扰，使葡萄酒酵母健康发育和正常发酵。二抗氧化作用。二氧化硫能防止酒的氧化，特别是阻碍和破坏柿中的多酚氧化酶，减少单宁、色素的氧化，二氧化硫不仅能阻止氧化浑浊，颜色退化，并能防止柿浆和柿酒过早褐变。三是澄清作用。添加适量的二氧化硫，能抑制微生物的活动，从而推迟发酵开始，有利于发酵基质中悬浮物的沉降，这也是为柿酒最终的澄清做准备。四是溶解作用。亚硫酸有利于果皮中色素、无机盐等成分的溶解，可增加浸出物的含量和酒的色度。

③前发酵：低度柿酒的发酵采用活性干酵母作为发酵酵母。活性干酵母在使用前需要活化。活化的方法是称取所需量的果酒活性干酵母，加入到 100 毫升含 8% 的蔗糖溶液中，在 30℃ 条件下活化 30 分钟，蔗糖溶液的温度不宜超过 35℃。

低度柿酒采用混合开放式发酵，将柿汁、柿皮、柿渣一同放入发酵容器中，再加入按体积分数 0.2% 的果酒活性干酵母活化液。发酵的温度控制在 25~26℃，要特别注意控制温度，若醪液升温太高，要及时搅拌降温，使品温不得超过 26℃。

要加强发酵的管理工作，发酵过程中要定时进行发酵工艺参数的监控，包括发酵液温度、体积质量（用糖度比重计）等。要定期将漂浮在液面上的皮渣压入酒液中去，俗称"压帽"。若皮渣在液面上外露时间太长，会造成醋酸菌生长繁殖，使酒的风味变差。另外，混合发酵的时间不能过长，否则单宁物质溶出，会导致酒的苦涩味加重。因为在混合发酵的同时，物质的浸提过程还在进行着，在浸提柿芳香物质和色素的同时，一些具有邪杂味的物质也可能被浸提出来。

当发酵液体积质量（比重）下降到 5 克/升以下时，发酵基本停止，前发酵时间 4~5 天。

④分离取酒，调整成分：当发酵液面只有少量二氧化碳气泡，此时前发酵结束。将分离出的前发酵酒调整成分之后进入后发酵。分离出来的皮渣加适量白糖，进行二次发酵经蒸馏得到柿白兰地，以备调配成分时使用。

⑤后发酵：分离出来的原酒仍含有 3~5 克/升的残糖，这些糖分在酵母作用下继续转化成酒精与二氧化碳，残糖量进一步降低。在分离过程中混入了空气，使酵母重新活

跃，对残糖继续分解，发酵速度较为缓慢，控制发酵温度在 20～25℃，经 20～25 天后发酵醪残糖≤4 克/升，后发酵结束，分离酒脚，原酒送入贮罐。在后发酵开始前应注意补加二氧化硫（添加量为 30～50 毫克/升）。

⑥过滤澄清：经发酵并冷冻后的柿酒要进行过滤，以除去酒中的沉淀和杂质，保证成品酒的质量，若经以上处理还达不到要求，还需进行加胶沉淀处理。可加胶剂有鸡蛋清、白明胶、鱼胶等。将胶剂和单宁用少量酒溶解之后加入酒中充分搅拌，之后静置数天即完全沉淀澄清后进行过滤。

过滤可采用小型硅藻土过滤机，也可在果酒中加入硅藻土后进行真空抽滤。过滤后的果酒要求达到外观无悬浮物、无沉淀、澄清透明。

⑦成品调配[39]：澄清过滤后的柿酒尚需根据拟定的质量指标进行调配。用白砂糖和柠檬酸调整糖度和酸度；若酒精度不够可使用经果渣蒸馏而获得的白兰地进行调配，白兰地还可赋予柿酒独特的风格和典型性。

糖度、酸度、酒精度的调节可据以下公式计算。

调配用糖应是洁白纯净的白砂糖，所加糖量可按下式计算。

$$应加糖量（千克）= \frac{柿子酒量（千克）×（要求的精度-原果酒精度）}{加入糖浆的浓度-要求的精度}$$

酸度不够，可加柠檬酸补足，1 克柠檬酸相当于 0.935 克酒石酸；酸度过高则用中性酒石酸钾中和。

原酒的酒精浓度若低于指标，最好用同品种蒸馏酒或脱臭酒精调配，提高酒度，所加酒精量可按下式计算。

$$V_1 = \frac{b-c}{a-b} × V_2$$

式中：V_1—柿蒸馏酒或精制酒精加入的升数。

a—柿蒸馏酒或精制酒精的度数。

b—待调配酒欲达到的度数。

c—原酒的度数。

V_2—原酒的升数。

按照以上的方法将柿酒调制到所要求的质量标准后，进行灌装。

⑧灌装杀菌：将最后过滤调配后的柿果酒进行灌装，压盖，然后采用水浴加热杀菌。杀菌的方法：将酒瓶置于水浴中，缓慢升温至 78℃，保持 25 分钟，然后分段迅速冷却至室温，即为成品。

（3）成品质量标准

酒的外观呈桃红色，澄清透明，无悬浮物，无沉淀，具有浓郁的柿果香和发酵酒香，口味柔和协调，酒体丰满，酸甜适口，风格独特。酒度 12%（度），糖度（以葡萄

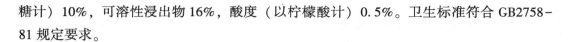

糖计）10%，可溶性浸出物 16%，酸度（以柠檬酸计）0.5%。卫生标准符合 GB2758-81 规定要求。

二、柿果酒发展前景

使用传统果酒酿造方式生产的柿酒存在以下问题：酒体色泽过深，容易返涩，酒液浑浊，果酒品质差，这些都是造成柿果酒未能实现规模化生产的主要原因。柿果经破碎后得到果浆，再从果浆中分离取汁，过程中容易发生非酶促褐变，非酶促褐变中的美拉德反应和焦糖化作用均会影响柿果汁的感官品质，使后续生产酿造的柿酒颜色过深。柿单宁作为一种多酚类物质，在柿产品加工的过程中不止是重要的呈味物质，更是影响产品品质的关键因素。适量的单宁存在可以增加果酒的的立体感，也有助于果酒的澄清，但若有大量的单宁存在，柿酒口感发涩，降低消费者的需求。因此，在柿果选取和处理中，脱涩是必不可少的工艺。水果之间营养成分差别很大，不同原料的果酒发酵条件也各不相同。酿酒酵母直接影响发酵的工艺条件，决定发酵产品的品质。当前，我国酿造柿酒一般使用活性干酵母，但活性干酵母酿造的果酒质量不尽如人意，成品酒缺少柿应有的果香，这同样是柿酒生产行业发展面临的又一困境。

柿果酒营养价值高，保健效果好，口感醇厚，老少皆宜，是一种很有前途的保健饮品。果酒从 20 世纪 80 年代末开始备受市场青睐，目前意大利、法国的葡萄加工率超过 80% 以上，在日本，几近所有的果品都被加工成了果酒，从草莓到杧果乃至香蕉等应有尽有，而我国果酒加工率仅有 13%。我国作为柿的生产大国，利用柿酿造果酒，填补果酒市场存在的缺口，发展柿酒产业，拥有广阔的市场前景。为此，处理柿发酵酒酿造过程中面临的难题，改进柿发酵酒酿造工艺是柿产业化发展的迫切需求。

第六节　柿醋酿造技术

食醋是人们生活中不可缺少的生活用品，是国际性的重要调味品。同时，醋也是 5 种基本味之一，是构成多种复合味的主要调味原料。在中国，自古以来就有酿醋和食醋的传统。酸味作为调味品在烹调中的应用也至少有 4 000~5 000 年的悠久历史。食醋的分类方式有很多，如按生产方式分类、按食醋颜色分类、按产品形态分类等。其中，按原料分类可以细分为谷物醋、果醋、蔬菜醋、糖醋、酒醋 5 种。近年来，人们逐渐将目光由传统的粮食醋转到果醋上来。对应消费者的需求，近年来市场上已经出现了各式各样的果醋品种，柿醋就是其中之一[40]。

一、柿果醋的酿造原理及技术

柿果醋发酵和食醋发酵一样，是有关微生物进行生命活动的过程，是微生物代谢过程中产生生物化学反应的结果。其生化过程有 2 个步骤，第一步是糖在厌氧条件下发酵生成酒精；第二步是酒精氧化成酸。在上述过程中除了生成醋酸外，还有其他的有机酸生成，并存在着酯化反应，使柿醋具有香味。

1. 酒精发酵机理

酒精发酵过程是利用酵母菌在无氧条件下经糖酵解（EMP）途径，将葡萄糖发酵为乙醇和二氧化碳。糖酵解途径是真核生物界和许多原核生物中普遍存在的葡萄糖代谢途径，糖酵解途径是酵母代谢葡萄糖的唯一途径。葡萄糖和果糖通过糖酵解途径转化为丙酮酸，在酵母中，丙酮酸转化为乙醛，由乙醛作为最终的电子受体而生成酒精。

由葡萄糖发酵生成酒精的总化学反应式如下。

$C_6H_{12}O_6 + 2ADP + 2Pi \rightarrow 2CH_3CH_2OH + 2CO_2 + 2ATP$

2. 醋酸发酵机理与酶化学

醋酸发酵是指乙醇在醋酸菌的作用下氧化成乙酸的过程。乙醇氧化过程分为 2 个阶段：首先，乙醇在乙醇脱氢酶的催化下氧化生成乙醛，然后乙醛在乙醛脱氢酶的作用下氧化生成乙酸。

反应式如下。

$CH_3CH_2OH + NAD \rightarrow CH_3CHO + NADH_2$

$CH_3CHO + NAD + H_2O \rightarrow CH_3COOH + NADH_2$

反应过程中生成的 $NADH_2$ 通过细胞呼吸链传递给氧，结合成水，从而使 $NADH_2$ 还原为 NAD。这样，整个反应式可用下式表示。

$C_2H_5OH + O_2 \rightarrow CH_3COOH + H_2O + 493.2kJ$

醋酸菌是食醋酿造中醋酸发酵阶段的主要发酵菌株，醋酸菌的发酵机制及酶学特性研究认为，它具有氧化乙醇生成醋酸的能力。乙醇向醋酸的转化分为两步，中间产物是乙醛。

$CH_3CH_2OH \rightarrow E1 （CH_2CHO） \rightarrow E2 （CH_3COOH）$

式中 E1 是乙醇脱氢酶，E2 是乙醛脱氢酶。

3. 醋酸发酵微生物

由于在空气中存在大量、种类繁多的醋酸菌，因此部分传统发酵工艺采用自然环境接种的方式进行醋酸菌的接种。然而现代研究表明，不同的醋酸菌种对酒精的氧化速度有快有慢，即醋化能力有强有弱，性能各异。因此，目前醋酸工业常用菌种包括许氏醋酸杆菌及其变种弯醋杆菌，这类菌种不具备运动能力，产醋力强，对醋酸没有进一步氧化能力。此外，发酵环境条件的变化可显著影响醋酸菌的繁殖和醋化作用。

酒精度过高，可导致醋酸菌繁殖迟缓，菌膜不透明，灰白易碎，生成物以乙醛为多，醋酸产量甚少。一般果酒中的酒精度超过 14%（体积分数）时醋酸菌的耐受程度下降，因此醋酸发酵一般需控制酒精度在 12%~14%（体积分数）或 12% 以下为宜。

醋酸菌的醋化作用与溶氧程度密切相关，果酒中的溶解氧越多，醋化作用越快越完全，然而缺乏空气醋酸菌被迫停止繁殖，醋化作用受到阻碍。理论上 100 升纯酒精被氧化成醋酸需要 38 米³ 纯氧。相当于空气量 183.9 米³，实际供给空气量需超过理论数 15%~20% 才能醋化完全。

一般果酒发酵过程中会加入二氧化硫，然而果酒中的二氧化硫对醋酸菌的繁殖有抑制作用，若果酒中二氧化硫含量过多，需去除二氧化硫后才能进行醋酸发酵。

温度对醋酸菌的繁殖和代谢作用影响较大，20~32℃ 为醋酸菌繁殖最适宜温度，30~35℃ 醋化作用最快，达 40℃ 则停止活动，低于 10℃ 以下醋化作用进行困难。

较高的环境酸度导致醋酸菌发育缓慢，在果醋的醋化作用过程中，随着醋酸量不断增加，醋酸菌活动逐渐减弱，当酸度达到某限度时，活动完全停止。一般醋酸菌对醋酸的耐受度为 8%~10%。

阳光也会影响醋酸菌的发育，降低醋化作用。不同波长的光对醋酸菌的作用不同，白色光有害作用最烈，其次顺序是紫色、青色、蓝色、绿色、黄色及棕黄色，红色危害最弱，与黑暗处醋化时的产率相同。

4. 醋酸发酵

果醋发酵需经过 2 个阶段，即先进行酒精发酵，然后进行醋酸发酵。醋酸发酵是依靠醋酸菌的作用，将酒精氧化生成醋酸的过程，其反应如下[41]。

首先，酒精氧化成乙醛：$CH_2CH_2OH+1/2O_2 \rightarrow CH_3CHO+H_2O$

其次，乙醛吸收一分子水成水化乙醛：$CH_3CHO+H_2O \rightarrow CH_3CH(OH)$

最后，水化乙醛再氧化成醋酸：$CH_3CH(OH)+1/2O_2 \rightarrow CH_3COOH+H_2O$

理论上 100 克纯酒精可生成 130.4 克醋酸，在生产实际过程中只能生成 100 克醋酸。其原因是醋化时酒精的挥发损失，特别是在空气流通和温度较高的环境下损失更多。其次，醋化生成物中，除醋酸外，还有二乙氧基乙烷 $[CH_3CH(OC_2H_5)_2]$，具有醚的气味，以及高级脂肪酸、琥珀酸等，这些酸类与酒精作用，会缓缓产生酯类，具有芳香。所以，果醋也如果酒一样，经陈酿后品质变佳。

因醋酸菌含有乙酰辅酶 A 合成酶，因此它能氧化醋酸为二氧化碳和水，即 $CH_3COOH+O_2 \rightarrow CO_2+H_2O$。正是由于醋酸菌具有这种过氧化反应，所以当醋酸发酵完成后，一般要采用加热杀菌或加盐来阻止醋酸菌的繁殖，抑制其继续氧化发酵，防止醋酸分解。

二、柿果醋的加工工艺

应用于果醋生产的发酵工艺按其发酵状态可分为传统发酵工艺、液态发酵工艺和固态发酵工艺。传统发酵工艺即为民间自制醋，这种方法由于发酵时间长，色味不佳，不能规模化生产，只适用于自制自食。液态发酵工艺是将水果经清洗、粉碎、脱涩处理后榨取柿汁，加入糖，调整糖度进行液态酒化后，再过滤，液态通风回流分割取醋，其产品色泽淡黄，酸度在 3.5% 以上；缺点是产品风味品质欠佳，设备投资大，操作条件高，不适合中小企业生产。固态发酵工艺是将大米、小米、玉米、碎米加麸皮、稻壳等蒸煮后加水果进行固态酒精、醋酸发酵，其特点是发酵时间长，生产的果醋无浑浊和沉淀，风味好。但是原料蒸煮程度难以掌握，劳动强度高，同时产品的风味稳定性和外观稳定性也不高。这几种发酵方法中，尤以液态发酵工艺较为成熟，美国、日本、德国等发达国家均采用此法。但由于此法工艺要求太高，工厂化生产采用的并不太多，加之液态深层发酵的醋产品风味不足，因此许多研究工作者都在力图找到一种简便易行的加工方法。

1. 柿醋固态发酵工艺

（1）生产工艺流程[42]

耐高温活性干酵母→活化→柿→清洗→打浆→大米→浸泡→磨浆→液化→糖化→酒精发酵→醋酸发酵→淋醋→配兑→灭菌→澄清→柿醋

（2）操作要点

①柿清洗、制汁：选用柿果、坠柿、破损柿及柿饼下脚料作为原料，除去柿蒂，用清水洗去污物。将大柿果切碎和其他原料合并送入打浆机，加适量水制成柿果浆。

②大米浸泡、磨浆、液化：浸泡大米夏天需 6 小时左右，冬天约需 10 小时，要求米粒膨胀无硬心。沥干后的大米带水在磨浆机中磨成米浆，将淀粉酶加入米浆中，打入蒸煮锅开汽蒸煮。当粉浆温度达到 90~92℃ 时，保持此温度 15~20 分钟，然后用碘液检查呈金黄色即达到液化终点。开汽升温到 100℃，保持此温度 10 分钟灭菌。

③糖化：米浆灭菌后，加水降温并打入果浆，把温度降至 60℃。加入糖化酶保温糖化 30 分钟，再降温至 30℃ 打入酒精发酵罐[43]。

④酒精发酵：活化好的酵母连同糖化液打入发酵罐，用空压机搅拌 1 次，以后每隔 1 小时开空压机搅拌 1 次，共需搅拌 10 次左右。控制发酵品温不超过 36℃，96 小时发酵结束[44]。

⑤醋酸发酵：把酒醅和麸皮按一定的比例拌和均匀后，接入醋母，堆置好呈长方形，在其上覆盖一层稻壳。24小时以后把表层醅和条形醅拌和均匀摊平，再盖一层稻壳，以后每隔24小时向下翻一层醅，翻后都要用稻壳盖面。5次后翻至容器底部为露底开始，以后每天把醋醅翻一遍，使底部醋醅置于顶部，控制品温不超过43℃，若品温过高可将上部醋醅拍实压紧。检验醋卤酸度不上升时用塑料膜覆盖醅面，四周用盐压实。

⑥淋醋、配对：成熟的醋醅经过套淋，可增加食醋的清亮度，同时也起到过滤的作用。将后熟的醋醅放在淋醋器中。淋醋器内装醋醅是要均匀地将醋醅摊铺入容器，装入醋醅量不可太满，要适中。从上面缓慢淋入约与醋醅等量的冷却沸水，浸泡4小时后，打开孔塞让醋液从缸底小孔流出以获得头醋。头醋淋完后再加入凉水，再淋，即二醋，二醋含醋酸量很低，供淋头醋用。所淋醋醅浸泡时间要遵照工艺要求，时间太短，不能使醋醅泡起、泡透；时间太长，容易染菌。

⑦陈酿：果醋的陈酿与果酒相同。通过陈酿果醋变得澄清，风味更纯正，香气更浓郁。陈酿时将果醋装入桶或坛中，装满密封，静置1~2个月即完成陈酿过程。

⑧配对调味：向发酵液中添加适量的鸟苷酸等助鲜剂或冰糖、蜂蜜等甜味剂，可提高果醋风味；加入5%的优级食盐，既能抑菌、降温，又能使醋体显得更丰满。

⑨过滤灭菌：陈酿后的果醋经澄清处理后，用过滤设备进行精滤，采用硅藻土进行过滤，在90℃温度下杀菌30分钟。灭菌后，趁热贮存至罐中包装或灌入瓶内包装，进行自然沉淀澄清，即为成品果醋。

（3）成品质量标准

①感官指标：色泽为深红棕色，滋味纯正，酸甜协调，气味为柿发酵特有的香气；组织状态为体态澄清、透明、无沉淀。

②理化指标：游离矿酸不得检出；总砷（以砷计）≤0.5毫克/升；铅（以铅计）≤1毫克/升；黄曲霉毒素 B_1 ≤5微克/升。

③微生物指标：菌落总数≤10 000cfu/毫升；大肠菌数≤3MPN/毫升；致病菌（沙门氏菌、志贺氏菌、金黄色葡萄球菌）不得检出。

2. 柿醋液态发酵工艺

（1）生产工艺流程

柿→挑选→清洗→去皮→去核→脱涩处理→过滤→调整成分→酒精发酵（酵母菌）→醋酸发酵（曲）→过滤→装瓶→杀菌→冷却→成品。

（2）操作要点

①原料：选用充分成熟的烘柿为原料，剔除腐烂及有病虫害的柿果，去除萼片。将选择好的柿果放在清水中用手洗净，洗净后沥干水分。

②脱涩：去皮、去核后装入容器的70%，加入40~50℃的温水，用保温材料盖严，24小时脱涩。

③酒精发酵：向柿汁分别接入酵母菌进行酒精发酵，控制温度。当酒精含量在一定值时终止发酵。

④醋酸发酵：酒精发酵完后接入曲培养液进行醋酸发酵，控制温度，发酵到酸度不再上升时终止发酵。

⑤过滤：醋酸发酵成熟后，让醋液通过250目的筛网，将果肉等碎屑过滤除去。

⑥加盐：在过滤液中加入适量的食盐，不但可以抑制醋酸菌的活动，防止其对醋酸的进一步分解，还可以调和柿醋的风味。一般加入量为1%~2%。

⑦杀菌：在70~85℃下灭菌15分钟，冷却至室温，即为成品醋。

（3）成品质量标准

①感官指标：色泽为棕红色，有光泽。具有柿果醋特有的醋香。酸味柔和，无不良气味。澄清透明，无沉淀及明显的悬浮物。

②理化指标：总酸（以醋酸计）为0.5%~0.7%；总糖（以转化糖计）≥3%；可溶性固形物≥4克/分升；pH值3.5~4.5；游离矿酸不得检出；总砷（以砷计）≤0.5毫克/升；铅（以铅计）≤1毫克/升；黄曲霉毒素B_1≤5微克/升。

③微生物指标：菌落总数≤10 000cfu/毫升；大肠菌数≤3MPN/毫升；致病菌（沙门氏菌、志贺氏菌、金黄色葡萄球菌）不得检出。

三、柿果醋发展前景

在柿收获季节，大量的新鲜柿在脱涩后主要在原地进行销售。近几年，虽然部分商家也将柿运往非产地进行销售，但由于柿保鲜问题没有得到很好的解决，像火晶柿一类不耐贮存的软柿，运往外地后如果不及时销售，会因腐烂变质而造成经济损失，使贩运者的积极性逐渐降低。由此可见，进行柿深加工的开发，丰富柿深加工产品的品种，降低柿资源的浪费，具有一定的社会价值。目前柿醋的酿造仍以小型作坊为主，其发酵条件较为简陋，容易污染杂菌，且不经过脱涩直接进行发酵。同时，由于单宁的大量存在，不仅不利于发酵的正常进行，还会对发酵产品的澄清及稳定性产生较大的影响，因此生产出的柿醋风味及产品的感官均较差，很难打开销售市场。所以研究出一种耗时短、安全有效的脱涩剂或脱涩方法，找到较为适合发酵柿醋的菌种，通过研究其发酵特性进而优化柿酒及柿醋的发酵工艺，使其适宜进行大规模的工业生产显得尤为重要。同时，柿醋的澄清与返浊问题也会对其商品的外观及贮藏产生很大的影响，因此为提高柿醋的澄清度，针对柿醋单一澄清剂、复合澄清剂的选择及澄清方法进行了研究，为柿醋的工业化生产提供了试验数据，也为今后进一步进行柿醋的研究提供了试验依据。总而言之，为提高柿资源的利用率，创造出可观的经济价值，探索出更加简便高效，既能节约成本，又能提高经济效益的柿醋生产工艺意义重大。

第七节　柿（果实、叶、根等）药用食品制备技术

柿是一种深受人们喜爱的水果，古今医药学家认为，柿不仅营养丰富，而且可疗疾保健，是美颜、明目、润肤的佳果，被人们誉为"果中圣品"。柿自古就是一种补养人体的果品，著名食养食疗专家孟诜在《食疗本草》中指出，柿能"补虚劳不足"。柿性寒，具有清热止渴、润肺止咳、凉血止血的功效。据《本草纲目》记载："柿乃脾、肺、血分之果也。其味甘而气平，性涩而能收，故有健脾涩肠、治咳止血之功。"《名医别录》说："软熟柿解酒热毒，止口干，压胃间热。"中医临床经验表明，柿、柿蒂、柿霜、柿叶各有不同的功效。其中，柿味甘涩，性寒，具有清热、润肺、生津、止渴、祛痰、止咳等功效，主治烦热口渴、咳嗽、吐血、口疮等症，还能解酒毒，对慢性气管炎、高血压、动脉硬化、痔疮便血等症也有一定的疗效。柿饼味甘，性寒，有润肺、通肠、止血的作用。蒸熟后的柿饼可当点心吃，能治痔疮下血。柿霜能清热消炎，可治口舌生疮、咽干喉疼、气管炎等症状。柿制品以其丰富的营养价值和保健作用越来越受到人们的青睐，市场前景广阔[45]。

一、柿（果实、叶、根等）的药理作用

1. 柿果实的药理作用

柿果是一种营养丰富的水果。科学研究表明，每 100 克鲜柿含水 82.4 克，碳水化合物 10.8 克，维生素 3.1 克，灰分 2.9 克，蛋白质 0.7 克，脂肪 0.1 克，磷 19 毫克，维生素 C11 毫克，钙 10 毫克，烟酸 0.3 毫克，铁 0.2 毫克，维生素 A0.15 毫克，维生素 $B_2$0.02 毫克，维生素 $B_1$0.01 毫克，热量 19.7 千焦，还含有大量的果胶和单宁。它所含有的游离酸和一些糖类物质，如葡萄糖、果糖、甘露醇等，易于被人体消化和吸收[46]。

柿中有效成分的含量极为丰富，有重要生理及药理功效的主要是甘露醇、葡萄糖、果糖、五环三萜类化合物、各种无机盐、维生素和大量的鞣质等。萜烯类化合物入药，多具止咳平喘、祛痰发汗、驱风解表、消炎镇痛、抗菌杀虫等功效。未成熟的柿含有大量鞣质，其主要成分是花白苷；柿还含有瓜氨酸、无色花青素、异柿醌、双异柿醌等。柿果中的果胶包括原果胶、果胶和果胶酸，随着柿果的成熟，原果胶分解，成为可被人体利用的果胶和果胶酸。柿果中较多的膳食纤维和果胶物质对促进人体消化，改善肠道

功能具有很好的作用。

（1）抗动脉硬化，预防心血管疾病

有研究表明，由于柿中含有大量的可溶性膳食纤维、类胡萝卜素和多酚类物质，因此柿具有降血脂和抗氧化的特性。Gorinstein[47]对柿和苹果中的膳食纤维、多酚、矿物质含量进行了比较，结果发现柿（尤其是果皮）中的膳食纤维、总多酚、表儿茶酸、没食子酸、β-香豆酸和钠、钾、镁、钙、铁、锰的含量比苹果要高得多，所有这些物质对防止脑动脉及冠状动脉堵塞都有重要作用。早先的研究也已证实[48]，柿果能加快小鼠体内的油脂代谢过程。以色列的研究人员测试水果对心脏病患者有何影响时发现，柿果中含有某种有效成分，该物质能有效降低人体动脉硬化的危险性。

（2）抗肿瘤、抗老化作用

Achiwa 等[49]研究了柿提取物对人白血病 Molt4B 细胞的影响，结果发现在柿提取物处理 3 天后，Molt4B 细胞出现形态学改变并有 DNA 片段产生，说明柿提取物能够诱导人白血病 Molt4B 细胞程序性死亡。从柿中提取的番茄红素可阻止亚硝酸盐与二级胺合成亚硝胺，具有一定的抗癌作用[50]。柿果中含有极丰富的维生素 A 原——胡萝卜素，β 胡萝卜素具有预防肿瘤的作用，尤其是对降低肿瘤发病率有显著效果。

（3）止血作用

研究表明[51]，柿具有止血作用，可能的原因：一是柿中的活性物质能直接作用于血管，有短暂的收缩血管作用；二是有较弱的促血小板聚集作用；三是可以促进血小板血栓的形成，此血栓类似动脉中的白色血栓，当血栓形成之后，能够机械性堵塞伤口，从而达到止血的效果。

（4）抗微生物作用[52]

食品和化妆品中添加柿汁，可作为收敛物质，其提取物单宁和（或）多酚作为活性成分用于杀菌；去糖的柿果汁有强的杀细菌和杀真菌活性。

2. 柿叶的药理作用

柿叶的化学成分主要有黄酮类三萜类萘醌和萘酚类以及有机酸类植物甾醇类挥发性成分等[53]。柿叶黄酮能明显抑制由 TNF 诱导的大鼠血管平滑肌细胞凋亡信号调节激酶 I 蛋白的表达，可治疗血管疾病[54]。柿叶提取物有降低链脲佐菌素致糖尿病小鼠模型的血糖水平，改善胰岛素抵抗调节脂代谢紊乱的作用，同时还有明显的抗氧化和增强糖尿病小鼠免疫功能以及显著改善实验糖尿病小鼠的胰岛素抵抗等作用[55]。从柿叶中所得 5 种三萜类化合物可抑制由刺激引起的超氧化物的生成和酪酸磷酸化[56]。2011 年，由单味柿叶提取物制成的处方药脑心清片上市，主要适用于治疗心脑缺血性疾病，特别是对脑动脉硬化、脑卒中及其后遗症，疗效显著，且无明显不良反应[57]。柿叶味苦、性寒，具有下气平喘、生津止渴、清热解毒等作用。现代药理学研究表明，柿叶具有广泛的药理作用，包括扩张和软化血管、降脂降压、抗氧化、止血、疗疮等多种功效。

（1）对心脑血管系统的作用

在研究柿叶对心血管系统的药理作用时发现，柿叶能增加离体兔心和在体蛙心冠状动脉血流量，增强小鼠心肌营养性血流量和麻醉狗冠脉血液循环，对大鼠急性心肌缺血具有保护作用[58,59]。柿叶可增加小鼠对窒息性缺氧的耐力和减压缺氧的耐力，对家兔离体主动脉条具有一定的解痉作用，可抑制由氯化钾引起的离体家兔大动脉的收缩。柿叶醇提取物能增加麻醉狗的心输出量、心脏指数和心搏指数，使心率明显减慢。柿叶醇提取物使麻醉狗心脏负荷减少、总外周血管阻力和血压明显下降、冠脉流量明显增加、分钟张力时间指数降低、心脏每分钟的耗氧量下降[60]。柿叶提取物显著增加红细胞的电泳率，使家兔的全血和血浆比黏度下降，纤维蛋白原减少，从而改变血液的理化特性，降低血液的黏滞性，有利于防止或减轻红细胞之间的黏附、沉积和聚集，即具有一定的"活血化淤"的作用[61]。此外，由柿叶黄酮制成的注射液，能使家兔耳静脉扩张、冠脉血流量增加。使降压、心冠脉流量增加；与对照相比，柿叶粉能显著降低食用高固醇食物小鼠肝脏中的胆固醇浓度，增加胆汁酸的排泄[62]。

（2）止血作用

何延良[63]等研究认为，柿叶黄酮是柿叶具有活血止血作用的重要成分。柿叶能使小鼠出血时间缩短44.7%，凝血时间缩短34.3%；用药4天后小鼠出血时间缩短62.5%，凝血时间缩短70%。董长宏等[64]通过动物实验发现，柿叶粉可以减少胃黏膜出血、预防胃溃疡的形成。兔血浆再钙化实验表明，凝血时间缩短80%，认为柿叶止血可能主要是通过钙离子作用。

（3）抗菌、解热作用

柿叶提取液对金黄色葡萄球菌、白葡萄球菌、肺炎球菌、卡他球菌、大肠杆菌、流感杆菌均有抑制作用。给发热家兔腹腔注射柿叶提取液可产生解热作用，而对正常体温无影响。如预先给药则发热体温显著低于对照组。动物实验无毒，也不引起溶血，不影响末梢血象。纪莉莲等[65]以柿叶提取物对7种常见的食品腐败菌及致病性大肠杆菌、金黄色葡萄球菌、荧光假单胞菌、鼠伤寒沙门氏菌、枯草杆菌、蜡状芽孢杆菌、普通变形杆菌进行抑菌试验。结果表明，柿叶具有较强的拮抗食品腐败菌与致病菌的活性，对各供试菌的最低抑菌浓度和最低杀菌浓度为0.313克/毫升和0.625克/毫升，抑菌率达到90%以上，分离与鉴定出柿叶中起抑菌作用的活性成分是挥发油、总黄酮、香豆素和有机酸。

（4）抗氧化作用

柿叶具有明显的抗氧化作用[66,67]。柿叶乙醇提取物对猪油有较好的抗氧化作用，其抗氧化性随着在猪油中添加量的增大而增强[68;69]。柿叶石油醚提取物对食用菜油的抗氧化效果好，当提取物浓度达 0.14% 时，其抗氧化活性超过 0.02%BTH（2，6-二叔丁基对甲基苯酚，油脂常用氧化剂)[70]。柿叶无水甲醇提取物对亚油酸也有一定的抗氧化作用[71]。动物药理实验表明，用柿叶提取液和柿叶茶喂养高血脂大鼠后，都可以降低其血清脂质过氧化物含量和提高红细胞超氧化物歧化酶活性，说明柿叶提取液和柿叶茶有一定的清除氧自由基的抗氧化作用[72~74]。

柿叶提取物中抗氧化的有效成分主要是酚类、鞣质类和黄酮类化合物。An 等[75]在分离柿叶多酚类物质和测定其生物活性时发现，柿叶提取物能抑制葡萄糖苷转化酶和酪氨酸酶活性，从而抑制葡萄糖和酪氨酸的氧化分解。柿叶黄酮的体外抗氧化作用研究表明，柿叶黄酮可以清除羟自由基，抑制羟自由基所致的小鼠组织及肝线粒体、微粒体中丙二醛的产生，减少小鼠红细胞溶血，减轻肝线粒体膨胀程度[76]。Han[77] 等和 Chen[56]等研究发现，柿叶黄酮具有明显的清除自由基效应，能明显抑制人中性粒细胞中过氧化物的产生。据此认为，柿叶黄酮具有明显的抗氧化作用，柿叶黄酮有望成为很有潜力的新型天然抗氧化剂。

（5）减肥降脂作用

柿叶具有明显的减肥降脂作用。动物药理实验表明，柿叶提取液和柿叶茶对于高脂饮食诱导的大鼠血清中甘油三酯和总胆固醇升高具有明显的降低作用，说明柿叶提取液和柿叶茶有一定的降血脂作用。而且根据试验认为，柿叶茶的抗氧化作用与降血脂作用有一定的关系。吴小南等[78]的研究发现，给肥胖高血脂大鼠喂饮鲜柿叶汁后，与实验对照组比较，低浓度组和高浓度组的期末体重与增重水平均明显降低，低浓度组的低密度脂蛋白胆固醇含量明显降低，高浓度组的甘油三酯、总胆固醇和低密度脂蛋白胆固醇含量均明显下降，高浓度组的高密度脂蛋白胆固醇含量明显增高。上述结果提示了鲜柿叶汁对于高脂饮食诱导的大鼠体重增加有明显的抑制作用，对总胆固醇和低密度脂蛋白胆固醇的升高有明显的降低作用，对高密度脂蛋白胆固醇的降低有明显的升高作用，说明鲜柿叶汁有一定的减肥降血脂作用[79]。

（6）增强免疫功能

曾雪瑜等[80]研究柿叶提取物 DK-N₃ 对小鼠免疫功能的影响时发现，柿叶提取物能明显抑制抗体的形成，并能有效防止淋巴细胞对羊红细胞的溶血作用；大剂量的柿叶提取物对移植物抗宿主反应和刀豆球蛋白诱导兔心脏血淋巴细胞转化有抑制作用，而小剂量的柿叶提取物则无明显影响。这些结果表明，柿叶提取物具有抑制体液免疫及保护羊红细胞膜不致溶血的作用，大剂量柿叶提取物有抑制细胞免疫的作用。

二、柿叶产品

柿叶有止血作用，用于治疗咯血、便血、吐血。西医认为柿和柿叶有降压、利水、消炎、止血作用。用柿叶煎服或冲开水当茶饮，也有促进机体新陈代谢、降低血压，增加冠状动脉血流量及镇咳化痰的作用。

1. 柿叶茶

（1）工艺流程[81]

原料采集与处理→烘炒与熏蒸→脱水与整形→包装与贮存。

（2）操作要点

①原料采集与处理：宜在9月采集，把采好的绿叶用细线穿成串子，放入85℃的热水中烫15~20分钟，消毒并烫去青草味。将热烫杀青后的柿叶立即放入pH值为7左右的软水中浸泡3~5小时，浸泡过程中每隔1~1.5小时翻动1次。浸泡柿叶以用手检查觉得柿叶组织中一些胶质基本软化为度。然后将柿叶捞出沥干表水，用手轻轻揉搓，使柿叶不再成树叶状，揉搓时可将其撕开，但不要撕得太碎，撕成的叶块大小要均匀，这样搓的茶叶既均匀又无碎末。

②烘炒与熏蒸：将搓好的柿叶，置于大锅中烘炒，注意炒热、炒匀，防止炒焦、炒糊。然后在锅内加适量的水，以水渗入但不滴水为宜。边加边搅拌，加好水后，即盖好锅盖进行熏蒸，柿叶散发香味时，便为初制品。

③脱水与整形：将熏蒸后的湿茶叶摊放在阴凉通风处脱去水分，严禁阳光直晒，以免破坏养分。晾至半干时轻轻揉搓成茶叶形状，再晾干。

④包装与贮存：将制成的柿叶茶经化验和鉴定，分级包装，入库保存，贮藏库要干燥通风，切忌受潮。

2. 柿叶饮料

（1）工艺流程

柿叶→预处理→破碎→浸提→过滤→调配→灌装→灭菌→检验→成品。

（2）操作要点

①柿叶采摘：采摘时间一般在6月以后，开始时可少量分批进行，9—10月可以大量采摘，叶片发红时停止采摘。

②预处理：新摘柿叶经过去杂、去除病虫叶后，放到100℃沸水中烫漂20秒，取出放于通风处迅速晾干，不可暴晒。晾干的柿叶可以长期保存。

③破碎和浸提：预处理后的柿叶浸提前进行破碎，以0.5~10厘米²/块为宜。浸提时间16小时，叶：水=1:10，水温90~100℃。

④过滤：柿叶饮料要求澄清透明，必须进行过滤。过滤后的残渣以叶：水=1:2比例加入清水二次过滤，滤液与一次滤液混匀。

⑤调配：滤液中可以依次加入调配好的糖溶液、柠檬酸溶液、蜂蜜、香精，边加入

边搅拌。

⑥灌装、灭菌：将调配好的饮料及时灌装，封盖，再进行最后的巴氏杀菌。

三、柿果肉保健软糖

本产品特征在于以柿为主料，辅以南瓜、沙参、芡实、黄芪、茯苓、琼脂、蜂蜜、麦芽糖等，通过原材料预处理、熬糖、浇模成型、干燥、包装等加工步骤加以制备。首先对柿进行预处理，有效去除去柿中富含的单宁成分，改善柿口感苦涩的缺点，使其口味更为甘甜、清爽可口，成品软糖口感软滑、甜而不腻、营养丰富，添加的中药互相配伍，协同增效，使软糖具有养阴润肺、益胃生津、健脾和胃等保健功能，是一种低糖、低脂的健康食品。

1. 工艺流程[82]

柿、南瓜和中草药→预处理→熬糖→浇模成型→干燥→包装→成品。

2. 操作要点

（1）原料

选用充分成熟的柿和南瓜为原料，剔除腐烂及有病虫害的果实，柿去除萼片。将选择好的柿果和南瓜放在清水中用手洗净，洗净后沥干水分。

（2）原材料预处理

①柿预处理：洗净、去皮取果肉，将取出的柿果肉放入压榨机中搅拌成泥糊状，再将泥糊状的果肉置于干燥的铁锅中，加入足以浸没果肉的95%乙醇，密封加热，温度控制在50~65℃，加热5~8小时后，打开锅盖，加入一定量的大豆粉，其添加量为柿果肉量的0.75%~0.9%，充分搅拌30~40分钟后，再将柿果肉放入蒸馏罐中在78℃的条件下，蒸馏分离出其所含的乙醇，蒸馏结束后，用胶头滴管从蒸馏罐中吸取少量柿汁，并将其滴入到铬酐的硫酸水溶液中，如果使清澈的铬酐硫酸水溶液由橙色变为不透明的蓝绿色，说明柿汁中的乙醇未完全蒸馏，需继续蒸馏，直至乙醇完全蒸馏出去即可得到柿果浆。

②南瓜预处理：洗净、去皮、去瓤、去蒂、切成块，放入打浆机中，打成泥浆状，取出备用。

③中草药预处理：称取无霉变、虫蛀的沙参、芡实、黄芪、茯苓放入清水中浸泡8~10小时，切碎，置于烘干机中烘干，再将烘干后的中草药投入到超细研磨机中，研磨成粉末，过100~120目筛，备用。

（3）熬糖

将柿果浆、南瓜泥、中药材粉末、琼脂、蜂蜜、麦芽糖置于带有搅拌器的熬糖锅内，加入适量的水加热搅拌，边熬煮边搅拌，温度为80~100℃，搅拌速度为26转/分。当熬至浓度为72%~75%时即到达终点。

（4）浇模成型

趁热将搅拌到浓度为72%~75%的物料倒入特制的模具内，待其自然冷却成型。

（5）干燥

将冷却成型后的软糖送入烘房内进行干燥，以除去部分水分，烘房温度设置为60~65℃，相对湿度为65%~72%。

（6）包装

用糖纸包装即为成品。

第八节　柿皮渣的综合利用技术

现代研究已证明，柿主要活性成分为多酚类化合物，包括黄酮类化合物（黄酮醇、黄烷醇、花色苷）、浓缩单宁（原花色素类）和水解单宁（鞣花单宁和没食子单宁）等。其他的化学成分包括有机酸和酚酸、生物碱类、甾类/非甾类雌激素拟雌内酯、磷脂、甘油三酯等，具有抗氧化、降血压、抗癌的作用。柿果皮中的果胶纤维是一种天然的提取物，可作为增稠剂、稳定剂和乳化剂应用于罐头、果酱、糖果、果汁和巧克力等产品的生产中。柿果皮中还富含单宁物质，单宁已经广泛应用于医疗、美容和工业领域。

目前柿最主要的消费途径是鲜食或被加工为柿饼、果汁、果酒、果醋、果酱。在柿加工过程中产生大量的加工副产品，包括柿渣和柿皮等。而这些副产品中仍富含的活性成分和营养物质，是良好的功能性食品或营养食品的加工原料。

大量文献报道显示，柿皮、渣富含鞣酸、多酚、多糖、生物碱等多种成分，具有消炎、抗菌、抗氧化、调节血脂和血糖、保护心血管系统等功效。因此，柿的许多药用有效成分可以从柿废弃的皮、渣中提取得到，为丢弃的柿皮、柿渣找到一条新的利用途径，实现柿资源的药食综合利用。通过对柿副产物的综合利用可大幅提高柿加工产业利润，延伸产业链。

一、柿皮渣的加工工艺

1. 柿皮渣中单宁的提取[83]

（1）有机溶剂法

①工艺流程。柿皮渣→干燥→粉碎→提取→过滤→回收溶剂→干燥→成品。

②操作要点

柿皮的干燥、粉碎：取新鲜的柿皮、柿渣，晾干或低温干燥，将湿的柿果渣放在箱式干燥机中在40℃下热风干燥3天，然后进行粉碎，过80目筛备用。

提取、过滤、回收溶剂：将粉碎后的柿皮、柿渣按1∶10比例加入配比为1.5∶1的乙醇和乙醚混合溶剂，加热回流12小时，趁热依次进行过滤、洗涤、减压蒸馏并回收溶剂。

干燥、成品：过滤后的提取物经真空干燥后，称重。

（2）水溶法

①工艺流程。柿皮渣→干燥→粉碎→提取→过滤→浓缩→干燥→萃取→回收溶剂→干燥→成品。

②操作要点

柿皮的干燥、粉碎：取新鲜的柿皮、柿渣，晾干或低温干燥，将湿的柿果渣放在箱式干燥机中在40℃下热风干燥3天，然后进行粉碎，过80目筛备用。

提取、过滤、浓缩：在250毫升的烧杯中，加入粉碎好的柿皮10克，再加入90毫升水和0.6克亚硫酸钠和亚硫酸氢钠，加热60℃，保温搅拌8小时，趁热过滤，进行真空浓缩。

干燥、萃取回收溶剂：将过滤浓缩的提取物，进行干燥处理得到单宁粗品，再用1.5∶1的乙醇和乙醚混合溶剂进行萃取，回收溶剂，最后干燥得到成品。

2. 柿皮渣中总多酚的提取[84]

（1）工艺流程

新鲜柿果实→柿皮→60%乙醇提取→浓缩，真空回收溶剂→采用大孔吸附树脂吸附→洗脱→干燥→柿皮总多酚提取物。

（2）操作要点

①柿果渣原料的处理：将榨汁剥下的柿皮自然晾晒干，去除杂物，粉碎后过50目筛，备用。将榨汁后的柿渣自然晾晒干，去除杂质，粉碎后过50目筛，备用。

②柿多酚粗提液的制备：将粉碎后的柿皮渣粉末加入乙醇水溶液中，柿皮渣粉末与乙醇的体积比为1∶20，乙醇水溶液的浓度为60%～65%，经超声波辅助提取。超声波辅助提取的时间为25～35分钟，温度为35～45℃，采用功率为360瓦，频率4.2万赫兹。

将以上处理好的提取液经水浴回流浸提，浸提温度为60～70℃，浸提3次，每次2～2.5小时，然后进行真空旋转蒸发回收乙醇。离心5～10分钟，离心功率为4 000转/分钟，取上层清液得到多酚粗提液一；在多酚粗提液一中加入无水乙醇，配置混合液乙醇浓度至80%～90%，放置10～12小时。真空旋转蒸发回收乙醇，离心15～20分钟，离心功率为 4 000 转/分钟，取上层清液得到多酚粗提液二。

③大孔吸附树脂吸附、洗脱、干燥：将多酚粗提液二调 pH 值至 2~4，用大孔吸附树脂柱进行吸附，大孔吸附树脂柱可采用 HPD-400 型，径高比为 1：6。以 6BV/h 吸附速率吸附在大孔吸附树脂柱上，上柱量为 4BV。吸附好的树脂柱依次采用 4BV 水和 6BV 的 60%~80%乙醇溶液（流速为 4~6BV/h）进行洗脱，将洗脱液低温干燥即得到柿多酚提取粉末。

3. 柿皮渣中多糖物质的提取[85]

（1）工艺流程

柿皮→烘干→粉碎→过 40 目筛→脱脂→抽滤风干→除杂→多糖提取→离心→减压浓缩→醇沉→过滤→无水乙醇、丙醇、乙醚多次洗涤→干燥→柿多糖。

（2）操作要点

①柿果渣原料的处理：将榨汁剥下的柿皮自然晾晒干，去除杂物，粉碎后过 40 目筛，备用。将榨汁后的柿渣自然晾晒干，去除杂质，粉碎后过 40 目筛，备用。

②除杂、多糖提取：用体积分数为 80%的乙醇除去小分子糖、苷类和生物碱等。柿多糖的最佳提取工艺条件为：提取温度 90℃，料液比 1：10，浸提时间 4 小时，在此工艺下，柿多糖得率为 7.62%。

③醇沉：醇沉的最佳工艺为 4 倍体积的体积分数为 95%乙醇，乙醇沉淀时间为 12 小时，将沉淀物过滤，用乙醇、丙酮、乙醚多次洗涤，最后干燥得到柿多糖。

二、柿加工副产物综合利用发展前景

随着人们对柿营养保健价值认识的逐渐深入，柿果实的加工产业规模也在不断扩大。然而在以果实为主要加工对象的同时，产生的大量柿皮渣等副产物多在加工过程中被丢弃了，仅柿皮就占柿果重的 10%左右。研究表明，柿的各部分均具有抗氧化、抑菌等较好的生理功能活性，作为新型功能食品等的加工原料具有较高的利用价值。因此近年来，对柿加工副产物的开发利用也成为研究及产业的热点。

参考文献

［1］ 江水泉，孙芳. 中国柿产业现状及工业化发展趋势［J］. 现代农业装备，2019，40（02）：66-70.

［2］ 刘月梅，白卫东，鲁周民，等. 柿原浆果醋加工工艺研究［J］. 现代食品科技，2008，24（3）：247-249.

［3］ 刘秀华，刘永杰，王玉兰，等.不同柿发酵酒工艺对比研究［J］.酿酒科技，2019（05）：103-105.

［4］ 李红涛.木糖醇低糖柿果酱生产工艺研究［J］.农产品加工（学刊），2014（12）：26-29.

［5］ 杨静.柿综合加工技术研究［D］.杨凌：西北农林科技大学，2012.

［6］ 尤中尧.促进柿饼出口的工艺对策［J］.食品科学，2000（06）：64-65.

［7］ 白岗.庄里"合儿饼"的加工方法［J］.山西果树，1995（2）：43-44.

［8］ 陕西省质量技术监督局.地理标志产品富平柿饼：DB61/T 400-2016［S］.北京：中国标准出版社，2016.

［9］ 刘韬，朱维，李春美.我国柿加工产业的现状与对策［J］.食品工业科技，2016，37（24）：369-375.

［10］ 郝林，王淼云，郑惠山.影响柿饼保藏因素的研究［J］.山西农业大学学报：自然科学版，2000，20（01）：30-32.

［11］ 陈合，彭丹，王磊，等.柿饼保质期控制技术研究（Ⅰ）［J］.食品科学，2009，34（11）：66-68.

［12］ 江水泉，孙芳.中国柿产业现状及工业化发展趋势［J］.现代农业装备，2019，40（02）：66-70.

［13］ 卢亚婷，王勇，陈合.我国柿饼加工技术的研究进展［J］.保鲜与加工，2006（02）：1-3.

［14］ 施宝珠，段旭昌，吴烨婷，等.柿饼干制过程中理化性质的变化规律研究［J］.现代食品科技，2017，33（09）：224-230，62.

［15］ 黄隆胜，刘军，龚丽，等.柿饼热泵干制工艺试验研究［J］.现代农业装备，2017（04）：17-19.

［16］ 杨勇，王仁梓.柿饼质量标准与优质安全生产技术体系［J］.落叶果树，2018（05）：42-44.

［17］ 代情.浅析视觉传达在富平柿饼品牌营销中的作用［J］.落叶果树，2018（05）：57-58.

［18］ 赵甜甜，蔡彦丽，牛启蒙，等.农村电商发展现状及问题研究：以富平县马家坡村为例［J］.农村经济与科技，2018，29（13）：155-156.

［19］ 耿晓圆，付荣荣，贾丽娜，等.柿脆片加工工艺研究［J］.粮食科技与经济，2018，43（10）：78-80，90.

［20］ 李红涛.木糖醇低糖柿果酱生产工艺研究［J］.农产品加工（学刊），2014（12）：26-29.

[21] 罗宏科，杨建国，章树文，等．柿果酱加工技术［J］．经济林研究，1992，10（2）：87-88.

[22] 耿晓圆，崔子璇，付荣荣，等．复合柿果酱加工及其模糊数学评价［J］．粮食科技与经济，2018，43（11）：46-50.

[23] 赵文红，白卫东，钱敏，等．柿饮料的研制［J］．食品科技，2009，11（34）：58-62.

[24] 花旭斌，徐坤，李正涛，等．澄清石榴原汁的加工工艺探讨［J］．食品科技，2002（10）：44-45.

[25] 张克俊．果品贮藏与加工［M］．济南：山东科学技术出版社，1991.

[26] 罗云波，蒲彪．园艺产品贮藏加工学（加工篇）［M］．北京：中国农业大学出版社，2001.

[27] 叶兴乾．果品蔬菜加工工艺学食品科学与园艺专业用［M］．北京：中国农业出版社，2002.

[28] 崔晓美．澄清石榴汁的研制［D］．无锡：江南大学，2007.

[29] 陈学平，叶兴乾．果品加工［M］．北京：中国农业出版社，1988.

[30] 邵宁华，沈裕生．果品的加工［M］．北京：中国农业出版社，1986.

[31] 粟萍．果蔬加工技术［M］．天津：天津大学出版社，2010.

[32] 王西娜．柿果酒酿造工艺及废弃物利用的研究［D］．保定：河北农业大学，2015.

[33] 陈瑶．柿酒的澄清处理和稳定性研究［D］．济南：山东轻工业学院，2008.

[34] 张浩．柿果酒最佳工艺及其质量控制研究［D］．杨凌：西北农林科技大学，2003.

[35] 毛海燕，陈祥贵，陈玲琳，等．石榴果醋酿造工艺研究［J］．中国调味品，2013，38（8）：88-92.

[36] 赵健根．提高苹果酒非生物稳定性的研究［J］．酿酒科技，2000（4）：70-71.

[37] 邹礼根．农产品加工副产物综合利用技术［M］．杭州：浙江大学出版社，2013.

[38] 易美华．生物资源开发利用［M］．北京：中国轻工业出版社，2003.

[39] 顾国贤．酿造酒工艺学（第二版）［M］．北京：中国轻工业出版，2001.

[40] 粟萍．果蔬加工技术［M］．天津：天津大学出版社，2010.

[41] 曾繁坤，高海生，蒲彪．果蔬加工工艺学［M］．成都：成都科技大学出版社，1996.

[42] 周悦．柿酒及柿醋的发酵工艺研究［D］．西安：陕西科技大学，2014.

[43] 赵丽芹. 园艺产品贮藏加工学 [M]. 北京：中国轻工业出版社，2001.

[44] 刘晓艳，白卫东，沈颖，等. 混菌发酵对柿酒风味的影响研究 [J]. 中国酿造，2012，31（9）：102-106.

[45] 张雅利，郭辉，田忠民. 柿的药理作用研究及临床应用 [J]. 中成药，2005，28（5）：720-725.

[46] 赵宁斌. 柿叶开发研究及其产业化生产 [J]. 农村实用工程技术，2011（11）：27-28.

[47] Gorinstein S, Zemser M, Haruenkit R, et al. Comparative content of total poly-phenols and dietary fiber in tropical fruits and persimmon [J]. The Journal of Nutritional Biochemistry, 1999, 10（6）：367-371.

[48] 董朝菊. 以色列发现柿果能抗动脉硬化 [J]. 柑桔与亚热带果树信息，2002，18（2）：16.

[49] Achiwa, Yumiko, Hibasami, et al. Inhibitory effects of Persimmon（Diospyros kaki）Extract and Related Polyphenol compounds on growth of human lymphoid leukemia cells [J]. Bioscience Biotechnology & Biochemistry, 1997, 61（7）：1099-1101.

[50] 李中岳. 柿与柿叶茶 [J]. 安徽林业，1997（5）：27.

[51] 杨泽武. 柿的药用价值 [J]. 药膳食疗，2004（9）：5-6.

[52] 李丙菊. 含柿缩合单宁的突变抑制剂用于抑制ＵＶ诱发的突变 [J]. 林产化工通讯，2000，34（1）：46.

[53] 周江煜，李耀华，侯小涛，等. 广西广柿叶的 HPLC 指纹图谱研究 [J]. 华西药学杂志，2011，26（6）：583-584.

[54] 欧阳平，张彬，贝伟剑，等. 柿叶黄酮对肿瘤坏死因子诱导大鼠血管平滑肌细胞凋亡信号调节激酶Ⅰ表达的影响 [J]. 中药材，2007，30（7）：819-822.

[55] 曹芬. 柿叶提取物对小鼠糖尿病及胰岛素抵抗作用的研究 [D]. 南宁：广西医科大学，2010.

[56] Chen G, Lu H, Wang C, et al. Effect of five triterpenoid compounds isolated fromleaves of Diospyros kaki on stimulus induced superoxide generation and tyrosyl phosphorylation in humanpolymorphonuclear leukocytes [J]. ClinChimActa, 2002, 320（1/2）：11-16.

[57] 蔡越冬，杨少锋. 脑心清片治疗脑动脉硬化症和冠心病心绞痛60例临床总结 [J]. 中药新药与临床药理，2001，12（6）：414-416.

［58］韩克慧，韩道昌，张益民.柿树的药理和临床应用［J］.中成药研究，1983
　　　（7）：27-28.

［59］梁催，符福民，张昆山，等.柿叶对心血管系统的药理作用［J］.中国药学
　　　杂志，1985（4）：245.

［60］黄树莲，林秀兰，陈立峰，等.柿叶醇提物对麻醉狗心功能与血液动力学的
　　　影响［J］.广西医学，1983，5（5）：230-232.

［61］黄树莲，农兴旭，李友娣，等.柿叶提取物对血液流变学的影响［J］.中国
　　　药学杂志，1983，18（6）：52.

［62］黄树莲，农兴旭，李友娣，等.柿叶提取物对血液流变学的影响［J］.广西
　　　医学，1983（2）.

［63］何延良，赵荣莱，王晓中.止血4号化学成分的含量分析［J］.中药通报，
　　　1986，11（9）.

［64］董长宏，王辛秋.柿叶粉治疗胃粘膜出血20例临床观察［J］.中国中西医结
　　　合脾胃杂志，1994，02（03）：47-49.

［65］纪莉莲，张强华，崔桂友.柿叶抗菌活性的研究及活性成分的分离鉴定
　　　［J］.食品科学，2003（3）：129-131.

［66］S. W. Choi. Diospyros kaki Thunb flavonoids antioxidative activity soybean lipoxy-
　　　genase inhibition［J］. Food and Biotechnology，1996，5（2）：119-123.

［67］曹彤，褚树成.柿叶抗氧化作用的研究［J］.中国食品添加剂，1996（4）：
　　　4-6.

［68］石锦芹，胡小峰.柿叶黄酮粗提物抗氧化作用的研究［J］.中国畜产与食
　　　品，1999，6（3）：128-129.

［69］石锦芹，黄绍华，谌乐礼，等.柿叶乙醇提取物在猪油中的抗氧化性研究
　　　［J］.食品工业科技，1999（5）：22-23.

［70］吴小凡.柿叶提取物对阿尔茨海默病细胞模型的抗氧化作用及机制研究
　　　［D］.2017.

［71］杨联河，张艳丽，朱涵.柿果、柿叶的抗衰老作用研究［J］.河南职工医学
　　　院学报，2003，15（03）：43-44.

［72］An B J, Bae M J, Choi, H J. Isolation of Polyphenol Compounds from the Leaves of
　　　Korean Persimmon（Diospyrus kaki L. Folium）［J］. Applied Biological chemistry.
　　　2002，45（4）：212-217.

［73］杨建雄，原江锋，李发荣.柿叶黄酮的体外抗氧化作用研究［J］.营养学
　　　报，2003，025（002）：215-217.

[74] Nathalie Saint-Cricq de Gaulejac, Yves Glories, Nicolas Vivas. Free radical scavenging effect of anthocyanins in red wines [J]. Food Research International, 1999, 32 (5): 0-333.

[75] 吴小南, 汪家梨. 鲜柿叶汁对实验性高脂大鼠减肥降脂作用的观察 [J]. 中国公共卫生, 1999, 15 (04): 302-303.

[76] 张秋燕, 赵燕燕, 王亮, 等. 柿叶提取物对实验性糖尿病小鼠血脂的影响 [J]. 河北职工医学院学报, 2004, 21 (2): 4-5.

[77] 曾雪瑜, 陈学芬, 李友娣. 柿叶提取物 DK-N$_3$ 对小鼠免疫功能的影响 [J]. 广西医学, 1987 (3): 125-127.

[78] 林娇芬. 富含多种功效成分的柿叶保健茶的研究 [D]. 福州: 福建农林大学, 2005.

[79] 冯程. 一种柿保健软糖的加工工艺 [P]. 中国, 发明专利, 专利号: CN201611129985.3.

[80] 孟明佳, 凌敏, 张金闯, 等. 柿渣中不溶性单宁分析及其抗氧化活性 [J]. 食品科技, 2017 (1): 100-106.

[81] 李西柳, 庞明, 王俊儒, 等. 柿渣中多酚的提取工艺及其抗氧化性研究 [J]. 西北植物学报, 2010, 30 (7): 1475-1480.

[82] 张瑞妮, 张海生, 赵盈, 等. 柿多糖的分离纯化和结构分析 [J]. 天然产物研究与开发, 2012 (12): 69-73.

第七章　柿采后全程质量控制

质量控制是保证柿产品安全的一扇屏障，目前有很多质量控制原理应用于食品企业，如良好操作规范（GMP）、卫生标准操作程序（SSOP）、危害分析与关键控制点（HACCP）、ISO 9000 质量管理体系、ISO 22000 国际标准等。柿加工产品主要有柿饼、柿果醋、柿果酒、柿果酱、柿脆片等产品，在采后处理与加工过程需要进行严格的质量控制。

第一节　加工过程质量控制原理

一、良好操作规范（GMP）

1. 概念

良好操作规范（Good manufacturing practice，GMP）是为了从农田到餐桌全链条保证食品的质量安全，提高产品品质，保证包括食品生产、加工、包装、储存、运输和销售等全过程的安全，必须遵守的一系列方法、措施和技术的规范性要求[1]。GMP 实际上是一种质量保证制度，即选用合适的原料，按照优化合理的加工工艺、以标准化的厂房设备，由培训合格的工作人员，生产出品质稳定、安全卫生的产品的一种质量保证制度[2]。

2. 基本要求

（1）全面卫生质量管理体系的要求

设立质量检查与管理部门，有专门负责人对本单位的食品卫生工作进行全面管理，还要组织卫生宣传教育，培训食品从业人员，定期组织从业人员进行健康检查并做好处理工作。质量管理部门应配备掌握专业知识的专职食品卫生管理人员。质量管理人员应经过培训，并具备 2 年以上食品卫生管理经验，熟悉食品卫生各项法规等条件。产品检验员应毕业于检验专业，上岗前应取得省级产品质量部门颁发的省产品质量检验员证。

（2）记录管理的要求

工厂所有记录管理必须由墨水笔填写并有执行人员和负责人签名。所有生产和质量管理记录必须由生产和质量管理部门审核，以确定全部作业是否符合规定，发现异常要及时处理。所有记录至少应保存至该批成品保质期限后 6 个月。对消费者投诉的质量问题，品质部门应立即查明原因，妥善解决。建立消费者举报处理及成品回收记录，注明产品名称、生产日期或批号、数量、处理方法和处理日期等。

（3）厂区环境的要求

GMP 要求工厂应设置在远离有污染源的区域，厂区周围环境应保持清洁和绿化。厂区空地应设有车辆通行的适宜的路面，向厂区外有一定的斜度，保证路面无积水，有良好的排水系统。区内应保持良好的空气（不得有不良气味、有害气体、煤烟）和其他影响卫生的设施，还应有防范外来污染源侵入的装置。

（4）对生产场所的要求

GMP 要求生产场所按清洁要求程度进行分区，一般分为一般作业区、准清洁作业区、清洁作业区。各区之间应视清洁度的需要适当分隔，以防污染。地面要采用无毒、无吸附性、不透水的建筑材料，地面建筑材料还要有防滑功能，并有适当的排水斜度及排水系统，室内排水沟流向必须由清洁度要求较高区域流向要求较低区域，并有防止逆流的设施，在设计时还要考虑清洁的要求。生产车间的内墙装修材料应无毒、不吸水、不渗水、防霉、平滑、易清洗且浅色，装修高度要直至屋顶。作业区还必须有良好的通风，保持室内空气清新。

（5）食品接触设备的具体要求

GMP 要求食品接触面应平滑、无凹陷或裂缝，以减少食品碎屑、污垢及有机物的聚积，将微生物的生长降至最低限度。所有可能接触食品的机器设备应无毒、无臭、无味、不吸水和耐腐蚀。食品接触表面设备选用适宜的材料制作，不能用木头这种多孔状、难于清洗的材料作为食品接触表面。另外，还要考虑设备实用性，防止经过刮擦而造成坑洼不平以致于难以充分清洗。

（6）对原材料的管理要求

原材料的采购应符合采购标准，进货的种类和数量应符合生产和生产计划，避免造成积压而过保质期。合格与不合格的原料要分别储放并做好标识，原材料的储存条件应能避免受到污染和达到温、湿度的要求。每批原料及其包装材料都应有生产经营者提供的检验合格证或验证报告。对原料必须进行规格、卫生及外来杂物的检查，原料按规定检查合格后才能予以使用。长期储存或存于高温或其他不利条件下，应制定定期检查计划与准则，按计划实施检验，过期或检验不合格的原材料，应贴"禁用"标识并及时处理。

（7）生产质量管理要求

生产质量管理应包括生产流程、管理对象、监控项目、监控标准值、注意事项等。过程的质量通过相关的管理手册来控制，《手册》应由质量管理部门或技术管理部门来制定，经生产部门认可后实施。《手册》规定了管理措施和建立内部检查监督制度，做到有效实施并有记录。《手册》还应详细制定原料及其包装材料的品质、规格、检验项目、检验方法、验收标准、抽样计划等内容。

（8）仓储与运输管理要求

储存环境及运输过程应避免日光直射、雨淋、剧烈的温度变动与撞击，以保证食品质量不受影响。仓库应定期整顿，防止虫害衍生，储存物品应隔墙离地。仓库中的物品应定期检验，并应有温、湿度记录。可能有污染原料的物品，禁止与原料或成品一起储运。仓库出货顺序要遵循先进先出的原则，每批产品出厂必须经过严格检查，确认质量、卫生无异常才可出货。仓储应有存量和出货记录，内容应包括批号、出货时间、地点、对象、数量等[3]。

二、卫生标准操作程序（SSOP）

1. 概念

SSOP（Sanitation standard operation procedures）是"卫生标准操作程序"的简称，是食品企业为了满足食品安全的要求，在卫生环境和加工要求等方面所需实施的具体程序[4]。

2. 基本要求

（1）与食品接触，食品接触物表面接触的水（冰）的安全

食品加工企业一个完整的 SSOP 计划，首先要考虑与食品接触或与食品接触物表面接触的水/冰的来源与处理应符合有关规定，并要考虑非生产用水及污水处理的交叉污染问题，考虑范围和要求如下。

①食品加工组织必须提供温度适宜且足够的饮用水（符合国家饮用水标准）。对于自备水井，通常要考虑水井周围环境、深度，井口必须斜离水井以促进适宜的排水，并密封以禁止污水的进入。对贮水设备（水塔、储水池、蓄水罐等）要定期进行清洗和消毒。无论是城市供水还是自备水源都必须有效地加以控制，有合格证明后方可使用。

②对于公共供水系统必须提供供水网络图，并清楚标明出水口编号和管道区分标记。合理地设计供水、废水和污水管道，防止饮用水与污水的交叉污染及虹吸倒流造成的交叉污染。在检查期间内，水和下水道应追踪至交叉污染区和管道死水区域。要定期

对大肠菌群和其他影响水质的成分进行分析。企业至少每月进行 1 次微生物监测，每天对水的 pH 和余氯进行监测，一般当地主管部门每年对水进行全项目的监测 2 次。对于废水排放，要求地面有一定坡度，易于排水，加工用水、台案或清洗消毒池的水不能直接流到地面，地沟、水流向要从清洁区到非清洁区，与外界接口要防异味、防蚊蝇。

③当冰与食品或食品表面相接触时，它必须以一种卫生的方式生产和储藏。由于这种原因，制冰用水必须符合饮用水标准，制冰设备应卫生、无毒、不生锈，储存、运输和存放的容器应卫生、无毒、不生锈。食品与不卫生的物品不能同存于冰中。冰必须防止由于人员在其上走动而引起的污染，制冰机内部应检验，以确保清洁且不存在交叉污染。若发现加工用水存在问题，应终止冰的使用，直到问题解决。水/冰监控、维护及其他问题处理都要保留记录。

（2）与食品接触的表面（包括设备、手套、工作服）的清洁度

食品接触表面的清洁是为了防止污染食品。与食品接触的表面有直接接触和间接接触两种。可通过以下方式进行控制。

①食品接触表面在加工前和加工后都应彻底清洁，并在必要时消毒。加工设备和器具首先必须进行彻底清洗，再进行冲洗，然后进行消毒（清除微生物生长的营养物质）。

②检验者需要判断是否达到了适度的清洁，为达到这一点，需要检查和监测难清洗的区域和产品残渣可能出现的地方，如加工台面下或相关设备表面的排水孔内等是否清洁。

③设备的设计和安装应充分考虑易于清洁。设计和安装应确保无粗糙焊缝、破裂和凹凸，在不同表面接触处应具有平滑的过渡。设备的制作必须用适于食品表面接触的材料，要耐腐蚀、光滑、易清洗。食品接触表面是食品可与之接触的任意表面。若食品与墙壁相接触，那么这堵墙是一个产品接触表面，需要一同设计，满足维护和清洁要求。

④手套和工作服也是食品接触表面，手套比手更容易清洗和消毒，如使用手套的话，每一个食品加工厂应提供适当的清洁和消毒程序。不得使用线手套，且手套应不易破损。工作服应集中清洗和消毒，应有专用的洗衣房，洗衣设备和洗衣能力要与实际相适应，不同区域的工作服要分开，并每天清洗消毒。不使用时它们必须贮藏于不被污染的地方。

⑤工器具清洗消毒应有固定的场所或区域，推荐使用热水，注意蒸汽排放和冷凝水；要用流动的水；注意排水问题；防止清洗剂、消毒剂的残留。在检查发现问题时应采取适当的方法及时纠正，如再清洁、消毒、检查消毒剂浓度、对员工进行培训等。记录包括检查食品接触面状况、消毒剂浓度、表面微生物检验结果等。

（3）交叉污染的防止

交叉污染是通过生产的食品、食品加工组织或食品加工环境把生物或化学的污染物

转移到食品的过程。此方面涉及预防污染的人员要求、原材料和熟食产品的隔离和工厂预防污染的要求。

①人员要求：不应佩带管形、线形饰物或缠绷带或涂抹手指，有机物易藏于皮肤和珠宝、线带之间是导致微生物迅速生长，当然也成为污染源；个人物品从加工厂外引入污物和细菌，也能导致污染。因此珠宝饰物等需要远离生产区存放，存放设施不必是精心制作的小室，它甚至可以是一些小柜子。在加工区内吃、喝或抽烟等行为不应发生，这是基本的食品卫生要求。未经消毒的肘、胳膊或其他裸露皮肤表面不应与食品或食品接触表面相接触。

②隔离：防止交叉污染的一种方式是工厂的合理选址和车间的合理设计布局，问题一般是在生产线增加和新设备安装时发生。食品原材料和成品必须在生产和储藏中分离以防止交叉污染，如生、熟品相接触，或用于储藏原料的冷库同样储存了即食食品。原料和成品必须分开，原料冷库和熟食品冷库分开是解决这种交叉污染的最好办法。产品贮存区域应每日检查，另外注意人流、物流、水流和气流的走向，要从高清洁区到低清洁区，要求人走门、物走传递口。

③人员操作：人员处理非食品的表面，然后又未清洗和消毒手就处理食物产品时易发生污染。食品加工的表面必须维持清洁和卫生，这包括保证食品接触表面不受一些行为的污染，如把接触过地面的货箱或原材料包装袋放置到干净的台面上，或因来自地面或其他加工区域的水、油溅到食品加工的表面而污染。若发交叉污染要及时采取措施防止再发生，必要时停产直到改进。如有必要，要评估产品的安全性。

（4）手的清洗与消毒，厕所设施的维护与卫生保持

①手的清洗和消毒：目的是防止交叉污染。一般的清洗方法和步骤如下。清水洗手，擦洗洗手皂液，用水冲净洗手液，将手浸入消毒液中消毒，用清水冲洗，干手。手的清洗台和消毒台需设在方便之处，且有足够的数量，流动消毒车也是一种不错的方式，但它们与产品不能离得太近，不应构成产品污染的风险。需要配备冷热混合水、皂液和干手器，或其他适宜的设施、设备，如热空气干手设备等。手的清洗台的建造需要防止再污染，水龙头以膝动式、电力自动式或脚踏式较为理想。检查时应该包括测试一部分的手清洗台以确信它能良好工作。清洗和消毒频率一般为每次进入车间时和当手接触了污染物、废弃物后等。在工作台上放置消毒液，可用于对加工人员手或设备的消毒，以保持微生物的最低数量。

②厕所设施的维护与卫生保持：卫生间需要进入方便，卫生应维护好，卫生间的门应可自动关闭，且不能开向加工区，这关系到空气中飘浮的病原体和寄生虫进入。检查应包括每个工厂的每个厕所的冲洗。卫生间的位置要与车间相连接，门不能直接朝向车间，通风良好，地面干燥，整体清洁；数量要与加工人员相适应；使用蹲坑厕所或不易

被污染的坐便器；备齐清洁的手纸和纸篓；应配置洗手及防蚊蝇设施；进入厕所前要脱下工作服和换鞋。

(5) 防止食品被污染

食品加工企业经常要使用一些化学物质，如润滑剂、燃料、杀虫剂、清洁剂、消毒剂等，生产过程中还会产生一些污物和废弃物，下脚料在生产中要加以控制，防止污染食品及包装。关键卫生条件是保证食品、食品包装材料和食品接触面不被生物的、化学的和物理的污染物污染。加工者需要了解可能导致食品被间接或不被预见的污染，工厂的员工必须经过培训，达到防止和认清这些可能造成污染的间接途径。可能产生外部污染的原因如下。

①有毒化合物的污染：非食品级润滑油被认为是污染物，因为它们可能含有有毒物质；燃料污染可能导致产品污染；只能用被允许使用的杀虫剂和灭鼠剂来控制工厂内的害虫和鼠类，并应该按照标签说明使用；不恰当的使用化学品、清洗剂和消毒剂可能会导致食品外部污染，如直接喷洒或间接的烟雾作用。当食品、食品接触面、包装材料暴露于上述污染物时，应被移开、盖住或彻底地清洗；员工们应该警惕来自非食品区域或邻近加工区域的有毒烟雾。

②因不卫生的冷凝物和死水产生的污染：被污染的水滴或冷凝物中可能含有致病菌、化学残留物和污物，导致产品被污染；缺少适当的通风会导致冷凝物或水滴滴落到产品、食品接触面和包装材料上；地面积水或池中的水可能溅到产品、产品接触面上，使产品被污染；脚或交通工具通过积水时会产生喷溅。水滴和冷凝水较常见，且难以控制，易形成霉变。一般采取的控制措施包括顶棚呈圆弧形，保持良好通风，合理用水，及时清扫，控制车间温度稳定，提前降温、风干等。包装材料的控制方法包括通风、干燥、防霉、防鼠，必要时进行消毒，内外包装分别存放。

(6) 有毒化学物质的标记、贮存和使用

贮存和加工食品需要特定的有毒物质，这些有害有毒化合物主要包括洗涤剂、消毒剂、杀虫剂、润滑剂、试验室用药品、食品添加剂等。没有它们工厂设施无法运转，但使用时必须小心谨慎，按照产品说明书使用，做到正确标记、贮存安全，否则会导致企业加工的食品被污染的风险。所有这些物品需要适宜的标记并远离加工区域，应有主管部门批准生产、销售、使用的证明；主要成分、毒性、使用剂量和注意事项；带锁的柜子；要有清楚的标识、有效期；严格的使用登记记录；自己单独的贮藏区域，如果可能，清洗剂和其他毒素及含腐蚀性成分物质应贮藏于密贮存区内；要有经过培训的人员进行管理。

(7) 雇员的健康与卫生控制

食品加工组织（包括检验人员）是直接接触食品的人，其身体健康及卫生状况直接影响食品卫生质量。管理好患病或有外伤或其他身体不适的员工，他们可能成为食品的微生物污染源。对员工的健康要求一般包括不得患有碍食品卫生的传染病（如肝炎、结核病等）；不能有外伤，不可化妆、佩带首饰和带入个人物品；必须具备工作服、帽、口罩、鞋等，并及时洗手消毒；应持有效的健康证，制订体检计划并设有体验档案，包括所有和加工有关的人员及管理人员；应具备良好的个人卫生习惯和卫生操作习惯。有疾病、伤口或其他可能成为污染源的人员要及时隔离。生产组织应有卫生培训计划，定期对加工人员进行培训。

（8）虫害的防治

通过害虫传播的食源性疾病的数量巨大，因此虫害的防治对食品加工厂是至关重要的。害虫的灭除和控制包括加工厂（主要是生产区）全范围，甚至包括加工厂周围，重点是厕所、生产区进出口、垃圾箱周围、食堂、贮藏室等。去除所有产生昆虫、害虫的滋生地，如废物、垃圾堆积场地、不用的设备、产品废物和未除尽的植物等是减少害虫的有效方法。安全有效的害虫控制必须由厂外开始，包括厂房的窗、门和其他开口，如天窗、排污口和水泵管道周围的裂缝等。采取的主要措施包括清除滋生地和预防进入的风幕、纱窗、门帘，适宜的挡鼠板等；还包括产区用的杀虫剂、车间入口用的灭蝇灯、捕鼠笼等。但不能用灭鼠药。家养的动物，如用于防鼠的猫和用于护卫的狗或宠物不允许在食品生产和贮存区出入，由这些动物引起的食品污染构成了同动物害虫引起的类似风险[5]。

三、危害分析与关键控制点（HACCP）

1. 概念

HACCP（Hazard analysis and critical control point）即"危害分析与关键控制点"，是以预防为基础的防止食品引起疾病的有效的食品安全保证系统，通过食品的危害分析（Hazard analysis，HA）和关键控制点（Critical control point，CCP）控制，将食品安全预防、消除、降低到可接受的水平[4]。

2. 原则

（1）危害分析
估计可能发生的危害及危害的严重性，并制定控制危害的预防性措施[6]。危害指食品中可能影响人体健康的生物性、化学性和物理性因素。常见的危害包括以下几种。
①生物性污染：致病性微生物及其毒素、寄生虫、有毒动植物。
②化学性污染：杀虫剂、洗涤剂、抗生素、重金属、滥用添加剂等。
③物理性污染：金属碎片、玻璃渣、石头、木屑和放射性物质等[7]。

（2）确定关键控制点

关键控制点是指能够实施控制的一个点、步骤或程序，但每个引入或产生显著危害的点、步骤或工序未必都是关键控制点。关键控制点在实际生产中分为 2 种形式：CCP1 确保控制一种危害，CCP2 减少但不能确保控制一种危害。确定关键控制点的目的是使一个潜在的食品危害被预防、消除或减少到可以接受的水平。确定关键控制点后，还要设定发生在各个关键控制点的危害的可接受的最低水平。

（3）建立关键限值

关键限值（Critical limit，CL）是确保食品安全的界限，每个 CCP 必须有 1 个或多个 CL 值，包括确定 CCP 的关键限值、制定与 CCP 有关的预防性措施必须达到的标准、建立操作限值（Operational limit，OL）等内容。极限可以作为每个 CCP 的安全界限。

（4）关键控制点的监控

监控是指一系列有计划的观察和措施，用以评估 CCP 是否处于控制之下，并为将来验证程序中的应用做好精确记录，包括监控什么、怎样监控及监控频率和力度的掌握、负责人的确定等方面内容。

（5）纠偏措施

建立一个改正行为计划来确保对在生产偏差过程中所产生的食品进行适当的处置。

（6）保持记录

准备并保存一份书面的 HACCP 计划和计划运行记录，建立有效的记录程序对 HACCP 体系加以记录。

（7）验证程序

建立验证 HACCP 体系正确运作的程序，包括验证对危害的控制是适当的，各安全控制点是否严格按照 HACCP 计划运作，并对运行情况做记录，确证 HACCP 整体计划是否充分有效[6]。

四、ISO 9000 质量管理体系

ISO 9000 质量管理体系是国际标准化组织（International organization for standardization）中"质量管理和质量保证"技术委员会制定的一组国际标准，包括 4 个核心标准：ISO 9000 质量管理体系——基础和术语、ISO 9001 质量管理体系——要求、ISO 9004 质量管理体系——业绩改进指南、ISO 19011 质量和环境管理体系——审核指南，其中 ISO 9001 质量管理体系——要求是企业建立质量管理体系的核心依据[8]。

五、ISO 22000 国际标准

ISO 22000 是 2005 年由 ISO/TC34 农产品技术委员会设定专门给食品链提供的安全

管理体系，其形成的理论基础包括 GMP、HACCP 与 SSOP，同时对 ISO 9001 的部分要求进行了有效整合，能够帮助对食品加工生产过程中的危害进行识别与控制，同时还能降低食品安全监管成本，使消费者对食品安全系统形成更高的信任度，有利于进一步推动当前的国际贸易。该食品安全管理体系直接渗入到食品链中，具体涉及的工作环节包括种植生产、饲料加工、食品加工、辅料生产与配餐服务等，也能直接融入到食品链组织内部，如接触性材料的供应商、包装材料、清洁剂以及加工设备的供应商中[9]。

第二节　柿贮藏加工全程质量控制

一、柿饼加工全程质量控制

柿饼加工的工艺流程是：原料验收→挑选→清洗→去皮→分级→干燥（捏饼）→上霜→分级包装→金属检测→成品[10]。

通过对柿饼加工中的各个工序分析，识别柿饼加工中存在的物理性、化学性和微生物性危害，建立柿饼加工的危害分析工作表[10]（表 7-1）。

表 7-1　柿饼加工的危害分析

加工步骤	在本步骤中被引入、控制或增加的危害	防止显著危害的控制措施	是否是关键控制点
原料验收	虫卵、致病菌、细菌、病虫害	通过 SSOP、GMP 控制和感官检验，剔除损伤的柿果	否
	农药残留、重金属超标	通过调查确定安全生产区，产地要求为绿色农产品生产基地，定点采购	是
	泥沙等杂物	经后工序洗涤，泥沙杂质可被清除	否
清洗	细菌性病原菌	通过 SSOP、GMP 控制	否
	重金属超标	使用前对水质进行检测，引用优质水源	否
去皮	微生物污染	通过 SSOP、GMP 控制	否
	金属	通过后工序进行金属检测	否
干制	微生物污染、生长	通过 SSOP、GMP 控制，同时要控制干燥的温度和时间，注意通风换气	是
	硫熏过多	通过 SSOP、GMP 控制，同时要控制硫熏的用量和时间	是
捏饼	微生物污染	通过 SSOP、GMP 控制，对人员健康严格控制，进入或使用前进行消毒	否
	油污	通过 SSOP、GMP 控制	否

（续表）

加工步骤	在本步骤中被引入、控制或增加的危害	防止显著危害的控制措施	是否是关键控制点
上霜	外来虫、蝇、鼠害，微生物污染	通过 SSOP、GMP 控制	否
	残留的次氯酸钠	通过 SSOP、GMP 控制	否
包装	二次污染微生物	通过 SSOP、GMP 控制或对包装材料进行紫外线杀菌	否
	有毒的或受化学试剂污染的材料	要求厂家提供产品检验报告和相关证件	是
金属	金属	用金属探测器探测	是

针对柿饼加工的 HACCP 计划[10]如表 7-2 所示。

表 7-2　柿饼加工的 HACCP 计划

关键控制点		原料	干制揉捏	包装	金属探测
显著危害		重金属、农药残留	微生物污染和生长	有毒的材料	金属
关键限值		农药残留、重金属普查合格证明	第一次：干燥室升温至 40℃，保持温度在 35～45℃，维持 2 天左右；第二次：提高温度在 40～45℃，继续干燥 20 小时，同时加强通风；第三次：可将温度提高到 50℃，干燥 24 小时，要注意通风排湿	包装材料符合国家规定的卫生标准	黑色金属 1.5 毫米和有色金属 2.5 毫米的灵敏度下不得检出金属物
监控	对象	生产记录、合格证明	干燥的时间、温度和湿度	产品出厂检验报告及相关证件	金属
	方法	检查确认	①温度计实测；②计时器；③湿度计	检查	金属探测器
	频率	每批	每批定时间隔检查	每批	连续检测
	人员	原料检验员	品控员	原料检验员	包装人员
纠偏措施		拒收不合格的原料	重新调整温度和时间，加强通风调整湿度，以达到要求	拒收不合格的包装材料	①每件检出金属的产品为防止误报，重新测试 3 次，如仍有 1 次报警，视为金属物超标；②超标产品贴上标签，记录后集中报废处理；③每日检出记录超出 10 件，对超标原因做出评估

（续表）

关键控制点	原料	干制揉捏	包装	金属探测
记录	收购检验单	①每日核查干燥的时间和温度记录表；②每月对产品抽取代表性样品做微生物和理化检验	包装袋采购检查记录	①金属检出记录表；②报废记录表；③大量金属超标评估表；④金属探测器校准记录表
验证	①每批检查检验；②每周对原料进行检测	①干燥柿饼的记录表；②温度计年度校准报告；③检验记录单	质检员每批次抽查	①主管人员每日复核《金属检出记录表》；②每日开工及每2小时用标准快校准金属探测器检测；③主管人员每日核查校准记录表

二、柿果醋加工全程质量控制

柿果醋加工的工艺流程是：原料验收→精选→去皮→打浆→酶处理→过滤→调 pH 及糖度→巴氏灭菌→冷却→接种酵母菌→酒精发酵→接种醋酸菌→醋酸发酵→过滤→灌装→巴氏杀菌→陈酿→成品[11,12]。

通过对柿果醋加工中的各个工序分析，识别柿果醋加工中存在的物理性、化学性和微生物性危害，建立柿果醋加工的危害分析工作表[11,13]（表7-3）。

表7-3　柿果醋加工的危害分析

加工步骤	在本步骤中被引入、控制或增加的危害	防止显著危害的控制措施	是否是关键控制点
	耐热及好氧微生物	烂果含有害菌，在发酵时可能影响发酵，要剔除烂果	否
原料验收	农药残留、重金属超标	加强农药使用指导，适时采收，加强加工过程的清洗；调查水果产地是否有严重环境污染	是
	异物	通过洗涤、沉淀或过滤除去	否
清洗挑选	用不符合饮用卫生标准的水清洗	定期对水进行检查，在清洗最后阶段必须使用新鲜饮用水，按 SSOP 规范清洗	是
去皮	设备未有效清洗，造成微生物污染	按照 SSOP 规范清洗设备	是
打浆	打浆机卫生不达标，环境粉尘及由人带入的毛发、皮屑等	打浆机使用前应清洗消毒，SSOP 控制	否
酶处理	酶处理条件不符合要求	按照工艺要求进行酶处理	否

（续表）

加工步骤	在本步骤中被引入、控制或增加的危害	防止显著危害的控制措施	是否是关键控制点
过滤	设备未有效清洗	按照 SSOP 规范清洗设备	是
调 pH、糖度	pH、糖度不符合要求	按照工艺要求调整	否
杀菌	杀菌条件不符合要求	检验杀菌时间、温度是否符合要求	是
酒精发酵	发酵罐清洗不彻底，造成微生物污染	按照 SSOP 规范将发酵容器刷洗干净，并用二氧化硫消毒	是
	发酵温度控制不好	调整介质温度，控制品温	否
	氧气进入	安装水封，并定期检查水封是否漏水，及时更换、补充水封中的水	是
	环境中有蚊、蝇等昆虫，环境中二氧化碳浓度过高	对环境定期清洗、消毒，注意通风，保持环境空气新鲜	否
醋酸菌种制备	醋酸菌菌种是否染有杂菌	按照工艺要求扩大培养	是
醋酸发酵	发酵温度控制不好	检查品温，及时调整介质温度	是
	过氧化	控制发酵醪中的酒精度、酸度，控制温度	是
澄清	生物与非生物浑浊	严格按照工艺要求进行灭菌和处理	是
灌装	灌装环境不符合卫生要求	按照 SSOP 规范操作进行环境处理	是
	灌装材料不符合要求	严格验收材料的质量	是
	灌装机清洗不彻底	严格验收材料的质量	是
巴氏杀菌	微生物残存	检验巴氏杀菌温度、时间是否符合工艺要求	是
陈酿	陈酿容器清洗、消毒不彻底造成微生物污染	按照 SSOP 规范操作	是
	氧气进入	严格密封，补足水封	是
	温度控制不好	检查品温，及时调整介质温度	否

针对柿果醋加工的 HACCP 计划[11]如表 7-4 所示。

表 7-4　柿果醋加工的 HACCP 计划

关键控制点	原料	菌种	设备的清洗	杀菌	生产用水
显著危害	农药、重金属	杂菌	细菌、病原菌	细菌、病原菌	细菌、病原菌
关键限值	生产工艺要求值	生产工艺要求值	SSOP	温度 65 ~ 72℃，时间 30 分钟	生活饮用水卫生标准

（续表）

关键控制点		原料	菌种	设备的清洗	杀菌	生产用水
监控	对象	农药、重金属含量	醋酸菌	温度、时间	温度、时间	细菌、pH、硬度
	人员及频率	操作人员分批监控	操作人员连续监控	操作人员连续监控，质量控制员每30分钟检测1次	操作人员连续监控，质量控制员每30分钟检测1次	操作人员连续监控，质量控制员每天检测1次
纠偏措施		不合格原料禁用	无菌操作、菌种检查	污染或瓶破需重新过滤灭菌	温度不够重新灭菌	重新处理或更换生产用水
记录		采购人员记录	发酵车间生产记录	各车间生产记录	各车间生产记录	各车间生产记录
验证		每批记录	每批记录	每日检查记录	每日检查记录，每月校正温度计1次	每日检查记录

三、柿酒加工全程质量控制

柿酒加工的工艺流程是：原料验收→精选→去皮→打浆→酶处理→过滤→调 pH、糖度→杀菌→接种酵母液→前发酵→倒酒→后发酵→陈酿→下胶澄清→过滤→灌装→巴氏杀菌[14,15]。

通过对柿酒加工中的各个工序分析，识别柿酒生产中存在的物理性、化学性和微生物性危害，建立柿酒加工的危害分析工作表[15,16]（表7-5）。

表7-5 柿酒加工的危害分析

加工步骤	在本步骤中被引入、控制或增加的危害	防止显著危害的控制措施	是否是关键控制点
原料验收	耐热及好氧微生物	烂果含有害菌，在发酵时可能影响发酵，要剔除烂果	否
	农药残留、重金属超标	加强农药使用指导，适时采收，加强加工过程的清洗；调查水果产地是否有严重环境污染	是
	异物	通过洗涤、沉淀或过滤除去	否
清洗挑选	用不符合饮用卫生标准的水清洗	定期对水进行检查，在清洗最后阶段必须使用新鲜饮用水，按 SSOP 规范清洗	是
去皮	设备未有效清洗，造成微生物污染	按照 SSOP 规范清洗设备	是
打浆	打浆机卫生不达标、环境粉尘及由人带入的毛发、皮屑等	打浆机使用前应清洗消毒，SSOP 控制	否

（续表）

加工步骤	在本步骤中被引入、控制或增加的危害	防止显著危害的控制措施	是否是关键控制点
酶处理	酶处理条件不符合要求	按照工艺要求进行酶处理	否
过滤	设备未有效清洗	按照 SSOP 规范清洗设备	是
调 pH、糖度	pH、糖度不符合要求	按照工艺要求调整	否
杀菌	杀菌条件不符合要求	检验杀菌时间、温度是否符合要求	是
前发酵	罐清洗不彻底，造成微生物污染	按照 SSOP 规范将发酵容器刷洗干净，并用二氧化硫消毒	是
	发酵温度控制不好	调整介质温度，控制品温	是
	氧气进入	安装水封，并定期检查水封是否漏水，及时更换补充水封中的水	是
	环境中有蚊、蝇等昆虫，环境中二氧化碳浓度过高	对环境定期清洗、消毒，注意通风，保持环境空气新鲜	否
倒酒	外界环境污染	尽量消除环境因素	是
	氧气进入	满罐储存，加强封闭	是
	容器清洗、消毒不足	按照 SSOP 规范进行	是
后发酵	氧气进入	及时添桶，补足水封	是
	发酵温度控制不好	检查品温，及时调整介质温度	是
	陈酿容器清洗、消毒不足	按照 SSOP 规范操作	是
陈酿	氧气进入	及时添桶，补足水封	是
	温度控制不好	检查品温，及时调整介质温度	否
下胶及过滤	澄清剂验收	辅料供应商的检验证明或第三方证明	是
	下胶过度	预先小样试验，确定最佳下胶量	是
	设备、硅藻土清洗不足	按照 SSOP 规范清洗	是
灌装	灌装环境不符合卫生要求	按照 SSOP 规范操作进行环境处理	是
	灌装材料不符合要求	严格验收材料的质量	是
	灌装机清洗不彻底	严格验收材料的质量	是
巴氏杀菌	微生物残存	检验巴氏杀菌温度、时间是否符合工艺要求	是

针对柿酒加工的 HACCP 计划如表 7-6 所示。

表7-6 柿酒加工的 HACCP 计划

关键控制点		原料	设备的清洗	杀菌	生产用水
显著危害		农药、重金属	细菌、病原菌	细菌、病原菌	细菌、病原菌
关键限值		生产工艺要求值	SSOP	温度 65~72℃，时间 30 分钟	生活饮用水卫生标准
监控	对象	农药、重金属含量	温度、时间	温度、时间	细菌、pH、硬度
	人员及频率	操作人员分批监控	操作人员连续监控，质量控制员每 30 分钟检测 1 次	操作人员连续监控，质量控制员每 30 分钟检测 1 次	操作人员连续监控，质量控制员每天检测 1 次
纠偏措施		不合格原料禁用	污染或瓶破需重新过滤灭菌	温度不够重新灭菌	重新处理或更换生产用水
记录		采购人员记录	各车间生产记录	各车间生产记录	各车间生产记录
验证		每批记录	每日检查记录	每日检查记录，每月校正温度计 1 次	每日检查记录

四、柿果酱加工全程质量控制

柿果酱加工的工艺流程是：原料验收→清洗→去皮→打浆→调配→浓缩→灌装[13,17]。

通过对柿果酱加工中的各个工序分析，识别柿果酱生产中存在的物理性、化学性和微生物性危害，建立柿果酱加工的危害分析工作表[13,18]（表7-7）。

表7-7 柿果酱加工的危害分析

加工步骤	在本步骤中被引入、控制或增加的危害	防止显著危害的控制措施	是否是关键控制点
原料验收	虫卵、致病菌、细菌、病虫害	通过 SSOP、GMP 控制，通过感官检验，剔除损伤的柿果	否
	农药残留、重金属超标	通过调查确定安全生产区，产地要求为绿色农产品生产基地，定点采购	是
	泥沙等杂物	经后工序洗涤，泥沙等杂质可被清除	否
清洗	细菌性病原菌	通过 SSOP、GMP 控制	否
	重金属超标	使用前对水质进行测，引用优质水源	否
去皮	微生物污染	通过 SSOP、GMP 控制	否
	金属	通过后工序进行金属检测	否
打浆	打浆机卫生不达标，环境粉尘及由人带入的毛发、皮屑等	打浆机使用前应清洗消毒，SSOP 控制	否

（续表）

加工步骤	在本步骤中被引入、控制或增加的危害	防止显著危害的控制措施	是否是关键控制点
调配	添加剂过量	添加剂使用严格按照《食品添加剂使用标准》规定	是
浓缩	浓缩器具卫生不达标	SSOP 控制	否
灌装	好氧微生物繁殖	控制灌装温度	是

针对柿果酱加工的 HACCP 计划[13,18]如表 7-8 所示。

表 7-8　柿果酱加工的 HACCP 计划

关键控制点		原料	调配	灌装
显著危害		重金属、农药残留	添加剂过量	好氧微生物繁殖
关键限值		农药残留、重金属普查合格证明	食品添加剂使用标准	生产工艺要求值
监控	对象	生产记录、合格证明	添加剂	中心温度
	方法	检查确认	调配过程	温度计
	频率	每批	每罐	每小时
	人员	原料检验员	品控员	品控员
纠偏措施		拒收不合格的原料	产品报废	及时调整温度
记录		收购检验单	添加剂使用记录	温度记录
验证		①每批检查检验；②每周对原料进行检测	质监部门监督调配过程	①每日核查灌装监控记录；②产品商业无菌抽查

五、柿脆片加工全程质量控制

柿脆片加工的工艺流程是：原料验收→清洗→去皮→切片→冷冻→解冻→真空油炸→脱油→包装[19,20]。

通过对柿脆片加工中的各个工序分析，识别柿脆片生产中存在的物理性、化学性和微生物性危害，建立柿脆片加工的危害分析工作表[20]（表 7-9）。

表 7-9　柿脆片加工的危害分析

加工步骤	在本步骤中被引入、控制或增加的危害	防止显著危害的控制措施	是否是关键控制点
原料验收	虫卵、致病菌、细菌、病虫害	通过 SSOP、GMP 控制，通过感官检验，剔除损伤的柿果	否
	农药残留、重金属超标	通过调查确定安全生产区，产地要求为绿色农产品生产基地，定点采购	是
	泥沙等杂物	经后工序洗涤，泥沙等杂质可被清除	否

（续表）

加工步骤	在本步骤中被引入、控制或增加的危害	防止显著危害的控制措施	是否是关键控制点
清洗	细菌性病原菌	通过 SSOP、GMP 控制	否
	重金属超标	使用前对水质进行测，引用优质水源	否
去皮	微生物污染	通过 SSOP、GMP 控制	否
	金属	通过后工序进行金属检测	否
切片	设备未有效清洗	按照 SSOP 规范清洗设备	否
冷冻	原料冷冻不彻底使成品不够酥脆或者变形	控制冷冻温度和时间	是
解冻	生物的、物理的	解冻必须使用流动新鲜饮用水，防止过度解冻	否
真空油炸	脆片色泽不好，酥脆不够，油的氧化变质	严格按照工艺要求进行操作，控制油炸温度、时间及真空度，检测油脂过氧化值并按要求更换油	是
脱油	含油率超标，造成日后氧化耗败影响产品质量和保质期	严格控制脱油时间	是
包装	微生物污染，氧化耗败导致产品理化及卫生指标不合格	加强工人操作规范，加强车间卫生，保证封口完好，不漏气	是

针对柿脆片加工的 HACCP 计划[20]如表 7-10 所示。

表 7-10　柿脆片加工的 HACCP 计划

关键控制点		原料	冷冻	真空油炸、脱油	包装
显著危害		重金属、农药残留	冷冻不透使产品不酥脆	水分超标、油变质、含油率超标	氧化耗败
关键限值		农药残留、重金属普查合格证明	彻底冷冻	生产工艺要求值	封口严密，不漏气
监控	对象	生产记录、合格证明	温度、时间	真空度，油炸温度、时间，脱油时间	氮气含量
	人员及频率	原料检验员	操作人员连续监控	操作人员连续监控，质量监控员每批检测 1 次	操作人员连续监控
纠偏措施		拒收不合格的原料	降低制冷温度，延长冷冻时间	控制真空度，纠正油炸温度和时间，定期洗油并检测过氧化值，延长脱油时间	紫外线灯照射，充氮气包装
记录		收购检验单	冷冻记录	油炸记录	包装记录

（续表）

关键控制点	原料	冷冻	真空油炸、脱油	包装
验证	①每批检查检验；②每周对原料进行检测	每天检查记录	每天检查记录，每批总结汇总	每天检查记录，每周总结汇总

参考文献

［1］ 蔡健，徐秀银.食品标准与法规［M］.北京：中国农业大学出版社，2009.

［2］ 石娜娜，张在珍.良好操作规范GMP在青州柿饼加工中的应用初探［J］.农业科技与信息，2018（08）：46-47.

［3］ http：//www.foodmate.net/zhiliang/haccp/163267.html.

［4］ 马婷婷，郝果，晏慧莉，等.食品质量安全管理体系在柿饼加工中的应用［J］.农产品加工（学刊），2012（09）：145-149.

［5］ http：//www.foodmate.net/zhiliang/haccp/163117.html.

［6］ http：//www.foodmate.net/zhiliang/haccp/4929.html.

［7］ http：//www.foodmate.net/zhiliang/haccp/24.html.

［8］ 何春燕.HACCP体系和ISO 9000质量管理体系在葡萄酒企业的应用［D］.杨凌：西北农林科技大学，2017.

［9］ 王新龙.ISO 22000食品安全管理体系在食品企业的建设与导入［J］.科技视界，2019（20）：269-270，255.

［10］ 钟华锋，黄国宏，杨春城，等.HACCP在柿饼加工中的应用研究［J］.食品工程，2007（04）：50-52，57.

［11］ 邵伟，熊泽，唐明，等.HACCP在果醋生产中的应用［J］.食品科学，2003（08）：85-87.

［12］ 徐辉艳.柿子保健果醋发酵工艺条件的研究［J］.农产品加工，2015（12）：43-44，47.

［13］ 吴君艳.HACCP体系在沙棘果酱酸奶中的应用［J］.江苏调味副食品，2019（04）：13-18.

［14］ 吴亮亮，高嫚妮，赵庆杰，等.富平县柿子加工产业发展现状概述［J］.安徽农学通报，2019，25（15）：54-55.

［15］ 马兆瑞.发酵型苹果酒工艺流程中试及其HACCP质量控制［D］.杨凌：西

北农林科技大学，2002.

［16］ 麦金凤. HACCP 质量管理体系在葡萄酒生产中的应用［J］. 酿酒科技，2007（02）：107-109.

［17］ 耿晓圆，崔子璇，付荣荣，等. 复合柿子果酱加工及其模糊数学评价［J］. 粮食科技与经济，2018，43（11）：46-50.

［18］ 戚晨晨，徐晓燕. HACCP 在红树梅果酱生产中的应用［J］. 轻工科技，2012，28（12）：9-10，35.

［19］ 黄馨莹. 一种柿子脆片的制备方法：CN103393030A［P］. 2013-11-20.

［20］ 朱红，钮福祥，张爱君，等. HACCP 在真空低温油炸果蔬脆片加工中的应用［J］. 江苏农业科学，2004（03）：69-71.

附　　录

附录1　中华人民共和国国家标准　柿子产品质量等级（GB/T 20453—2006）

1.1　范围

本标准规定了柿主要品种鲜果及柿饼分级的要求。

本标准适用于柿生产、柿饼加工及营销。

1.2　规范性引用文件

下列文件中的条款通过本标准的引用而或为本标准的条款。凡是注日期的引用文件，其随后所有的修改单（不包括勘误的内容）或修订版均不适用于本标准，然而，鼓励根据本标准达成协议的各方研究是否可使用这些文件的最新版本。凡是不注日期的引用文件，其最新版本适用于本标准。

GB/T 4789.2	食品卫生微生物学检验　菌落总数测定
GB/T 4789.3	食品卫生微生物学检验　大肠菌落测定
GB/T 4789.3	食品卫生微生物学检验　沙门氏菌检碰
GB/T 5009.3	食品中水分的测定
GB/T 5009.11	食品中总砷及无机砷的测定
GB/T 5009.12	食品中铅的测定
GB/T 5009.15	食品中镉的测定
GB/T 5009.17	食品中总汞及有机汞的测定
GB/T 5009.20	食品中有机磷农药残留量的测定
GB/T 5009.34	食品中亚硫酸盐的测定

GB/T 5009.38　　蔬菜、水果卫生标准的分析方法

GB/T 5009.102　　植物性食品中辛硫磷农药残留量的测定

GB/T 5009.146　　植物性食品中有机氯和拟除虫菊酯类农药多残留的测定

GB/T 8855　　新鲜水果和蔬菜的取样方法

1.3　术语和定义

下列术语和定义适用于本标准。

1.3.1　甜柿（non-astringent persimmon）

可在树上自然脱涩，摘下可脆食的柿品种类型。

1.3.2　涩柿（astringent persimmon）

需要用人工方法去除涩味方可脆食的柿品种类型。

1.3.3　柿饼（dried persimmon）

柿果去皮后经自然晾晒或人工烘烤等工艺所形成的具有一定形状及内在品要求加工品。

1.3.4　破饼率（rate of crack on dried persimmon）

饼面破裂的柿饼数量占柿饼总量的百分数。

1.3.5　涩味（astringent）

柿果内可溶性单宁刺激味觉，发生收敛作用而产生的感觉。

1.3.6　柿果病害（disease on fruit）

由各种病原菌侵染所造成的果实伤害，如炭疽病、黑星病、青霉病等。

1.3.7　果实虫伤（insect injury on fruit）

受害虫为害所造成的果实伤害。

1.3.8　果面擦伤（brush-burn on the surface of fruit）

果实表面因受枝叶等摩擦所形成的伤痕。

1.3.9　果实日灼（burn on fruit）

果实受阳光灼烧，造成果实外观缺陷的症状。

1.3.10　分级（grading）

根据一定的要求，把产品按不同的外观及内在质量分为相对一致的等级。

1.3.11　有害杂质（deleterious impurity）

各种有害、有毒、有碍食品卫生安全的物质。

1.3.12　一般杂质（common impurity）

混入本品中无害、无毒的非本品物质，包括枝叶、萼片碎屑、散落果核、杂草等。

1.4 要求

1.4.1 鲜柿等级规格指标

鲜柿等级规格指标应符合附表 1-1 的规定。

附表 1-1　鲜柿等级规格指标

项目		等级		
		特级	一级	二级
基本要求		具有本品种应有的形状和特征及成熟期应有的色泽		
单果重		柿主要品种的单果重等级要求符合附录 A（附表 1-4）的规定		
果表面缺陷	病害	无	无	无
	虫伤（无虫体）	无	总面积不超过 0.6 厘米²	总面积不超过 1 厘米²
	摩伤	无	总面积不超过 0.5 厘米²	总面积不超过 1 厘米²
	日灼	无	轻微日灼，果面暗黄，面积不超过 2 厘米²	轻度日灼，果面变黑，面积不超过 2 厘米²
	压伤碰伤	无	总面积不过 1 厘米²	总面积不超过 2 厘米²
	刺伤划伤	无	面积不超过 0.5 厘米²	总面积不超过 1 厘米²
	锈斑	无	总面积不过 2 厘米²	总面积不超过 3 厘米²
	软化	无	面积不过 1 厘米²	面积不超过 2 厘米²
	褐变	无	面积不超过 0.5 厘米²	总面积不超过 2 厘米²
上述缺陷数		无	不超过两项	不超过三项

1.4.2 柿饼等级规格

柿饼等级规格指标符合附表 1-2 的规定。

表 1-2　柿饼等级规格指标

项目	等级		
	特级	一级	二级
基本要求	削皮彻底，允许保留柿蒂外缘 0.5 厘米宽表皮，其余全部削净，不能有顶皮、花皮，剪除花柄，摘净萼片，无涩味，无假柿霜。		

（续表）

项目		等级		
		特级	一级	二级
果面缺陷	形状	有一定形状，柿蒂在饼面中央或位于一侧。		
	单饼重	50 g 以上	40 g 以上	30 g 以上
	色泽	棕红色，色泽一致	棕红、棕黄，色泽一致	允许色泽不一致
	干湿	内外一致，无干皮	允许有极薄干皮	允许有轻度干皮，或表面潮湿，但不出水
	杂质	无有害杂质，一般杂质质量不超过 0.1%	无有害杂质，一般杂质质量不超过 0.2%	无有害杂质，一般杂质质量不超过 0.4%
	破损	无	破裂缝长 0.5 厘米以内，破饼率低于 5%	破裂缝长 1 厘米以内，破饼率低于 10%
柿霜	白饼	柿霜洁白，覆盖面 80%以上	柿霜白或灰色，覆盖面 50%以上	柿霜白或灰色，覆盖面 30%以上
	红饼	无	无	小于 5%
品质	核	0~1 粒	0~2 粒	0~3 粒
	含水量	28%~32%	26%~35%	21%~38%
	肉色	红棕色、透亮	红棕、棕黄或棕黑透亮或半透亮	颜色不限，透亮或不透亮
	质地	柔软有弹性	柔软或稍硬，切圈颜色一致	柔软或稍硬，切面颜色一致

1.4.3　柿产品农药残留及卫生指标要求

柿产品农药残留及卫生指标要求应符合附表 1-3 的规定。

附表 1-3　柿产品农药残留及卫生指标

项　　目	指标
乐果（dimethoate）/（毫克/千克）	≤1
辛硫磷（phoxim）/（毫克/千克）	≤0.05
杀螟硫磷（fenitrothion）/（毫克/千克）	≤0.5
氰戊菊酯（fenvalerate）/（毫克/千克）	≤0.2
多菌灵（carbendazim）/（毫克/千克）	≤0.5
百菌清（chlorothalonil）/（毫克/千克）	≤1
砷（以 As 计）/（毫克/千克）	≤0.5
汞（以 Hg 计）/（毫克/千克）	≤0.01
铅（以 Pb 计）/（毫克/千克）	≤0.2

（续表）

项　　目		指标
镉（以 Cd 计）/（毫克/千克）		≤0.03
二氧化硫残留量（以游离 SO_2 计）/（克/千克）		≤0.5
菌落总数/（个/克）	出厂	≤750
	销售	≤1 000
大肠菌群/（个/100 毫升）		≤30
致病菌（系指肠道致病菌及致病性球菌）		不得检出
霉菌计数/（个/克）		≤50

　　注：凡国家规定禁用的农药，不得检出。

1.5　检验

1.5.1　检验规则

（1）各等级容许度允许的串等果，只能是邻近果。

（2）鲜柿容许度的测定以抽检包装件的平均数计算。

（3）容许度规定的百分率一般以质量为基准计算，如包装上标有果个数，则应以果个数为基准计算。

（4）验收容许度应符合下列规定：

①特等果可有不超过2%的一等果。

②一等果可有不超过5%的果实不符合本等级规定的品质要求，其中串等果不超过2%，果面有缺陷果不超过3%。

③二等果可有不超过8%的果实不符合本等级规定的品质要求，其中串等果不超过3%，果面有缺陷果不超过5%。

④各等级果不符合单果重规定范围的果实不得超过5%。

（5）检验批次：同一生产基地、同一品种、同一成熟度、同一包装日期的产品为一个检验批次。

（6）抽样方法：按 GB/T 8855 规定执行。

（7）复检：对检验结果有争议时，应对留存样进行复检，或在同一批产品中按本标准规定加倍抽样，对不合格项目进行复检，以复检结果为准。

1.5.2　检验方法

（1）感官检验

根据规格要求，采用对比、观察及测量进行感官检测。

（2）水分的测定

按 GB/T 5009.3 方法。

（3）乐果、杀螟硫

按 GB/T 5009.20 规定执行。

（4）辛硫磷

按 GB/T 5009.102 规定执行。

（5）氰戊菊酯

按 GB/T 5009.146 规定执行。

（6）多菌灵

按 GB/T 5009.38 规定执行。

（7）砷

按 GB/T 5009.11 规定执行。

（8）汞

按 GB/T 5009.17 规定执行。

（9）铅

按 GB/T 5009.12 规定执行。

（10）镉

按 GB/T 5009.15 规定执行。

（11）柿饼中二氧化硫残留

按 GB/T 5009.34 规定执行，

（12）柿饼表面微生物

按 GB/T 4789.2、GB/T 4789.3、GB/T 4789.4 规定的方法检测

1.6　标志、包装

1.6.1　标志

（1）同批货物的包装标志在形式和内容上应统一。

（2）每一包装上应标明产品名称、产地、采摘或生产日期、生产单位名称，标志上的字迹应清晰、完整、准确。

1.6.2　包装

（1）包装容器应清洁卫生、干燥、无毒、无不良气味。

（2）柿饼的内包装采用符合食品卫生要求的包装材料。

附录 A　柿主要品种单果重等级（附表 1-4）

附表 1-4　柿主要品种的单果重等级要求

类　型	代表品种	等级		
		特级	一级	二级
特大型果（LL）	磨盘柿、高安方柿、安溪油柿、斤柿、鲁山牛心柿	300 克	250~300 克	200~250 克
大型果（L）	于都盒柿、灵台水柿、鲁山牛心柿、眉县牛心柿、富平尖柿、诏安元宵柿、干帽盔、贵阳盒柿、富有二次郎、阳丰、恭城水柿、文县馍馍柿	200 克	170~200 克	150~170 克
中型果（M）	西村早生、孝义牛心柿、绵瓢柿、菏泽镜面柿、荥阳水柿、摘家烘、新红柿、广东大红柿、南通小方柿、托柿、博爱八月赏、金瓶柿、邢台台柿、千岛无核柿、西昌方柿、小萼子	120 克	100~120 克	80~100 克
小型果（S）	火晶、橘蜜柿、暑黄柿、小绵棒	90 克	70~90 克	50~70 克
特小型果（SS）	火罐、胎里红	55 克	45~55 克	35~45 克

注：上述所列品种仅为以果实大小分类的代表品种。

参考文献

GB 14884—2003　　蜜饯食品卫生标准

NY/T 439—2001　　苹果外观等级标准

SN/T 0887—2000　　进出口柿饼检验规程

LN/T 1081—1993　　柿树优质丰产技术

附录2　中华人民共和国农业行业标准　浆果贮运技术条件（NY/T 1394—2007）

2.1　范围

本标准规定了浆果贮藏和运输的术语和定义、贮运用果的要求，贮运前的处理、贮藏技术条件、包装运输方式和条件。

本标准适用于浆果的贮藏和运输。

2.2　规范性引用文件

下列文件中的条款通过本标准的引用而成为本标准的条款。凡是注日期的引用文件，其随后所有的修改单（不包括勘误的内容）或修订版均不适用于本标准，然而，鼓励根据本标准达成协议的各方研究是否可使用这些文件的最新版本。凡是不注日期的引用文件，其最新版本适用于本标准。

GB 7718　　　预包装食品标签通则

GB 8559　　　苹果冷藏技术

GB/T 8867　　蒜薹简易气调贮藏技术

GB/T 9829　　水果和蔬菜　冷库中物理条件　定义和测量

2.3　术语和定义

下列术语和定义适用于本标准。

2.3.1　浆果（berry）

由子房或联合其他花器发育成柔软多汁的肉质果。

2.3.2　预冷（precooling）

在贮藏或运输前利用各种降温措施，使果实温度尽快达到贮藏或运输温度的过程。

2.4　贮运用果要求

2.4.1　果实采收期

（1）应在适宜贮运成熟期适时采收。

（2）浆果成熟度的判断

①该品种在自然条件下固有色泽的显现程度；

②果实硬度的变化程度；

③果实中淀粉、糖、酸的含量及果实糖酸比的变化；

④该品种固有的生长期。

2.4.2　采收条件

（1）采收前应严格控制浇水和施药。

（2）采收时应非高温、非雨天气及果实表面无露水。

2.4.3　采收要求

（1）应戴手套和帽子，轻采轻放。如需剪采时，应采用圆头型采果剪。篮内要有柔软的衬垫物。

（2）根据不同品种要求，采用不同的果盘、盒、箱等装运。

（3）采后果实应避免受太阳光直射。

2.4.4　不宜用于贮运的浆果

机械伤果、落地果、病虫果、霜打果及残次果等。

2.5　贮运前处理

2.5.1　分级包装

（1）果实贮运前应按产品质量进行分级包装。

（2）包装材料可用打孔瓦楞纸箱或塑料箱、板条箱，内衬防震、减伤或调湿、调气等功能片材包装。

2.5.2　预冷

（1）预冷方法

根据产品不同可采用冷库预冷、冷风预冷、真空预冷和冷水预冷。

（2）预冷时间

根据果实的初温、种类和预冷的方式，确定预冷时间。

2.6　贮藏技术条件

2.6.1　贮藏方式

（1）冷藏

在具有良好隔热结构的贮藏库内，依靠机械制冷装置来调控并维持库内所需要的贮藏温度。

（2）气调贮藏

可采用气调冷藏库、塑料薄膜大帐气调和减压贮藏库。

2.6.2　库房准备

（1）库前进行库房消毒杀菌并及时通风换气，库房消毒按 GB 8559 规定执行。

（2）入库时库房温度应预先降至适宜贮藏温度。

2.6.3　入库量和堆码要求

按品种分库、分垛、分等级堆码，为便于货垛内空气流通降温散热，垛位不宜过大，每立方米贮量不应超过 200 千克、300 千克，箱装用托盘堆码允许增加 10%～20% 的贮量。

（1）为便于检查、盘点和管理，入满库后应及时填写货位标签和平面货位图。

（2）货位堆码按照 GB 8559 规定执行。

2.6.4　适宜贮藏条件

（1）温度

库温应尽量避免波动，入满库房后要求 48 小时进入技术规范温度，不同种类品种浆果技术规范温度应根据不同产地栽培条件和成熟度确定。参见附录 A（附表 2-1）。

（2）湿度

相对湿度参见附录 A（附表 2-1）。

（3）气体成分

贮藏期间，应利用夜间或早晚外界气温与库温相近或略低时，适当通风换气，排除乙烯等有害气体。气调贮藏时，适宜的氧气和二氧化碳浓度参见附录 A（附表 2-1）。

（4）空气环流

库内货间风速 0.2～0.5 米/秒。

2.6.5　库房设架

如果库房内设置货架，货架的规格可参照 GB/T 8867 中附录 A（附表 2-1）的结构。

2.6.6　质量检查

（1）定期检查贮藏库中果实的状况，并及时处理腐烂变质果实。

（2）浆果在贮运过程中常见的病害及其防治参见附录 B（附表 2-2）。

2.6.7　出库

果实应按市场需要分批出库销售。出货时，根据不同的目的地、运输方式和运输时间，将其置于高于冷藏温度 3～5℃或低于运输温度下，采用强制吹风进行温度调整后，再装车出货。

2.7　包装运输方式和条件

2.7.1　包装

（1）果实应按品种、等级和成熟度进行包装。

（2）内包装采用符合食品卫生要求的纸盒或塑料包装盒，包装容量宜控制在 250～

1 000克之间。外包装箱应坚固耐用、清洁卫生、干燥无异味，有通风气孔。

（3）果箱中果实不宜放置过多、过厚，依果粒、果实大小等差异放2~3层，层间放防压隔板。

2.7.2 标志

按GB 7718执行。

2.7.3 运输

（1）运输前应进行预冷处理。

（2）非控温运输应用蓬布（或其他覆盖物）苫盖，并根据天气情况，采取相应的防热、防冻和防水措施。

（3）控温运输应用冷藏车和冷藏集装箱，运输过程中温度应控制在适宜贮运温度。

（4）在清晨或傍晚气温较低时运输。

2.7.4 运输条件

（1）运输车辆要清洁、卫生无异味、无污染。

（2）运输过程要求轻装轻卸、快装快运、装载适量、运行平稳、防止损伤。

（3）严禁日晒雨淋。

（4）水路运输时应防止水油进入舱中。

（5）防止虫蛀、鼠咬。

附录A 常见浆果贮运条件

附表2-1 常见浆果贮运条件

名称	适宜贮藏温度（℃）	适宜贮藏湿度（%）	最高冰点温度（℃）	乙烯敏感性	推荐贮藏时间（天）	适宜气调贮藏时间	
						O_2（%）	CO_2（%）
荔枝	1~2	90~95	-2.2	M	30~40	3~5	3~5
龙眼	4~7	90~95	-2.4	L	15~30	1~2	3~5
猕猴桃	-1~0	90~95	-0.9	H	90~150	1~2	3~5
葡萄	-1~0	85~95	-2.7	L	30~90	2~5	3~8
草莓	-0.5~0.5	90~95	-0.8	L	7~10	5~10	15~20
黑莓	-0.5~0	90~95	-0.8	L	3~6	5~10	15~20
蓝莓	-0.5~0	90~95	-1.3	L	10~18	2~5	12~20
蔓越橘	2~5	90~95	-0.9	L	8~16	1~2	0~5
悬钩子	-0.5~0	90~95	-1.3	L	2~3	5~10	15~20
接骨木果	-0.5~0	90~95	-1.1	L	5~14	5~10	15~20
洛甘莓	-0.5~0	90~95	-1.7	L	2~3	5~10	15~20
树莓	-0.5~0	90~95	-0.9	L	3~6	5~10	15~20
柿子	-1~0	90~95	-2	H	60~90	3~5	5~8

名称	适宜贮藏温度（℃）	适宜贮藏湿度（%）	最高冰点温度（℃）	乙烯敏感性	推荐贮藏时间（天）	适宜气调贮藏时间	
						O₂（%）	CO₂（%）
杨梅	0	90~95	-1.4	L	7~15	1~4	10~15
樱桃	-1~0	90~95	-2.1	L	15~30	10~20	20~25
石榴	5~7.2	90~95	-3.0	L	60~90	3~5	5~10
番石榴	5~10	90	-2.4	M	10~20	5~10	5~10
番木瓜	7~13	85~90	-0.9	M	10~20	2~5	5~8
人心果	15~20	85~90	-1.1	H	10~14	2~5	5~10
杨桃	9~10	85~90	-1.2	M	20~30	1~4	3~8
无花果	-0.5~0	85~90	-2.4	L	7~14	5~10	15~20
醋栗	0.5~0	90~95	-1.1	L	14~30	5~10	15~20
黑加仑	-1~0	90	-1.1	L	7~15	1~5	7~15

注：L 代表低敏感性；M 代表中敏感性；H 代表高敏感性。

附录 B　浆果在贮运过程中常见的病害及其防治（附表 2-2）

附表 2-2　浆果在贮运过程中常见的病害及其防治

病害及说明	主要症状	防治措施
温度　冷害：浆果由冰点以上的不适低温（0~15℃）所造成的生理代谢不适应的现象。在浆果贮藏中，若温度低于该品种的贮藏适温，就会发生冷害	浆果受冷害后，组织内变黑、变褐和干缩，外表出现凹陷纹或变色，有异味。一些表皮较薄、较柔软的浆果，则易出现水渍状的斑块	a. 变温贮藏：根据不同浆果品种耐受低温的限度和时间，找出最适宜贮藏温度 b. 温度调节：一般贮藏温度高有利于防止冷害的发生 c. 气体控制：环境气体中氧浓度过高或过低都会影响冷害的发生，一定浓度的二氧化碳对冷害起抑制作用 d. 提高果蔬的成熟度可降低果蔬对冷害的敏感度，如果果蔬已严重受到冷害影响，应维持原来的库温或比原库温稍低，并尽快出库销售，如突然提高库温，会加速果蔬腐烂
冻害：浆果因冻结而造成的损害称为冻害，是指在低于浆果冰点温度下，浆果所产生的生理机能紊乱、组织结构被破坏的现象	冻害的症状表现为组织呈透明或半透明、水渍状、褐色和色素降解等	不能使贮藏环境的绝对温度太低 贮藏环境的温度不能忽冷忽热，温差不能太大；冷风风机口要留出一定的空隙 在深冬季节一定要在库门、风口处加盖防寒苫盖物

（续表）

病害及说明	主要症状	防治措施
气体　低氧伤害	表皮组织局部塌陷，褐变、软化，不能正常完熟，产生酒味和异味	在贮运中必须精心地维持这样的氧气水平 使有氧呼吸减至最低限度，但又不激发无氧呼吸
高二氧化碳伤害	强烈抑制一些酶的活性，干扰有机酸代谢，引起有机酸特别是毒性很强的琥珀酸的积累；呼吸异常，产生大量乙醛和乙醇	表面或内部组织或两者都发生褐变，出现褐斑、凹斑或组织脱水萎软甚至形成空腔。严重时大面积凹陷，果实变软、坏死，并有很重的酒精味
乙烯伤害：由乙烯导致的果蔬的衰败和病害称为乙烯伤害	病状通常是果皮变暗变褐，失去光泽，外部出现斑块，甚至软化腐败	控制温度、定期通风换气、采用物理和化学等除乙烯方法
其他气体（SO_2、NH_3）	表面会出现漂白或变褐，形成水渍斑点，微微起皱，严重时以气孔为中心形成坏死小斑密密麻麻布满果面，皮下果肉坏死。如果氨制冷系统泄露 NH_3，极易与产品接触引起变色和产生坏死斑	控制二氧化硫消毒和熏蒸时的浓度，消毒后彻底通风，定期检测制冷系统设备和管路的泄露情况
微生物　危害浆果的病原菌主要包括真菌、细菌和病毒，但贮运期间病害的病原菌绝大多数是真菌和细菌造成的侵染性伤害	主要表现为变色、腐烂、发霉，产生水渍状斑点、变味等	尽量减少机械损伤； 采收运输过程中还应注意所用包装物品的清洁卫生； 在贮藏过程中应严格控制适宜的温度； 贮藏中应经常检查贮藏情况发现病果及时拣出

附录3　中华人民共和国农业行业标准　无公害食品柿
（NY 5241—2004）

3.1　范围

　　本标准规定了无公害食品柿的要求、试验方法、检验规则和标志。本标准适用于无公害食品柿。

3.2　规范性引用文件

下列文件中的条款通过本标准的引用而成为本标准的条款。凡是注日期的引用文件，其随后所有的修改单（不包括勘误的内容）或修订版均不适用于本标准，然而，鼓励根据本标准达成协议的各方研究是否可使用这些文件的最新版本。凡是不注日期的引用文件，其最新版本适用于本标准。

GB/T 5009.12　　　食品中铅的测定

GB/T 5009.15　　　食品中镉的测定

GB/T 5009.38　　　蔬菜、水果卫生标准的分析方法

GB/T 5009.146　　 植物性食品中有机氯和拟除虫菊酯类农药多种残留的测定

GB/T 8855　　　　 新鲜水果和蔬菜的取样方法

SN 0334　　　　　 出口水果和蔬菜中22种有机磷农药多残留量检验方法

3.3　要求

3.3.1　感官指标

一、充分发育，具有品种固有的形状和色泽。

二、果面洁净，无机械伤、病虫果、日灼和霉烂，无不正常外来水分和异味，允许品种特有的裂纹、锈斑和果肉褐斑。

三、果梗完整或统一剪除，果蒂和宿存萼片完整。

3.3.2　安全指标

应符合附表3-1的规定。

附表 3-1　安全指标（mg/kg）

序号	项目	指标
1	铅（以 Pb 计）	≤0.2
2	镉（以 Cd 计）	≤0.03
3	乐果（dimethoate）	≤1.0
4	敌敌畏（dichlorvos）	≤0.2
5	溴氰菊酯（fencalerate）	≤0.1
6	溴戊菊酯（fencalerate）	≤0.2
7	多菌灵（carbendazim）	≤0.5

注：根据《中华人民共和国农药管理条例》。高毒、剧毒农药不得在柿生产中使用。

3.4 试验方法

3.4.1 感官指标

从每件（如箱、盘）供试样品中随机抽取 20 个果，除异味用嗅的方法检测外，其余项目用目测法进行检测。病虫害症状不明显而有怀疑者，应剖开检测。

每件样品抽样检验时，对有缺陷的果实做记录，每件样品的不合格率以 ω 计，数值以%表示，按式（1）计算：

$$\omega = n/20 \times 100 \qquad\qquad (1)$$

式中：

n—不合格果实数；

20—抽检果实总数。

结果精确到小数点后一位。

3.4.2 安全指标

（1）铅

按 GB/T 5009.12 规定执行。

（2）镉

按 GB/T 5009.15 规定执行。

（3）乐果和敌敌畏

按 SN 0334 规定执行。

（4）溴氰菊酯和氰戊菊酯

按 GB/T 5009.146 规定执行。

（5）多菌灵

按 GB/T 5009.38 规定执行。

3.5 检验规则

3.5.1 检验分类

（1）型式检验

型式检验是对产品进行全面考核，即对本标准规定的全部要求进行检验。有下列情形之一者应进行型式检验：

①申请无公害农产品标志；

②有关行政主管部门提出型式检验要求；

③前后两次抽样检验结果差异较大；

④人为或自然因素使生产环境发生较大变化。

（2）交收检验

每批产品交收前，生产单位都应进行交收检验。

交收检验内容包括感官和标志。

3.5.2 组批

田间，以同一产地、同一品种、同一栽培管理方式、同期采收的柿为一个组批；市场，以同一产地、同一品种的柿为一个组批。

3.5.3 抽样方法

按 GB/T 8855 规定执行。每一个检验批次为一个批次。抽取的样品应具有代表性，应在全批货物的不同部位随机抽取，样品的检验结果适用于整个抽样批次。

3.5.4 判定规则

（1）每批受检样品的感官指标平均不合格率不应超过 5%，其中任一单件（如箱、盘）样品的不合格率不应超过 10%。

（2）安全指标有一项不合格，即判定该批产品不合格。

3.6 标志

产品应有明确标志，内容包括产品名称、品种名称、产品执行标准、生产者及详细地址、产地、净含量和包装日期等，要求字迹清晰、完整、准确。

本标准适用于以优质鲜柿为原料，经脱涩、破碎、发酵、陈酿、调配而成的果酒。

附录 4 中华人民共和国农业行业标准 柿子酒
（NY/T 36—1998）

4.1 规格

本品采用各种容量玻璃瓶或陶瓷瓶等容器盛装。

4.2 技术要求

4.2.1 感官指标

（1）色泽：浅黄或金黄，澄清透明，有光泽，无沉淀，无明显悬浮物。

（2）香气：具有鲜柿的果香及酒香，无异香。

（3）滋味：滋味纯正，酸甜适宜，醇涩协调，酒体丰满，爽口，余味绵延，无异味。

（4）风格：具有柿子发酵酒的典型风格。

4.2.2　理化指标（附表 4-1）

附表 4-1　柿子酒理化指标

项目	指标
酒度（20℃），%（V/V）	10~15
糖分（以葡萄糖计），克/升	≤260
总酸（以柠檬酸计），克/升	5~9
挥发酸（以醋酸计），克/升	≤1
单宁色素（以鞣酸计），克/升	≤0.8
干浸出物，克/升	≥14

4.2.3　卫生指标

应符合 GB 2758—81《发酵酒卫生标准》的规定。

4.2.4　稳定期限

自封装之日起，最低五个月内不沉淀、不浑浊。

4.3　试验方法

4.3.1　按 QB 921—84《葡萄酒及其试验方法》的规定进行。

4.4　验收规则

生产厂对出厂产品，应按本标准检验，经检验合格后出厂，同批产品的质量应相同，批号的划分方法，由生产厂根据生产情况确定。瓶装酒每箱和每批应附有检验合格证。内容包括产品名称、生产厂名称、包装规格、数量、批号、生产日期、标准编号、稳定期限。

收货部门凭检验合格证验收，如有异议时，按本标准规定的指标和试验方法进行检验。经检验产品不符合标准，应在一个月内提出复检意见，并会同生产厂加倍取样，对有异议指标进行复验。复验符合标准规定，则本批产品为合格品，复验有关费用由收货部门负担，如不符合标准规定，则本批产品为不合格品，由生产厂负责处理。

4.5　包装与标志、运输与贮存

4.5.1　包装与标志

装酒用瓶，应符合有关标准的规定，瓶装必须洁净，封口严密，标贴整洁，标贴上具有产品名称、生产厂名称、地址、商标、容量及主要成分，并在标贴适当位置标明生产日期、批号。

瓶装酒的外包装可采用纸箱、木箱或经产销双方确定外包装。酒瓶用纸套、纸格或其他防震物垫牢。外包装纸箱上应标明产品名称、生产厂名称、规格数量、批号、毛重、生产厂及防冻、防潮、防热、小心轻放、放置方向的标志和字样。

4.5.2　运输与贮存

运输车辆应清洁、干燥。运输时正放，并加覆盖物，注意防潮，防止日晒雨淋，不得与有毒物品、易燃物品及污染物混装，装卸搬运过程应轻装轻卸。

贮存仓库应清洁干燥、通风良好。瓶装酒箱不得日光直射，不得与地面直接接触；不得与有毒、易燃、有异味物品混存；并严禁明火焰接近产品；仓库保管温度应为5~25℃。

附加说明：

本标准由农牧渔业部乡镇企业局提出。

本标准由山东省临朐县饮料厂负责起草。

本标准主要起草人马德营。

附录5　食品安全地方标准　柿子干制品（DBS 45016—2018）

5.1　范围

本标准规定了柿子干制品的术语和定义、要求、食品添加剂、生产加工过程卫生要求、检验方法、检验规则、标签、标志、包装、运输、贮存及保质期。

本标准适用于以鲜柿子或粗坯为原料，经一定工艺制成的预包装产品。

5.2　规范性引用文件

下列文件对于本文件的应用是必不可少的。凡是注日期的引用文件，仅所注日期的版本适用于本文件。凡是不注日期的引用文件，其最新版本（包括所有的修改单）适用于本文件。

GB/T 191　　包装储运图示标志

GB 2760　　食品安全国家标准　食品添加剂使用标准

GB 2762　　食品安全国家标准　食品中污染物限量

GB 2763　　食品安全国家标准　食品中农药最大残留限量

GB 4789.1	食品安全国家标准	食品微生物学检验 总则
GB 4789.2	食品安全国家标准	食品微生物学检验 菌落总数测定
GB 4789.3	食品安全国家标准	食品微生物学检验 大肠菌群计数
GB 4789.4	食品安全国家标准	食品微生物学检验 沙门氏菌检验
GB 4789.10	食品安全国家标准	食品微生物学检验 金黄色葡萄球菌检验
GB 4789.15	食品安全国家标准	食品微生物学检验 霉菌和酵母计数
GB 5009.3	食品安全国家标准	食品中水分的测定
GB 5009.12	食品安全国家标准	食品中铅的测定
GB 5009.34	食品安全国家标准	食品中二氧化硫的测定
GB 5749	生活饮用水卫生标准	
GB 7718	食品安全国家标准	预包装食品标签通则
GB/T 12456	食品中总酸的测定	
GB 14881	食品安全国家标准	食品生产通用卫生规范
GB 28050	食品安全国家标准	预包装食品营养标签通则

5.3 术语和定义

下列术语和定义适用于本标准。

5.3.1 柿子

柿科植物柿（拉丁名：*Diospyros kaki* Thunb.）的果实。

5.3.2 柿子干制品

以鲜柿子为原料，经去皮、切分或不切分、自然晾晒或其他干燥方式脱水、包装等工艺制成的预包装产品。或以粗坯为原料，经切分或不切分、自然晾晒或其他干燥方式脱水、包装等工艺制成的预包装产品。

5.3.3 粗坯

鲜柿子去皮后经自然晾晒或其他干燥方式脱水所形成的半成品。

5.4 要求

5.4.1 原辅料要求

（1）柿子、粗坯

应无腐烂变质，并符合 GB 2762 和 GB 2763 的要求。

（2）加工用水

应符合 GB 5749 的要求。

5.4.2 感官要求

应符合附表 5-1 的规定。

附表 5-1　感官要求

项　目	要　求
色　泽	应具有品种应有的色泽
外　观	无虫蛀、无霉变，表面可有白霜
气味和滋味	具有产品固有的气味和滋味，无异味
杂　质	无杂质

5.4.3　理化指标

应符合附表 5-2 的规定。

附表 5-2　理化指标

项　目	指　标
水分/（克/100 克）≤	35.0
总酸（以柠檬酸计）/（克/100 克）≤	6.0
铅（以 Pb 计）/（毫克/千克）≤	1.0
二氧化硫残留量/（克/千克）	应符合 GB 2760 对水果干类的规定
其他污染物限量	应符合 GB 2762 对水果制品的规定
农药最大残留限量	应符合 GB 2763 对干制水果的规定

5.4.4　微生物限量

应符合附表 5-3 的规定。

附表 5-3　微生物限量

项　目	采样方案及限量			
	n	c	m	M
菌落总数（cfu/克）	5	2	10^3	10^4
大肠菌群（cfu/克）	5	2	10	10^2
沙门氏菌（/25 克）	5	0	0	—
金黄色葡萄球菌（cfu/克）	5	1	10^2	10^3
霉菌（cfu/克）	5	2	50	0^2

n 为同一批次产品应采集的样品件数；c 为最大可允许超出 m 值的样品数；m 为微生物指标可接受水平的限量值；M 为微生物指标的最高安全限量值。

5.5 食品添加剂

食品添加剂使用应符合 GB 2760 的规定。

5.6 生产加工过程卫生要求

应符合 GB 14881 的规定。

5.7 检验方法

5.7.1 感官要求

取适量样品，置于洁净的白瓷盘中，用目测、鼻嗅、口尝方法进行检验。

5.7.2 理化指标

（1）水分

按 GB 5009.3 规定的方法测定。

（2）总酸

按 GB/T 12456 规定的方法测定。

（3）铅

按 GB 5009.12 规定的方法测定。

（4）二氧化硫残留量

按 GB 5009.34 规定的方法测定。

（5）其他污染物

按 GB 2762 规定的方法测定。

（6）农药最大残留

按 GB 2763 规定的方法测定。

5.7.3 微生物限量

（1）菌落总数

按 GB 4789.2 规定的方法检验，样品的采样及处理按 GB 4789.1 执行。

（2）大肠菌群

按 GB 4789.3 规定的方法检验，样品的采样及处理按 GB 4789.1 执行。

（3）霉菌

按 GB 4789.15 规定的方法检验，样品的采样及处理按 GB 4789.1 执行。

（4）沙门氏菌

按 GB 4789.4 规定的方法检验，样品的采样及处理按 GB 4789.1 执行。

（5）金黄色葡萄球菌

按 GB 4789.10 平板计数法规定的方法检验，样品的采样及处理按 GB 4789.1 执行。

5.7.4　食品添加剂

按相关标准规定的方法测定。

5.8　检验规则

5.8.1　组批

以同一批原料、同一生产线在同一生产日期加工的同一包装规格的产品为一检验批。

5.8.2　抽样

每批产品按生产批次及数量比例随机抽样，抽样数量应满足检验要求。

5.8.3　判定规则

（1）检验结果全部符合本标准时，判定该批产品合格。

（2）检验结果中若微生物指标不符合本标准规定时，判该批产品不合格，不得复检；检验结果中其他项目不符合本标准时，允许按相关规定进行复检。

5.9　标签、标志、包装、运输、贮存

5.9.1　标签、标志

（1）预包装产品标签应符合 GB 7718 和 GB 28050 的规定。

（2）外包装储运图示标志应符合 GB/T 191 的规定。

5.9.2　包装

（1）产品内包装材料应无毒、无害、无异味，符合国家食品安全要求。

（2）产品包装应密封、牢固、产品不得散漏。

（3）外包装材料应符合国家有关规定。

（4）净含量应符合国家相关规定。

5.9.3　运输

（1）运输工具应清洁卫生、干燥、无异味、无污染。不得与有毒、有害、有异味的物品混装混运。

（2）运输途中应注意防潮、防雨、防曝晒。

5.9.4　贮存

产品应贮存在清洁卫生、通风干燥、无异味、无污染的室内，离地、离墙存放，不得与有毒、有害、有腐蚀性易挥发或有异味的物品同库贮存。

5.10　保质期

企业可根据自身工艺确定保质期。

附录 6　柿子绿色生产技术规程（DB6101T146—2018）

6.1　范围

本标准规定了柿子的建园、柿园管理、花果管理、柿树的整形修剪、病虫害防治、采收等。

本标准适用于西安地区柿子绿色生产技术管理。

6.2　规范性引用文件

下列文件对于本文件的应用是必不可少的。凡是注日期的引用文件，仅所注日期的版本适用于本文件。凡是不注日期的引用文件，其最新版本（包括所有的修改单）适用于本文件。

NY/T 391　　绿色食品　产地环境技术条件

NY/T 393　　绿色食品　农药使用准则

NY/T 394　　绿色食品　肥料使用准则

6.3　建园

6.3.1　园地选择

应符合 NY/T391，且生态条件良好，远离污染源，有持续生产能力的农业生态区域。

（1）气候条件

年平均气温不低于 13~19℃，绝对最低气温小于-17℃。

（2）地形条件

选择背风向阳、坡度小于 15°的地块。

（3）土壤条件

土层深厚，土壤有机质在 1.5% 以上，pH 值 5.5~7.5。

6.3.2　定植

（1）准备

栽植前挖定植穴，长 80 厘米、宽 80 厘米、深 80 厘米，表土和底土分开放置。回填时表土按 1∶1 比例混入农家肥，拌匀填入坑内，充分灌水待用。

（2）苗木选择

苗高 1~1.2 米以上，粗度不小于 1 厘米，根系完整无病虫害，侧根 5 条以上，须根密。

（3）时期

秋栽落叶后至封冻前（11 月中旬），春栽苗木顶部芽子稍有萌动栽植最好（3 月上中旬）。西安地区冬前栽植易受冻害，提倡春栽。

（4）密度

塬区或坡地株行距 2 米×（3~3.5）米；平原地区株行距（2.5~3）米×4 米。成园后郁闭可隔株间伐。

（5）方法

先将苗木根系蘸上混有生根剂的泥浆，避免缓苗，提高成活率。栽植时按照三填二踩一提苗要求进行，栽后浇水并覆膜保墒。

6.4　土肥水管理

6.4.1　土壤管理

（1）间作

对第一年、第二年新栽植的柿园行间种植养地作物，豆类及绿肥。

（2）松土

山地柿园要修好鱼鳞坑或梯田埂，冬季深翻，加厚活土层，使土壤有较强的保水保肥能力。有条件的柿园，可进行覆盖，减少土壤水分蒸发，保水保肥。

6.4.2　施肥

按照 NY/T 394 的要求执行。

（1）肥料的种类

①有机肥

沼气肥、人粪尿、猪粪、鸡粪、牛粪、绿肥、草类等。

②无机肥

化肥类，即尿素、磷酸氢二铵、硫酸钾、复合肥类。

（2）时期及方法

①基肥

每年 10 月至封冻前进行沟施，深度地面 40 厘米以下。第一年每亩施有机肥（腐熟猪粪）1 000 千克或腐熟鸡粪 800 千克，树龄每增加一年每亩施入量增加 1 000 千克，成龄园每亩施腐熟猪粪 7 000 千克或鸡粪 5 000 千克。尿素使用量第二年每株是 0.25 千克，从第四年开始氮、磷、钾配合施用，比例是 10∶2.4∶10。

②追肥

以速效氮、磷、钾肥、人粪尿、沼液等为主。花前追肥：以 4 月下旬至 5 月上旬追施为好。追肥过早过多，易造成落花落果；花后追肥：柿树花后，以速效氮肥为主，磷肥次之，也可结合喷施某些微量元素肥料；壮果肥：于柿果膨大和花芽分化期；一般在 6 月下旬至 7 月中旬，以氮肥为主，磷钾肥适量；果实生长后期：每年的 8 月，成龄树每株追施尿素 1~2 千克，保持 10 月采摘时的柿果硬度。

③叶面喷肥

用沼液作叶面喷肥，既补充树体营养，还能起到杀虫杀菌作用。春季叶面 1 份沼液用 2 份的清水配制进行喷雾，秋季用 1 份沼液对 1 份清水混合喷雾。沼液使用前要用细沙布过滤。

6.4.3 灌水

栽植第一年浇水的次数要多一些，促使其根系长出新根，6 月前浇二次水，7 月—8 月各灌一次水；第二年在萌芽前（3 月初）浇水一次，7—8 月各灌一次水；三年以后进入挂果期，遇大旱浇水，年降雨量在 600~800 毫米的不需浇水。无灌溉条件的柿园要用覆盖秸秆杂草或者覆膜保墒（单株用膜长宽各 2 米）。

6.5 花果管理

6.5.1 疏蕾

疏蕾时期掌握在花蕾能被手指捻下为适期。结果枝先端部及晚花需全部疏除，并列的花蕾除去 1 个，只留结果枝基部到中部 1~2 个花蕾，其余疏去。

6.5.2 疏果

涩柿在 5 月中旬至 6 月上旬、甜柿在 6 月上旬至 7 月上旬进行。在柿树结束生理落果后，按 20~25 片叶留 1 个果的比例，选留无病虫害的健壮幼果。疏果要摘除畸形果，被病虫为害果以及枝条长度不到 15 厘米长或 5 片叶以下枝条上结的果。结果枝基部和枝梢上的果。也要适当疏除。

6.6 整形修剪

6.6.1 树型

（1）自由纺锤形

树形结构：干高 60 厘米~80 厘米，树高 3.5 米左右。中心主干通直或弯曲生长，其上均匀错落着生 9~12 个主枝。主枝不分层或分层，上下重叠主枝间距不小于 80 厘米。主枝开张角度 70°~80°，主枝上不着生侧枝，直接着生背斜侧结果枝组。下层主枝较大，向上依次减小，树冠呈纺锤形。

（2）主干疏层形

树形结构：树高 4~5 米，干高 70~100 厘米，主枝在中心干上成层分布。全树共有 6 个主枝，第一层 3 个，第二层 2 个，第三层 1 个，上下层主枝应错开分布，主枝层内距 30~40 厘米，第一层与第二层层间距 1~1.2 米，第二层与第三层层间距 80~100 厘米，各主枝上分布 2~3 个侧枝，侧枝上着生结果枝组。树冠呈圆锥形或半椭圆形。

6.6.2　幼树整形

（1）定植后的第二年春季在芽子萌发后找上部的一个强旺的直立枝作为主干枝，下部选 3~4 个距离均匀与主杆呈直角型的壮枝作为以后第一层的几大主枝。休眠期修剪注意将生长过长的枝轻截，主干超过 2 米的剪掉，来年促使第二层骨干枝形成。

（2）第三年对下部的三大主枝轻截后，注意培养基部和中部的侧枝生长，对主干在 2 米时进行轻截，仍旧按照第二年选留三大主枝的办法留 2 个与主杆树呈直角的枝条作为培养第二层的骨干枝。选留时第一层主杆枝与第二层主杆枝及第三层中间的间距不低于 1~1.2 米。

（3）第四年生长季的修剪对第一层和第二层的主枝过长的进行轻短截，第二层的主枝长度不应超过第一层以主枝的三分之二，对剪截后从剪口生长出的营养枝在生长季去除，对侧枝进行摘心。每年在生长季对主杆和侧枝上生长过密的应疏除，保持整个树体通风透光。

（4）第五、第六年，对延长枝及铺养枝多轻截，促控结合，树体保持下大上小纺锤形或圆锥形或半椭圆形，促使下层生长，控制上边二层及三层的生长，防止上旺下弱。

6.6.3　成龄树的修剪

成龄树经过 6 年多的培养，几大骨干枝都已形成对待成龄树重休眠期修剪，修剪的主要目的是解决通风透光出现结果枝外移进行逐步回缩，培养内膛枝组。对大枝分年短截，保持立体结果，对整个树的要求是做到上稀下密，外稀里密的程度，更新挂果枝，克服大小年。

（1）结果母枝

认清结果母枝，适当疏剪，疏剪时去密留稀、去老留新、去直留斜、去远留近、去弱留强；结果母枝一般不宜短截（柿树花芽一般在顶部 3~5 芽），只有过于强壮的结果母枝可适当短截，使之成为预备枝，保证翌年结果数量；结果母枝之间的距离应根据生长势确定，粗壮的远些，细弱的近些，同方向一般应在 30~50 厘米。

（2）发育枝

一般长放不截，太密的适当疏去一些。

（3）徒长枝

徒长枝一般应疏去，出现较大空隙时可短截或拉枝长放补空，培养成结果枝组。

（4）环割

柿树不能环剥。在主杆上离地面 50 厘米处用环割刀，两刀刃绕主杆一周，深度至木质部，轻重以刀口见湿为宜，每年上提 10 厘米，成园树在几大骨干枝上的基部绕枝一周，逐年上提 5~10 厘米。幼园宜在 6 月上旬进行，目的是防止落果。成园宜在 6 月中旬进行，既能防止落果又能促使花芽分化。

（5）除萌

生长期应及时抹除剪、锯口附近发出的萌蘗以及大枝背上直立生长的多余新梢。

（6）拉枝

幼树及高接树在 4 月初至 5 月底按理想角度和方向进行拉枝，也可在 7 月底至 8 月初进行拉枝。

（7）疏枝

夏季对内膛的徒长枝，疏除或摘心补空。及时疏除无空生长的徒长新枝、过密枝条、细弱的无用枝以及病虫害枝等，以利于透光。

（8）摘心

对用于补空的徒长枝应在 30~40 厘米处摘心，促生分枝。

6.6.4 衰老树的修剪

回缩衰老大枝，利用徒长枝，更新树冠，恢复树势，延长结果年限。对大枝重回缩，抬高角度，使新生枝代替大枝原头继续生长；上部落头要重缩，控制消耗，打开光路，为内膛新枝生长创造条件；下部修剪要轻些，以保持有一定数量的结果部位，维持产量；对内膛发生的更新枝选择方位好、空间大的强壮枝，适时摘心（生长季）短截，促生分枝，增加枝叶量，加粗枝条生长，以便形成新的骨干枝。

6.7 病虫害防治

6.7.1 防治原则

（1）贯彻预防为主、综合防治的方针，采取农业防治、生物防治和化学防治相结合的方法，达到经济、有效、安全、无污染的防治目的。

（2）使用农药严格按照 NY/T 393 执行，严禁使用国家禁用的农药。为提高防治效果，须做好病虫预测预报和农药药效试验，同时药剂要交替使用。

6.7.2 主要病虫害防治

主要病虫害防治见附表 6-1、附表 6-2。

附表 6-1　柿园主要虫害化学防治表

主要虫害	化学农药	毒性	稀释倍数和使用方法
柿蒂虫，舞毒蛾，卷叶虫，线灰蝶，双棘长蠹等	20%灭扫利乳油	中等	3 000倍，喷施
柿蒂虫，舞毒蛾，卷叶虫，线灰蝶，蚧壳虫，茶翅蝽，双棘长蠹等	80%敌敌畏乳油	中等	（1 000~2 000）倍，喷施
柿蒂虫，舞毒蛾，线灰蝶，茶翅蝽等	4.5%高效氯氰乳油	中等	（2 000~3 000）倍，喷施
柿蒂虫，舞毒蛾，卷叶虫，线灰蝶，茶翅蝽等	20%菊马乳油	中等	2 500倍，喷施
柿蒂虫，舞毒蛾，卷叶虫，线灰蝶，茶翅蝽	20%速灭希丁乳	中等	3 000倍，喷施
柿蒂虫，舞毒蛾，卷叶虫，叶蝉	70%溴马乳油	中等	2 000倍，喷施
柿蒂虫，舞毒蛾，卷叶虫，叶蝉	2.5%敌杀死乳油	中等	3 000倍，喷施

附表 6-2　柿树主要病害综合防治表

防治对象	症　状	防治适期	防治方法
柿角斑病	此病害为害柿叶和柿蒂，初发病时叶片正面出现黄绿色病斑，无明显边缘，以后病斑颜色加深呈黑色，病斑中央淡褐色，由于细脉所限形成不规则的多角形。后期病斑上密生黑色小点。柿蒂受害，多在柿蒂四周发生，无一定形状，呈深褐色，发病严重时，提早一个月落叶，柿果变红，变软，大量脱落，病蒂残死在树上	1. 休眠期：剪除树上的柿蒂，清除病源 2. 生长期：6月中旬集中喷药一次	1. 栽培措施：彻底剪除树上残留的柿蒂及发育不充实及枯死枝条，清除柿园中的枯枝落叶，集中烧毁 2. 化学防治：发芽前喷施（3~5）波美度石硫合剂，1：5：500倍波尔多液
柿圆斑病	此病害为害柿叶和柿蒂。最初在叶片正面产生黄褐色的小斑点，边缘颜色较浅，逐渐扩大成圆形褐色病斑，一般病斑直径约3毫米，最大可达7毫米，随着叶片变红，病斑周围出现绿色或黄色晕圈，严重时叶片迅速变红脱落。柿蒂发病较迟，病斑也较少。柿果变红变软，风味淡，迅速脱落	1. 休眠期彻底清扫果园 2. 生长期5月下旬至6月上旬及时用药一次	1. 栽培措施：彻底清扫果园中枯枝落叶，集中沤肥或烧毁。加强土肥水综合管理，增强树势，提高树体抗性 2. 化学防治：发芽前喷施5波美度石硫合剂。柿树落花后（5月底至6月初）进行药剂防治，一般隔半月喷药一次。适用的药剂有：1：5：500倍波尔多液；75%百菌清（600~800）倍

（续表）

防治对象	症　状	防治适期	防治方法
柿炭疽病	主要为害果实和枝条，叶片上很少发生，即使有，也只有限于叶柄或叶脉上，果实主要在近蒂处发病。果实受病菌入侵后，初期果面出现针头大小深褐色或黑色斑点，逐渐扩大呈圆形或椭圆形病斑。新梢开始发病时，发生初期产生圆形小黑点，扩大后多呈长椭圆形或梭形。叶片上的病斑多发生在叶柄和叶脉上，初为黄褐色，后变为黑褐色或黑色	春季5月下旬，夏季7月上中旬，以防为主，适当喷施化学药剂	发病前喷3度石硫合剂或晶体石硫合剂30倍。6月上中旬各喷一次1∶5 400倍波尔多液；7月中旬及8月上中旬各喷1次1∶5∶500倍波尔多液或代森锰锌800倍液
柿绵蚧壳虫病	为害柿树嫩枝，幼叶和果实。嫩枝被害后，出现黑斑，轻者生长细弱，重则干枯，难以发芽。叶片上主要为害叶脉，叶脉受害后亦有黑斑，严重时叶畸形，早落。为害果实时，若虫和成虫群集在果肩或果实与蒂相接处，被害处出现凹陷，由绿变黄，最后变黑，甚至龟裂，使果实提前软化，不便加工和贮运	1. 休眠期刮除枝干老翘树皮，萌芽前全树喷药 2. 4月下旬至5月上旬出蛰盛期，6月中旬第一代若虫期药剂防治	1. 人工防治：刮除全树枝干老翘皮，摘除残留柿蒂，并集中烧毁 2. 生物防治：保护天敌，如：黑缘红瓢虫，红点唇瓢虫 3. 化学防治：刮皮后，喷5度石硫合剂，出蛰盛期喷（0.3~0.5）度石硫合剂
草履蚧壳虫	若虫和雌成虫刺入嫩芽和嫩枝吸食汁液，致使树势衰弱，发芽迟，叶片瘦黄，枝梢枯死，为害严重时，造成早期落叶落果，甚至整株死亡	1. 休眠期阻杀，防止上树 2. 生长期若虫期用药防治	人工防治：秋末初冬，将树盘刨翻10厘米深，拣净土壤中的卵囊，集中烧毁，12月下旬至1月上旬，树干光滑处涂粘虫胶，胶带或绑塑料布裙

6.8　柿子的采收

6.8.1　采收期

柿子的采收分不同品种及用途，鲜食类如甜柿以橙黄色即可采收，如加工柿饼的富平尖顶柿子，要在充分成熟，它的颜色要转红后才能采收，采收过早，颜色不红，制饼品质差。

6.8.2　采收方法

采收的方法在果树的第一层及第二层，由于成熟的果树下垂都可够得着，用手将当年生的枝果同时折下，折时注意不能伤及大枝及2年以上的挂果枝，若再高够不着的可用高枝剪，全长2米二段式，用时可将第二节抽出，剪子将枝剪断后加枝部也就将其果枝加住，然后剪头下落地面，手把一松柿果可落地。此方法既采果快，而且能保持不伤柿果。

附录7　辉县柿子醋（产品质量等级标准）（DB41T 1393—2017）

7.1　范围

本标准规定了地理标志产品辉县柿子醋的术语和定义、保护范围、产品分级、技术要求、试验方法、检验规则和标签、标志、包装、运输、贮存的要求。

本标准适用于国家质量监督检验检疫行政主管部门根据《地理标志产品保护规定》批准保护的辉县柿子醋。

7.2　规范性引用文件

下列文件对于本文件的应用是必不可少的。凡是注日期的引用文件，仅注日期的版本适用于本文件。凡是不注日期的引用文件，其最新版本（包括所有的修改单）适用于本文件。

GB/T 191　　　包装储运图示标志

GB 2719　　　食醋卫生标准

GB 2760　　　食品安全国家标准 食品添加剂使用标准

GB 4789.2　　食品安全国家标准 食品微生物学检验 菌落总数测定

GB/T 5009.41　食醋卫生标准的分析方法

GB 5461　　　食用盐

GB 5749　　　生活饮用水卫生标准

GB/T 6682　　分析实验室用水规格和试验方法

GB 7718　　　食品安全国家标准 预包装食品标签通则

GB 31640　　　食品安全国家标准 食用酒精

GB 14881　　　食品安全国家标准 食品生产通用卫生规范

GB/T 18187　　酿造食醋

GB/T 20453　　柿子产品质量等级

GB 31640　　　食品安全国家标准 食用酒精

JJF 1070　　　定量包装商品净含量计量检验规则

国家质量监督检验检疫总局［2005］第75号 定量包装商品计量监督管理办法

7.3　术语和定义

下列术语和定义适用于本文件。

7.3.1　辉县柿子醋

以产自保护区内霜降后采收的水晶柿子，经酒精发酵和醋酸发酵后，经洞（窖）藏陈酿 6 个月以上制成的酿造食醋。

7.4　地理标志产品的保护范围

限于国家质量监督检验检疫行政主管部门根据《地理标志产品保护规定》批准划定的河南省辉县市现辖行政区。

地理标志产品保护范围见附录 A（附图 7-1）。

附图 7-1　辉县柿子醋地理标志产品保护范围图

7.5　产品分级

根据产品质量的不同，辉县柿子醋分为优级和一级两个等级。

7.6　技术要求

7.6.1　原料及辅料

（1）柿子

选自保护区内霜降后采收的水晶柿子，柿果色泽正常、大小均匀，成熟度适中，无霉变、虫蛀果，无杂质，农药残留和卫生指标应符合 GB/T 20453 的规定。

（2）酿造用水

保护区内深度岩层优质山泉水，水质应符合 GB 5749 的规定。

（3）食用盐

应符合 GB 5461 的规定。

（4）食用酒精

应符合 GB 31640 的规定。

（5）食品添加剂

食品添加剂的质量应符合国家的相关标准和有关规定，食品添加剂的品种和使用量应符合 GB 2760 的规定。

7.6.2　主要工艺流程

柿子→挑选→脱涩后熟→破碎→酒精发酵→制醅→醋酸发酵→澄清→灭菌→洞（窖）藏陈酿→配制→灭菌→包装→检验→成品。

7.6.3　感官

应符合附表 7-1 的规定。

附表 7-1　感官

项目	要求
色泽	淡黄色或琥珀色
香气	具有柿子独特的果香气
滋味	酸味柔和，无异味
性状	液体澄清

7.6.4　理化指标

应符合附表 7-2 的规定。

附表 7-2　理化指标

项　目	指　标	
	优级	一级
总酸（以乙酸计），克/100 毫升　≥	5.00	4.50
不挥发酸（以乳酸计），克/100 毫升　≥	0.50	0.50
可溶性无盐固形物，克/100 毫升　≥	1.00	0.50

7.6.5　卫生指标

应符合 GB 2719 的规定。

7.6.6 净含量

应符合国家质量监督检验检疫总局令［2005］第75号的规定。

7.7 试验方法

7.7.1 试剂

所用试剂均为分析纯，试验用水应符合 GB/T 6682 中三级水的规定。

7.7.2 感官

按 GB/T 5009.41 的规定进行。

7.7.3 总酸

按 GB/T 5009.41 的规定进行。

7.7.4 不挥发酸

按 GB/T 18187 的规定进行。

7.7.5 可溶性无盐固形物

按 GB/T 18187 的规定进行。

7.7.6 卫生指标

按 GB 4789.2 和 GB/T 5009.41 检验。

7.7.7 净含量

按 JJF 1070 规定的方法进行。

7.8 检验规则

7.8.1 出厂检验

出厂检验项目包括：感官、总酸、不挥发酸、可溶性无盐固形物。

7.8.2 组批

同一天生产的同一品种产品为一批。

7.8.3 抽样

从每批产品的不同部位随机抽取6瓶（袋），分别做感官、理化、卫生检验，留样。

7.8.4 型式检验

（1）型式检验项目为本标准6.3、6.4、6.5、6.6的项目。

（2）正常生产时半年进行一次，有下列情况之一时，亦应进行型式检验：

①首次投产时；

②原料来源变化和更换主要设备时；

③停产3个月后又恢复生产时；

④出厂检验结果与上次型式检验有较大差异时；

⑤国家质量监督机构提出要求时。

7.8.5　判定规则

（1）出厂检验项目或型式检验项目全部符合本标准，判为合格品。

（2）出厂检验项目或型式检验项目卫生指标中的微生物检验不符合本标准，判为不合格品，不得复检。其他项目如有一项或一项以上不符合本标准，可以加倍抽样复验。复检结果合格，判为合格。复验结果仍有一项不合格，判为不合格品。

7.9　标签、标志、包装、运输、贮存

7.9.1　标签

标签的标注内容应符合 GB 7718 和 GB/T 18187 的规定，并标出产品等级和地理标志产品专用标志，不符合本标准的产品，其名称不得使用含有辉县柿子醋（包括连续或断开）的名称。

7.9.2　标志

包装储运图示标志应符合 GB/T 191 的规定。

7.9.3　包装

包装材料和容器应符合相应的国家安全标准。

7.9.4　运输

产品在运输过程中应轻拿轻放，防止日晒、雨淋；运输工具应清洁卫生，不得与有毒、有污染的物品混运。

7.9.5　贮存

产品应贮存在阴凉、干燥、通风的专用仓库内。瓶装产品的保质期不应低于 12 个月。